［Arduino、M5Stack、Raspberry Pi、
Raspberry Pi Pico、PICマイコン対応］

IoT
電子工作
やりたい
こと事典

後閑哲也

JN099995

技術評論社

はじめに

IoTシステムという言葉が騒がれてからすでにかなりの時間が経ちました。しかし、IoTシステムが世の中に普及しているとは言い難い状況ではあります。

そんな世の中の流れとは別に、ちょっとしたIoTシステムを自分の手で実現したいと考えておられる方は多いのではないかと思います。しかし、製作するに当たって、どういうデバイスやセンサを使ったらよいかわからなかったり、どれを使うか迷ったりすることがしばしばです。

本書はそんな方々を対象に、多くの方法がある中からどれを選ぶかを決める手間を省くという趣旨で、代表的なエッジデバイスに使える機器やセンサなどを中心に、実際の製作例でどんなものになるかを試した結果を解説しています。

対象としたデバイスは、PICマイコン、Arduino UNO、XIAO、Raspberry Pi Pico W、M5Stack、Raspberry Pi 4B、パソコン、タブレットとなっています。

いずれの製作例も基本的な機能だけに絞っていますから、これらの例題をベースにしたり、組み合わせたりして実際に使えるデバイスを製作することを前提にしています。

使っているセンサや表示器などは、同じものを複数の製作例で使っていますので、第3章の最初にまとめて仕様や使い方を解説し、各製作例での詳細な解説は省いています。

また、IoTのセンター機器については、対応するプログラムが大規模でアプリケーションごとに異なりますから、本書では対象から外しています。中継役となるゲートウェイや、エッジデバイスとゲートウェイ間の通信方法については、簡単な製作例で解説しています。

インターネット経由で便利に使えるクラウドについては、代表的なものについて解説をしました。すべて無料で使える範囲としています。

本書は、ある程度自作経験のある方々を読者の対象としていますので、全く初めてという方々は、他の入門書などから始めて頂く方がよいかと思います。

これからIoTで身の回りのことを自作した機器で自動化、最適化したいと考えておられる方々に、本書が少しでもお役に立てば幸いです。

末筆になりましたが、本書の編集作業で大変お世話になった技術評論社の藤澤 奈緒美さんに大いに感謝いたします。

2024年3月　　後閑 哲也

目　次

第5章● クラウドやネットアプリ 319

第1章
IoTに必要な機器と技術

1-1 必要な機器と技術

1-1-1 IoTシステムの全体構成

1 IoTシステムの現状

「IoTシステム」という言葉が生まれる以前から、類似のシステムがあり、これらは「データロガー*」と呼ばれていました。「IoTシステム」という言葉が注目され始めたのは2010年代の中ごろからで、図-1のように2015年のGartner*のハイプ・サイクル*では、新技術として期待されるピークの時期となっています。多くのIT企業が将来的に目指すスタイルとしてIoTを活用するようになり、無人の工場での利用、介護施設での利用、農場での利用など、センサ情報を解析し最適化することで、人手を減らして最適運用するシステムの開発にチャレンジしています。

● 図-1 2015年のハイプ・サイクル

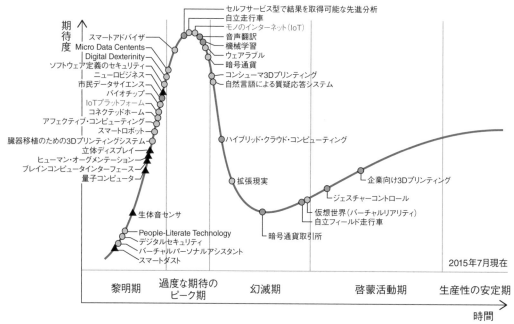

主流の採用までに要する年数
○ 2年未満　◔ 2〜5年　◕ 5〜10年　▲ 10年以上　⊗ 安定期に達する前に陳腐化

出典：日本におけるテクノロジのハイプ・サイクル・2015年（ガートナー）を一部加工し作成

しかし、本書執筆時点の2023年のハイプ・サイクルは図-2のようになっていて、幻滅期の只中にあります。過度期待に対し、実際にできることが期待外れという

ことが続いたことが要因となっています。それらの中には次のような問題が含まれています。

まずエッジ側に要求される性能の問題です。サーバに集まるデータ量が巨大となり、現実的な処理ができない状態が想定され、これを解決するため、エンドポイントAI技術などを実装して、末端のエッジ側に処理機能を持たせてデータを減らす方向になりつつあります。このため、現状ではエッジ側が高価格となり、多量の導入が難しい状況にあります。しかし、これもマイコン技術の進展とともに小型化、コストダウン化が進めば解決するものと思われます。

通信技術の問題もあります。IoTエッジとゲートウェイ間の通信には、距離、消費電力、通信速度、設置の容易さなどの最適なものを選択することになります。しかし、現状ではすべてを最適に満足する通信技術が無く、新しい通信技術の開発が待たれています。

さらに工場のIoT化では、既存の機器にIoTエッジ機能を持たせるための改造や、機能付加が困難なものが多く、すべての情報を集めきれないという問題が多発しています。

またアプリケーションでは、これまで人間が長年の勘で判断してきたことを、プログラム処理化することに長時間かかったり、困難だったりすることがあります。

しかし、図-2のハイプ・サイクルが示すように、次の段階の啓蒙期を経て、5年から10年後には安定期になると想定されています。

●図-2　2023年のハイプ・サイクル

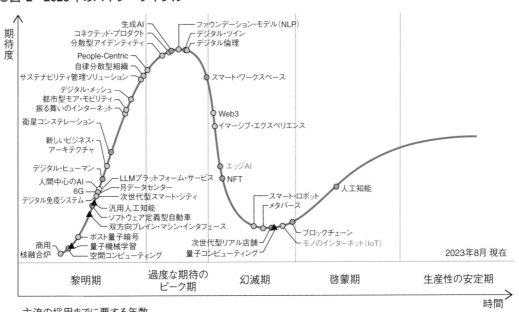

出典：日本におけるテクノロジのハイプ・サイクル・2023年（ガートナー）を一部加工し作成

世の中はこのような幻滅期にありますが、アマチュアがIoTシステムを構築する場合には、これらの課題は無関係で、自分でできる範囲で進めるだけです。

もともとIoTシステムを製作するには、とても幅広い技術が必要です。すべてを自分達だけで作ることはできませんから、既存技術を利用して製作することが基本となります。

本書の目的は、このようにアマチュアが自分でIoTシステムを構築する場合に必要となる既存技術の製作例を紹介することにあります。これらの実際の製作例を組み合わせて、自分なりのIoTシステムを構築して下さい。

2 IoTシステムの基本構成

ここで、Internet of Things (IoT)、「もののインターネット」といわれるシステムの基本の構成は図-3のようになります。

「もの」と呼ばれるIoTデバイス群には、センサ、アクチュエ－タ*を始め、人や機械などあらゆるものを含めています。これらの情報を「ゲートウェイ」と呼ばれるいわば中継器に通信システムで接続し、さらにそれらの情報をインターネット経由でサーバやクラウドに集め、最終的にアプリケーションプログラムで処理して何らかの目的に沿った結論を出し、その情報をもとにものを最適に動かす。これがIoTと呼ばれるシステムです。

・・・・・・・・・・・・・・・・・・・
電気エネルギーを機械的な動きに変換するもの。モーターやシリンダーなど

●図-3 IoTシステムの基本構成

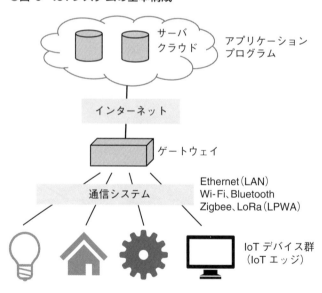

3 本書の前提とするIoTシステム

この本来のIoTシステムを、アマチュアが構築するIoTシステムに置き換えて、図-4のような構成を本書は前提としています。

●図-4　本書が前提とするIoTシステム

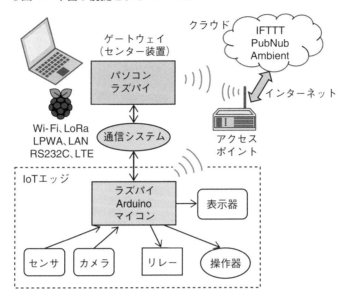

IoTエッジは、各種センサ、スイッチ、カメラなどの入力デバイスと、リレーやRCサーボなど各種操作器を、ラズパイ[*]、Arduino、マイコンなどの処理装置に接続してデータを収集、制御を実行します。表示器があって状態をモニタすることもあります。

上位のゲートウェイ、つまりセンター装置との接続には、有線、無線など各種の通信システムを使いますし、IoTエッジから直接クラウドに接続することでセンター装置なしの構成もあります。

センター装置にはパソコンやラズパイを使い、複数のIoTエッジからの情報を収集し、アプリケーションで処理した結果で、IoTエッジの制御を実行することもあります。

クラウドには、Ambient、IFTTT、PubNubなどでデータを収集した結果をグラフ表示し、インターネットで公開することで、どこからでもデータを監視できます。

本書では、センター装置、クラウドのいずれも、データを処理し最適化するようなアプリケーションについては特に解説していません。

・・・・・・・・・・・・・・・・
英国ラズベリー財団が開発している高機能シングルボードコンピュータ

1-1-2　IoTシステムに必要な技術範囲

　IoTシステムをアマチュアが構築しようとした場合に必要となる技術というか知識は、次のようなものが想定されます。

　とにかく広範囲の知識が必要になることは間違いなく、これらを自分たちだけで扱うことには無理がありますから、すでに構築されたものを使うことが前提になります。

❶ IoTデバイス（IoTエッジ）の開発

- ハードウェア開発では、マイコンなどの小規模プロセッサ技術が必須となる
- 小型電池で長時間動作させるための低消費電力化技術が必要になる場合もある
- 外部インターフェースの開発には、アナログ回路、各種の信号変換回路技術、シリアル通信技術も必須となる。場合によっては大電力を扱う必要もある
- 通信システムとの連携で、通信機能の実装が必須になる
- ソフトウェア開発では、組み込みソフト技術が基本となる。LinuxなどのOS技術が必要となる場合もある

❷ 通信システムの開発

- 有線通信、無線通信いずれも使われる
- 通信距離、通信速度、消費電力、実装方法など、特に無線通信では特有の技術が必要になる

❸ ゲートウェイの開発

- ハードウェア開発では、IoTデバイス側との通信技術、上位側とのインターネットを含めたネットワーク技術が重要になる
- ソフトウェア開発では、Windows、LinuxなどのOS技術が必須。プログラミングもネットワークを使う技術が必須となる
- クラウドとの接続では、セキュリティ技術が必要

❹ クラウドとの接続

- クラウドが提供する機能でアプリケーションを作成する技術が必要
- 各種のネットワークサービスを使う技術が必要
- セキュリティの技術が必須
- 場合によってはビッグデータを扱う技術が必要

1-2 エッジ側で使われる機器

1-2-1　IoTエッジの機能と使われるデバイス

1 IoTエッジに必要な機能

　アマチュアがIoTシステムを構築する場合にまず必要なのが、IoTエッジ機器です。ここではセンサやアクチュエータ自身は含みません。

　IoTエッジ機器では次のような機能が必要となります。

❶ センサやアクチュエータを接続し制御する機能

- アナログ入力、I²C、SPIなどのシリアルインターフェース機能
- オンオフ制御や、PWM制御などの操作機器の制御機能
- カメラの画像転送処理機能

❷ 上位システムとの通信機能

- 単純なシリアル通信、イーサネットLANなどの有線通信機能
- Wi-Fiなどの高速無線通信機能
- LoRa、LPWAなどの低速長距離無線通信機能

❸ データ処理

- 収集したデータの集計、保存などの処理機能

❹ 表示機能

- センサやデータ、状態などの表示機能

2 IoTエッジとして使われるデバイス

　アマチュアがIoTエッジを構成する場合によく使われるデバイスには次のようなものがあります。本書ではこれらの特徴と使い方を次のデバイスに限定して解説します。それぞれの概要は表-1の通りです。

- Arduino　　　　　：Arduino UNO R3、Arduino UNO R4 WiFi
- M5Stack　　　　　：M5Stack Core2
- Raspberry Pi Pico：Raspberry Pi Pico W
- マイコン　　　　　：Curiosity HPC Board（PIC16F18857）
- Raspberry Pi　　　：Raspberry Pi 4B

▼表-1　IoTエッジ側デバイス比較表

	Arduino UNO R3	Arduino UNO R4 WiFi	M5Stack Core2	Raspberry Pi Pico W	PIC16/18マイコン (+ Curiosity HPC Board)	Raspberry Pi 4B
種類	ワンボードマイコン	ワンボードマイコン	オールインワンデバイス	ワンボードマイコン	ワンチップマイコン (+マイコンボード)	ワンボードLinuxコンピュータ
価格 (2024年3月時点での概算)	4000円	5000円	8500円	1500円	数百円 (+10000円)	13000円
CPU	16MHz	48MHz	240MHz	133MHz	32MHz	1.5GHz
搭載メモリ	SRAM2kB/Flash32kB	SRAM32kB/Flash256kB	PSRAM8MB/Flash16MB	SRAM264kB/Flash2MB	RAM4kB/Flash32kB	RAM2/4/8GB
動作電源	5V電源/USB	5V電源/USB	5V 800mA 内蔵バッテリ/USB	5V/1.8V～5.5V/USB	1.8V～5.5V	5.0V/1.7A～3A
無線通信	外付け	Wi-Fi/Bluetooth	Wi-Fi/Bluetooth	Wi-Fi/Bluetooth	外付け	Wi-Fi/Bluetooth
ディスプレイ	外付け	LEDマトリクス	カラー液晶タッチスクリーン	外付け	外付け	外付け
インターフェース	I²C/SPI/UART/USB	I²C/SPI/UART/USB	M-BUS/Grove/I²C/USB	I²C/SPI/UART/USB	I²C/SPI/UART/USB	I²C/SPI/UART/USB/HDMI
実装デバイス	スイッチ	スイッチ/マトリクスLED	スピーカ/マイク/センサ/SDカードスロットなど	スイッチ/LED温度センサ	マイコンボードにスイッチ/LED/可変抵抗	SDカードスロット/カメラコネクタ/ディスプレイコネクタ/イーサネットコネクタ
開発言語	スケッチ	スケッチ	スケッチ/MicroPython/UIFlow	スケッチ/MicroPython/C言語	C言語	Python/Node-RED C/C++/Java
リアルタイム制御	苦手	得意	苦手	得意	得意	苦手
拡張性	対応シールド多数 アナログ入力6ピン デジタル入出力14ピン	対応シールド多数 アナログ入力6ピン デジタル入出力14ピン	汎用ピンは数ピン 専用拡張モジュールあり (Groveシリーズ)	40ピンの外部端子に接続	マイコンボード対応のClickボード多数 マイコンには28ピン/40ピンの外部端子	40ピンの外部端子に接続
主な用途	データ量の少ないなど手軽なIoTエッジ補助デバイス、試作	無線通信などを使った手軽なIoTエッジ機器	工作なしのIoT体験	無線通信を使った小型のIoTエッジ機器	オリジナルエッジ機器作成用のマイコン体験	画像・音声・動画・AIを使ったIoTエッジ機器やIoTゲートウェイ

1-2-2　Arduinoの特徴と得手不得手

1 Arduino UNOの外観と仕様

　Arduinoはハードウェアがオープンソースであることから、多くの製品が開発され発売されています。本書では、オリジナルのArduino UNO R3と、最新のArduino UNO R4 WiFiを使っています[*]。

　それぞれの仕様は図-1のようになっています。UNO R3とUNO R4 WiFiの性能差は歴然で、機能的にも性能的にもR4が圧倒しています。特にUNO R4 WiFiではWi-Fi通信モジュールが標準実装されていますから、IoTシステムには使い勝手がよいものとなっています。

超小型互換マイコンのSeeeduino Xiaoも使っている

●図-1　Arduino UNOの比較

Arduino UNO R3

MCU	：8ビット16MHz
メモリ	
SRAM	：2kB
Flash	：32kB
USB	：Type-B
GPIO	：デジタルI/O×14
ADC	：10ビット×6ch
Wi-Fi	：なし
シリアル	：UART×1
	：I²C×1　SPI×1
RTC	：なし
電源	：5V動作3.3V出力あり
	：外部入力7〜12V

Arduino UNO R4 WiFi

MCU	：32ビット48MHz
メモリ	
SRAM	：32kB
Flash	：256kB
USB	：Type-C
GPIO	：デジタルI/O×14
ADC	：12/14ビット×6ch
Wi-Fi	：あり
シリアル	：UART×1
	：I²C×1　SPI×1
RTC	：あり
電源	：5V動作3.3V出力あり
	：外部入力6〜24V

2 特徴と得手不得手

　Arduinoの特徴は次のようになります。

❶ 簡単な回路構成でわかりやすい

　特にUNO R3は簡単な回路構成で、わかりやすくなっています。その反面、マイコンの入出力ピンが直接外部ソケットに接続されているだけなので、ボード単体ではできることが限られますし、外部に何らかのものを接続する際には、インターフェース回路が必須となってしまいます。これはUNO R4でも同じです。

❷ オプションで各種シールドボードが用意されている

　外部接続用のソケット配置の互換性が保たれているため、オプションボードとして用意されているシールドボードで、多くのセンサや表示器などを使うことができ

ます。しかし、シールドボードにないものは、何らかのオプションボードを用意しないと接続ができません。

❸ スケッチで簡単にプログラムが作成できる

Arduinoのプログラム開発はArduino IDEという環境でパソコンを使って開発します。スケッチ*と呼ばれる言語でプログラムを作成しますが、比較的わかりやすい言語なのでプログラミングしやすくなっています。

拡張子はino（arduinoの最後の3文字）。C/C++言語を元にしている

❹ 多くのライブラリがある

スケッチで使える多くのライブラリがあり、よく使われているセンサやアクチュエータを簡単に使うことができます。また通信ライブラリも多く用意されていて楽にプログラミングができます。しかし、ライブラリに無いものを使う場合には、かなり苦労することになります。

❺ メモリサイズは少な目

特にUNO R3はメモリが少ないので、大きなプログラムや大量のデータを扱うことはできません。UNO R4でメモリが大幅に追加されたので、大きなプログラムも可能です。しかし、それでも大量のデータを扱うのは苦手と言えます。

SDカードのシールドもあるので、UNO R4にSDカードを追加すれば大量データ処理も可能です。

❻ 時刻の扱い

リアルタイムの時間はUNO R3では扱えませんが、UNO R4ではリアルタイムクロックが実装され、さらにWi-Fiも使えますから、ネットワークから時刻を入手することで、リアルタイムの時刻を扱うことができます。これはデータ収集する場合には重要な機能になります。

❼ リアルタイムOS（RTOS）の実装が可能

複雑なアプリケーションの作成には、RTOSを使うと楽にできるようになりますが、UNO R3では実装は困難です。しかしUNO R4であればFreeRTOS*が実装できますから、今後このFreeRTOSを使った製作例がいろいろ公開されることになると思います。

フリーで使えるリアルタイムOS、多くのマイコンで使われている

本書の執筆中に、TOPPERSプロジェクトからμITRONでArduino UNO R4で動作するRTOS*の無償配布が始まったというニュースが入ってきました。今後の動向が楽しみです。

TA2LIBという配布ファイル

❸ Arduino UNO R3の概要

Arduinoのオリジナルとなるのが、Arduino UNO R3で、いわゆるワンボードマイコンです。この内部構成は図-2のようになっています。

ターゲットMCUがユーザー用のマイコン本体で、8ビットのマイコン*です。これにもう一つのマイコンがUARTという汎用のシリアル通信で接続されていて、USBシリアル変換機能を果たしてパソコンとUSBで通信ができるようになっています。ターゲットMCUはほとんどのピンがコネクタに接続されていて、外部部品との接続が可能となっています。

ATmega328Pというマイクロチップ社のマイコン

電源はUSBからの5Vか、DCジャックに接続したACアダプタなどの電源からレギュ

レータで生成した5Vのいずれかが元になります。パソコンのUSBに接続すると自動的にUSB側の電源に切り替わるようになっています。この5Vからレギュレータで3.3Vを生成して外部に供給するようになっています。これにより電源関連コネクタから外部機器に対し5Vと3.3Vの両方が供給できるようになっています。

　この構成でパソコンからスケッチプログラムをダウンロードするときの動作は次のようになります。

　まずパソコンからスケッチのプログラムをUSBで送信します。これをUSBシリアル変換MCUで中継し、ターゲットMCUにUARTシリアル通信で送信します。これを受信したターゲットMCU内では、ブートローダプログラムの働きで、送られてきたスケッチのプログラムをプログラムメモリに書き込みます。

　転送が完了し、すべての書き込みが完了したら、ブートローダからスケッチのプログラムへ実行を移してスケッチアプリケーションの実行を開始します。

●図-2　Arduino UNO R3の内部構成

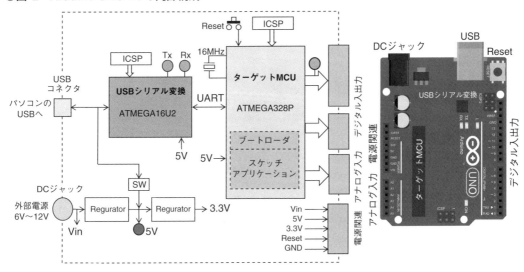

　Arduino UNO R3のヘッダピンのピン配置は図-3のようになっています。左側の上側のヘッダは電源関係でここに3.3Vと5Vの出力とGNDピンがあります。

　図-3の左下のヘッダはアナログ入力ピンで6ピンのアナログ入力ができます。右側のヘッダはデジタル入出力で、I²C用が一番上側、その下にSPI用が、さらにUART用*が一番下側に配置されています。あとは汎用の入出力ピンとなります。

• • • • • • • • • • • • • • • • • •
いずれも汎用のデジタル入出力ピンとしても使える

●図-3　Arduino UNO R3のピン配置

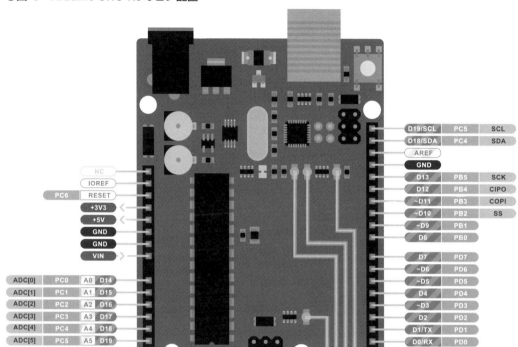

4 Arduino UNO R4 WiFiの概要

　Arduinoの本書執筆時点での最新モデルで、32ビットのARMマイコンが使われ、Wi-Fiモジュールが搭載されたのが最大の特徴です。外形寸法やコネクタのピン配置は互換性が保たれているので、既存のシールドなどのオプションモジュールが同じように使えます。

　32ビットマイコンになったことで、メモリも大幅に増え、速度も高速になったことで、これまで難しかった大きなアプリケーションにも使うことができます。電源もType-CのUSBコネクタからも供給できますし、外部電源は最大24Vまで対応するようになったので、外部機器と同じ電源で動かすことができます。

　Real Time Clock（RTC）を内蔵し、Wi-Fiでインターネットにも接続できますから、リアルタイムの時刻を使うアプリケーションもできます。12×8個のLEDマトリクスが実装されているので、簡単なグラフィック表示もできます。

　Arduino UNO R4 WiFiのピン配置は図-4のようになっています。

●図-4　Arduino UNO R4 WiFiのピン配置

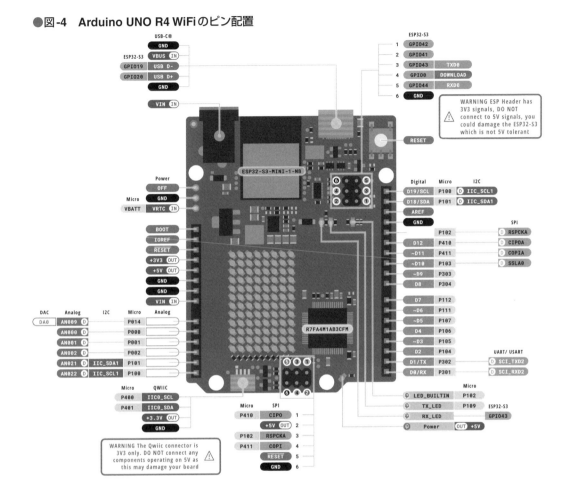

1-2-3　M5Stackの特徴と得手不得手

1 M5Stack Core2の外観と仕様

　M5Stackと称するデバイスには多くの種類があり、それぞれに特徴がありますが、本書ではM5Stack Core2を使っています。

　M5Stack Core2の外観と仕様は図-1のようになっています。

　M5Stack Core2は、M5Stack開発キットシリーズの第2世代で、高速CPUと大容量メモリ、Wi-Fi、Bluetoothを搭載しています。さらに液晶表示器も搭載しています。

　そのほかに多種類の周辺デバイスを実装していて、単体で多くのことができます。さらにI^2Cインターフェースで外部にGroveシリーズと呼ばれるセンサなどの周辺モジュールを接続することができます。

　いわゆるオールインワンのセットで、電子工作を必要とせずにマイコンを使うことができるようになっています。

●図-1　M5Stack Core2の外観と仕様

MCU	：ESP32-D0WDQ6-V3
	32 ビットデュアルコア
Flash	：16MB
PSRAM	：8MB
クロック	：240MHz
表示器	：液晶表示器 320×240 ドット、
	タッチスクリーン
無線	：Wi-Fi、Bluetooth
電源	：5V800mA、バッテリ内蔵
周辺デバイス	：スピーカ、振動モータ、RTC、I2S アンプ、
	LCD、マイク、6 軸加速度センサ
外部接続	：M-Bus ソケット、Grove ソケット
	MicroSD スロット、USB TypeC

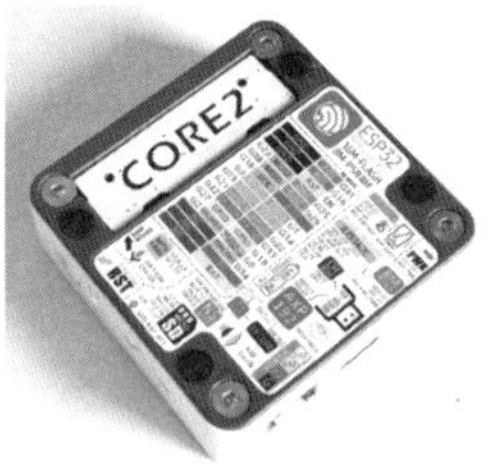

　本体裏側のCORE 2と書かれている下に、M-BUSと呼ばれるヘッダピンがありますが、ここのピン配置が図-2となっています（マイナスドライバーなどをすき間に入れて蓋を持ち上げると開けられます）。図のように大部分が内部で使われていて、ユーザーが汎用のGPIOとして使えるピンは数ピンしかありません。DACなどを使わない場合は、汎用の入出力ピンとして使えるものもありますが、それらもわずかで外部接続の自由度は低くなっています

　結局、Groveシリーズ用として実装されているI^2Cのコネクタに、センサなどを接続して使うのが前提となっています。

●図-2　M5Stack Core2のM-BUSのピン配置

	GND	ADC	G35	入力のみ
	GND	ADC	G36	入力のみ
	GND	RST	EN	
G23	MOSI	DAC	G25	汎用I/O可
G38	MISO	DAC	G26	汎用I/O可
G18	SCK	3.3V		
G3	RXD0	TXD0	G1	
G13	RxD2	TXD2	G14	
G21	intSDA	intSCL	G22	
G32	PA_SDA	PA_SCL	G33	
汎用I/O可　G27	GPIO	GPIO	G19	汎用I/O可
G2	I2S_DOUT	IS2_LRCK PDM_CLK	G0	
	NC	PDM_DAT	G34	
	NC	5V		
	NC	BAT		

2 特徴と得手不得手

M5Stackの特徴は次のようになります。

❶ CPUの性能、メモリサイズは十分

CPUには32ビットのデュアルコア、メモリは16Mバイトと大容量ですから十分の容量があります。RAMメモリも520kバイトあるので、大きなデータを扱うこともできますし、SDカードも用意されているのでデータ保存も問題なくできます。

❷ オールインワンとして構成されているので拡張性が低い

基本的に本体だけですべてができるようになっています。裏面にM-Busと呼ばれる拡張用のヘッダがありますが、大部分が内部で使われてしまっているので、前述のように外部への拡張ピンとして使えるピンは数ピンしかありません。

またGroveコネクタを使って、I²C接続のGroveシリーズの拡張モジュールを使うことができますが、製品として用意されているものに限られます。自作で追加することは可能ですが、対応しているライブラリが無い場合は苦労します。

❸ プログラム開発環境が複数ある

プログラムを開発する言語には、Arduino IDEという開発環境を使うスケッチ、Thonnyという開発環境を使うMicroPython、ブロックプログラミングのUIFlowの3通りが用意されていますから、好みの環境で開発することができます。

スケッチを使えば、Arduinoと同じライブラリが使えますから、スケッチでプログラムを開発するのが入門用としては推奨になります。

❹ 電源の自由度が無い

内蔵バッテリか、USB経由の電源が基本になります。外部電源をM-BusかGroveコネクタから供給可能ですが、設定変更が必要です。単独で使う場合は、バッテリ動作となります。結構消費電流が大きいので動作時間が限られます。

❺ 無線通信機能があるのでIoTシステムには好都合

Wi-FiやBluetoothが標準で組み込まれていて、ArduinoやMicroPythonのライブラリも用意されていますから、インターネットアプリとの連携はしやすくなっています。

1-2-4　Raspberry Pi Pico Wの特徴と得手不得手

1 Raspberry Pi Pico Wの外観と仕様

Raspberry Pi Picoは、もともとのRaspberry Piとは大きく異なり、ワンボードマイコンとなっていて、LinuxなどのOSも搭載されていません。当初発売されたRaspberry Pi PicoにWi-FiとBluetoothの無線機能が追加されたものがRaspberry Pi Pico W（以降ラズパイPico W*）となっています。

その外観と仕様は図-1のようになっています。

Pico WHはピンやヘッダーが付けられているタイプで、中身はPico Wと同じ

●図-1 Raspberry Pi Pico Wの外観と仕様

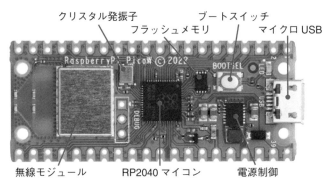

クリスタル発振子 　ブートスイッチ
　　　フラッシュメモリ 　マイクロUSB

無線モジュール 　RP2040 マイコン 　電源制御

MCU	: RP204032 ビット Dual Core cortex M0+
Flash	: 2MB
SRAM	: 264kB
クロック	: 133MHz
GPIO	: デジタル 23 ピン 3.3V アナログ ×3 PIO State Machine×8
ADC	: 12bit 500ksps
無線機能	: 2.4GHz Wi-Fi BLE、Bluetooth
周辺機能	: UART×2、I2C×2 SPI×2、PWM×16 Timer、RTC

2 ラズパイ Pico W の特徴と得手不得手

ラズパイPico Wの特徴は次のようになっています。

❶ 安価な高速マイコンボード

小型で千円台という価格のワンボードマイコンですが、高性能のマイコンと大容量のメモリが搭載されています。

❷ 複数のプログラム開発環境がある

当初は複雑な開発環境でしたが、最近整理されて、Arduino IDEという開発環境を使ったスケッチと、Thonnyという開発環境を使ったMicroPythonが標準的な言語となりました。当初のC言語での開発環境も用意されています。プログラムはUSB経由でパソコンからダウンロードできますから、使い方は簡単です。

❸ 周辺デバイスは実装されていない

ボードには単純なスイッチとLEDのみの実装※です。入出力ピンとして基板端にあるピンに外部デバイスを接続して使うことになります。I²CやSPIというマイコンの内蔵モジュールを使って制御しますが、多くのセンサなどのライブラリが用意されていますから、Arduino UNOなどと同じ考え方で使うことができます。

❹ Wi-Fi 標準実装なので IoT システムには好都合

Wi-FiやBluetoothが標準で組み込まれていて、ArduinoやMicroPythonのライブラリも用意されていますから、インターネットアプリとの連携はしやすくなっています。

❺ 電源は別途用意する必要がある

本体にはUSB経由の電源と外部接続の電源端子があるだけですから、単独で使う場合には、マイコンボードと同じように何らかの電源装置が必要となります。

3 ラズパイ Pico W の概要

プログラム開発は、Thonnyなどの開発環境を使ったMicroPythonか、Arduino IDEを使ったスケッチのいずれかで製作することができます。本書ではMicroPythonを使っています。開発環境の構築方法は付録-3を参照して下さい。

また基板端のピン配置は図-2のようになっています。内蔵モジュールごとにピンが複数のピンに接続できるようになっていて、プログラムでピンを指定して使うことになります。

※ RP2040内部に温度センサがあるが精度が悪い

26

またGNDピンがたくさんありますが、全部のGNDピンをGNDに接続したほうが安定な動作となります。3V3_ENピンは内部でプルアップされているので、無接続でも3V3 (OUT) ピンには3.3Vが出力されます。またVBUSにはUSB電源の5Vが出力されます。

●図-2　ラズパイ Pico W のピン配置

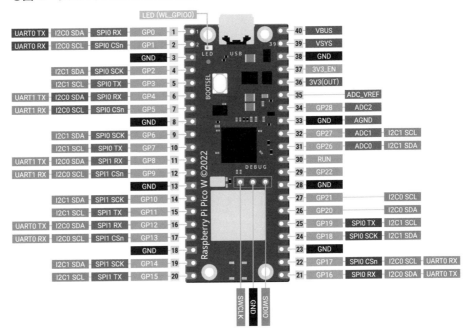

1-2-5　マイコンの特徴と得手不得手

マイコンというと世の中には非常に多くのものがありますが、本書では、独断で筆者のなじみ深いPICマイコンに限定して解説します。さらに本書では単体ではなくマイコンボードとして使っているので、マイコンボード (Curiosity HPC Board) として解説します。

1 PICマイコンボードの外観と仕様

本書では、Curiosity HPC BoardにPIC16F18857 (28ピン) またはPIC16F18877 (40ピン) というマイコンを実装したものを使っています※。その外観と仕様は図-1のようになっています。

PIC16F1ファミリとPIC18F Qファミリはピン配置が同じなので、28ピンか40ピンであれば、どのPICマイコンも実装可能です。さらに全ピンがヘッダソケットに接続されているので、ジャンパ接続で外部と接続できます。

図1の左側のようにPICkit4※相当のプログラマ (ROMライター) が搭載されており、マイクロUSBでパソコンに接続してプログラムを書き込みます。PICマイコンの電源電圧を3.3Vと5Vに設定可能で、低電圧プログラミング (LVP) も可能です。

8ピンのものも一部で使用

PICマイコンを組み込み済みの状態で書き込みできるプログラマ/デバッガ

27

●図-1　Curiosity HPC Boardの外観と仕様（PIC16F18857の場合）

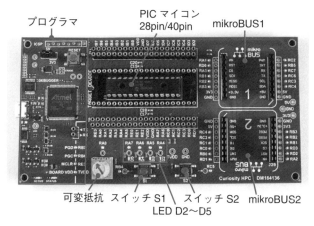

CPU	：8 ビット PIC16F18857 　または PIC16F18877 　32MHz
メモリ	
RAM	：4kB
Flash	：32kB
GPIO	：デジタル、アナログ I/O×25
無線機能	：なし
シリアル	：UART×1 I2C・SPI×2 　PWM×710bit ADC
基板実装	：SW×3LED×4POT×1 　mikroBUS×2 　プログラマ / デバッガ USB 接続 　28/40 ピン IC ソケット
動作電源	：1.8V ～ 5.5V
電源	：USB の 5V、外部電源

プログラマ　PIC マイコン　mikroBUS1
　　　　　　28pin/40pin

可変抵抗　スイッチ S1　スイッチ S2　mikroBUS2
　　　　　LED D2～D5

2 特徴と得手不得手

❶ CPU速度、メモリサイズ

　他のデバイスと比較してCPU速度は遅く、メモリサイズも小さいので、適応できるアプリケーションには限界があります。これを補うために内蔵モジュールが豊富に用意されていて多機能なので、外部接続のデバイスに適した選択ができます。

❷ オプションボードが用意されていている

　mikroBUSに接続できるClickボードと呼ばれるオプションボードが多く、ライブラリも用意されているので簡単に試せます。

❸ 外部デバイスの接続には電子工作が必須

　オプションボードにないデバイスの接続には、マイコンの入出力ピンと接続するためのインターフェース回路が必要なため、電子工作が必須です。

❹ 開発環境はC言語

　プログラム開発はC言語に限定されますが、MPLAB X IDEとMPLAB Code Configuratorを使ったコード自動生成や、ライブラリの活用ができます。

❺ ネット環境との接続には外部モジュールが必要

　インターネットとの接続には、Wi-FiやBluetoothなどの外部モジュールを追加し、プログラムの製作が必要です。

❻ ボードから切り離しての使用が可能

　Curiosity HPC Boardで気軽に機能を試せますが、マイコンは一つの部品として独立しているので、ボードなしでもマイコン内部の機能と周辺回路の組み合わせで安価に必要な機能を実現できます。マイコンの種類も豊富にそろっています。

3 Curiosity HPC Boardの概要

　Curiosity HPC Boardの基本の回路構成は図-2のようになっています。この回路構成は28ピンのPICマイコンの場合で、PICマイコンのどのピンにデバイスが接続されているかを示しています。

スイッチ (RESET、S1、S2) とLED (D2、D3、D4、D5) と可変抵抗 (POT) は標準で基板に実装されているものです。PIC16F1ファミリはすべてピン配置が同じとなっていますから、28ピンまたは40ピンであればどれでも使えます。

以降の各章で、ブレッドボードを使って外部デバイスを接続する場合に、このピン配置をベースにして接続します。mikroBUSにあるRDxピンは、28ピンのPICマイコンには存在しないのでグレーアウトさせています。40ピンのPICマイコンを使った場合に有効となるピンです。

●図-2　**Curiosity HPCの回路構成とピン配置**

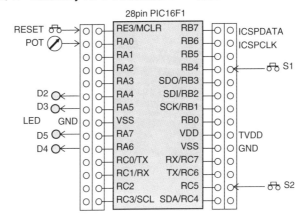

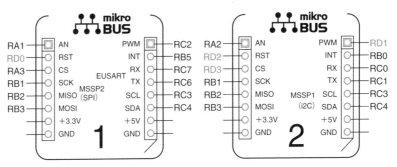

4 Clickボードとは

Clickボードというのは、MikroElektronika社が開発販売しているボードです。mikroBUSというピン配置を統一したソケットに挿入して使うオプションボードで、センサ、スイッチ、通信モジュールなど数多くの種類が用意されています。300種類以上のClickボードが用意されていますから、試作段階ですぐ試してみたいような場合に便利に使えます。

MikroElektornika社のサイト (https://www.mikroe.com/click) でどんなものがあるかが確認できます。

マイクロチップ社のオンラインサイトからも一部購入が可能ですが、他の多くのオンライン販売サイトで購入ができます。

実際のClickボードの例が図-3となります。左から温湿度気圧センサ、Wi-Fiモジュール、マイクロSDカードとなっています。

●**図-3 Click ボードの例**

(a) Weather センサ（BME280） (b) WROOM-02 Wi-Fi (c) マイクロSDカード

mikroBUSはMikroElectronika社が独自に規格化したもので、図-4のようなピン配置で統一されたピンヘッダで構成されているものです。

簡単な構成になっているので使いやすいものとなっています。複数のmikroBUSが実装されている場合には、PICマイコン側のピンが重複している場合があるので注意が必要です。

●**図-4 mikroBUS 規格のピン配置**

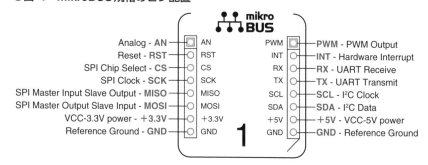

1-2-6　Raspberry Piの特徴と得手不得手

Raspberry Piには世代ごとにいくつかの種類がありますが、本書では、Raspberry Pi 4Bに限定して解説します。

1 Raspberry Piの外観と仕様

Raspberry Pi 4Bの外観は図-1のようになっています。この外観では、基板単体の状態ですが、発熱が多いので放熱器を付加して使います。

他のマイコンボードと比較して桁違いの速度とメモリサイズで、しかもUSB、HDMIなどパソコン並みのインターフェースを実装しています。この特徴を活かして画像処理やAIなど高度な処理にも使われています。

IoTシステムで画像を扱いたい場合には、本書の中ではこれ一択となります。また、ネットワークインターフェースが充実していますから、センター装置として使われることもあります。

●図-1　Raspberry Pi 4Bの外観と仕様

CPU	：32 ビット クワッドコア 1.5GHz
メモリ RAM	：2/4/8GB
ストレージ	：micoroSD カード
ビデオ出力	：microHDMI×2
USB	：USB 2.0×2USB 3.0×2
Ethernet	：10/100/1000Base-T
無線機能	：Wi-Fi、Bluetooth
カメラ	：専用カメラ（CSI）
GPIO	：40 ピンヘッダピン デジタル、アナログ、I2C、SPI PWM、1Wire、UART、I2S
動作電源	：5.0V
消費電流	：本体 Max 1.7A ：外部機器含む場合 3A
電源	：USB の 5V、外部電源、PoE HAT

2 Raspberry Pi 4Bの特徴と得手不得手

❶ LinuxというOSで動作する

Linuxが基本となっていて、このOSを使うためのコマンドやインストール*の知識が必須となるため、使うためのハードルがやや高くなります。また起動にも時間がかかります。

Linuxのインストール方法については付録-5を参照

❷ マルチメディアの処理が得意だがリアルタイム処理は苦手

動画や音声などの取り込みや転送が得意なので、カメラやマイクを扱う場合には適しています。また処理性能が高く、OSに基づく処理なので、汎用性が高くいろいろな目的に使うことができます。しかし、逆にLinuxのOSの下で動作しているので、ハードなリアルタイム制御は苦手となります。

❸ 容量の大きな電源が必要

消費電流が大きいため、大型のACアダプタなどの電源が必須となります。また発熱も大きいため、十分な放熱対策が必須となります。また突然の電源断への安全対策は考慮されていないので、**いきなり電源をオフとするとSDカードの内容を書き換えてしまったりしますので注意が必要です。**

❹ センサやアクチュエータは実装されていない

センサやアクチュエータなどは、ヘッダピンを使って外部接続する必要があります。これらの外部デバイスを実装したHATボードというオプションボードが用意されていますが、限定されたデバイスとなります。したがってなんらかの電子工作が必要となります。

❺ プログラム開発言語は多種類

Linuxの下で動作するので、開発言語は多くのものが用意されていますが、基本はPythonとなります。しかし、マルチメディアを含むアプリケーションをPythonなどの言語で記述するには、大きなプログラムを作成しなければなりませんので、本書では、ブロックプログラミング言語のNode-REDを多用しています。

❸ Raspberry Pi 4Bの概要

Raspberry Pi 4Bはこれまでのシリーズに比べ、圧倒的な高速処理となっています。4Kのマルチモニターもできるので、パソコン並みの扱いができます。カメラや音声出力もできるのでマルチメディアの処理が得意となっています。しかし発熱が大きいので、しっかりとした放熱対策が必須となります。

ボードに実装されているデバイスは図-2のようになっています。

●図-2 Raspberry Pi 4Bの実装デバイス

GPIO 40
ピンヘッダ

10/100/1000Base RJ45
イーサネットコネクタ

チップ
アンテナ

USB3.0
コネクタ ×2

DSI Display
コネクタ

USB2.0
コネクタ ×2

電源用 USB
コネクタ

HDMI AV
コネクタ

CSI カメラ
コネクタ

RCA
AV ジャック

　また40ピンのピンヘッダのピン配置は図-3のようになっています。このピンヘッダは全モデル共通となっています。

　汎用のGPIO以外にI²C、PWM、SPI、UARTなど特定の機能モジュールとつながっているのものは特定のピンとなっています。

　3.3Vの電源ピンがいくつかありますが、この電源ピンを一瞬でもGNDとショートしてしまうと、電源回路が壊れますから特に注意して下さい。

●図-3　GPIOのピン配置

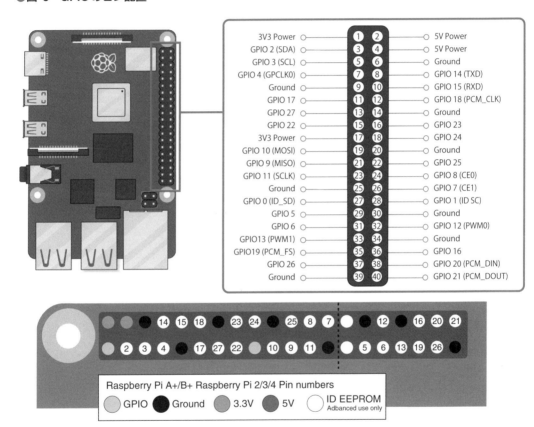

1-3 ゲートウェイ（センター）で使われる機器

1-3-1 ゲートウェイ（センター装置）の機能と使われる機器

■1 ゲートウェイ（センター装置）に必要な機能

アマチュアがIoTシステムを構築する場合に、センター装置の基本機能として必要な機能は次のようなものになるかと思われます。これ以外に、それぞれのアプリケーションとして必要な処理がありますが、本書ではその部分は省略します。

❶IoTエッジ機器を接続する機能

基本的に通信で接続することになりますから、シリアル通信、LAN、Wi-Fiなどの有線、無線の通信機能が必要です。

距離が離れている場合や多数のIoTエッジを接続する場合には、LoRa、LPWAなどの長距離無線が必要になることもあります。

❷上位のサーバやクラウドとの通信機能

多くの場合、インターネット経由での接続になりますから、LANやWi-Fi接続が基本となります。

セキュリティ対策が必要になることもあります。

❸データ処理

多量のデータの集計、保存や統計処理などが必要になります。またこれらを使って何らかの予測などをすることもあり得ます。

❹表示処理

データの処理結果や予測結果などを通知するために、グラフ表示など高度な表示処理が必要になります。

■2 センター装置として使われる機器

アマチュアがIoTシステムを構築する場合にセンター装置として使える機器には次のようなものがあります。本書ではこれらの特徴を次のデバイスに限定して解説します。

- パソコン ：Windowsパソコン
- Raspberry Pi：Raspberry Pi 4B

1-3-2　パソコンの特徴と得手不得手

パソコンの特徴と得手不得手は次のようになります。

❶ ハードウェアは拡張機能が限られている

デスクトップパソコンでも本体に拡張できるのはメモリとグラフィックカード、通信ボードなどに限られています。汎用で外部デバイスを接続できる拡張機能はほとんど用意されていません。

多くの拡張デバイスはUSBかEthernetで接続することになります。通常これらを使うためのライブラリも一緒に提供されていますから、適切なものを選択すれば拡張ができます。

❷ プログラム開発方法の選択は難しい

プログラム開発はプログラミング言語や道具に多くの選択肢がありますが、基本的にかなり大規模なプログラム開発となってしまいます。このためアマチュアがプログラミング言語を使って開発するには無理があります。

そこで本書ではできるだけ簡単に開発できるように、ブロックプログラミング言語の「Node-RED」を使いました。最近はやりの「ノーコードプログラミング」とまではいきませんが、最少のプログラム記述で構築できます。

❸ 電源は商用電源が必須

パソコンは商用電源で動作することになっていますから、商用電源が取り出せる場所でしか使うことはできません。

❹ 高価

パソコンとしては、ミニパソコンでも数万円以上となりますし、モニタやストレージなどを追加すればさらに高価になります。

1-3-3　Raspberry Piの特徴と得手不得手

Raspberry Pi 4Bの特徴と得手不得手は次のようになります。

❶ ハードウェアの拡張はパソコンよりは自由

本体に実装されているものに拡張できるのは、カメラやUSB、Ethernetを使った機器ですが、この他に40ピンの拡張ヘッダが用意されていて、ここから信号を取り出すことで、Arduinoなどと同じように、センサなどの外部デバイスを接続することができます。汎用のデジタルI/O以外に、I²C、SPI、PWMなどが使えますから、多くのデバイスを接続できます。

❷プログラム開発方法はパソコンと同等

　LinuxというOSベースですから、Windowsと同じようにプログラミング言語は多くのものが用意されています。しかし、プログラミングで作成するプログラムはパソコン同様大規模になります。

　そこで本書ではパソコンと同じNode-REDを使ったノンコードプログラミングを目指しました。

❸電源はいくつかの選択肢がある

　Raspberry Pi 4Bの電源は、パソコンよりはるかに少ない電力で動作しますから、ACアダプタ、外部電源装置、PoE[*]、バッテリなどを使うことができます。バッテリではさすがに動作時間は短くなりますが、ソーラー他の電源からの充電機能を使うことで補うことができます。

・・・・・・・・・・・・・・・・・・
Power over Ethernet。
イーサネットのLAN
ケーブルを使った電源
供給

❹安価

　パソコンに比べればかなり安価に入手できます。モニタなどを追加することもありますが、モニタなしで他のパソコンなどからリモート操作が可能ですから、最初の設定をしてしまえば、あとはモニタやキーボードなどが削除できます。

　データをすべてクラウド等にアップすれば、他のパソコン等で表示をすることができますから、Raspberry本体の表示機能を削除することもできます。

1-4 クラウドの使い方

1-4-1　使いやすいクラウドと機能

　IoTシステムの拡がりとともに、多くのクラウドサービスが誕生し、多種類の機能を提供してくれます。本書では、アマチュアが使えるクラウドで、しかも無償のクラウドに限定して機能などを解説します。解説するのは次のクラウドです。

- Ambient
- IFTTT
- PubNub

1 Ambient

　このAmbientは、図-1のような接続構成で使います。マイコンなどからセンサのデータをインターネット経由で送信すると、Ambientがそれらを受信しグラフを自動的に作成します。このグラフはインターネット経由で見ることができ、公開することもできます。

●図-1　Ambientの接続構成

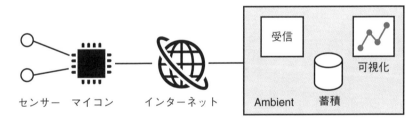

センサー　マイコン　　インターネット　　Ambient　蓄積　可視化　受信

　Ambientは次のような条件の範囲なら無料でサービスを提供してくれます。

- 1ユーザー 8チャネルまで無料
- 1チャネル当たり8種類のデータを送信可能
  送信間隔は最短5秒、それより短い場合は無視される
- 1チャネルあたり一日3000データまでデータ登録可能
  24時間連続送信なら29秒※×データ数が最短繰り返し時間となる
- データ保存は4ヵ月　4ヵ月経つと自動削除
- 1チャネル当たり8種類のグラフを作成可能
  一つのグラフは最大6000サンプルまで表示可能
  表示データが多い場合は前後にグラフを移動できる

※
24時間 ×60分 ×60秒÷3000＝28.8秒

- グラフの種類
  折れ線グラフ、棒グラフ、メータ、Box Plot
- 地図表示可能
  データに緯度、経度を付加して送ると位置を地図表示する
- リストチャート形式の表示も可能
- データの一括ダウンロード　CSV形式
- チャネルごとにインターネット公開が可能
- チャネルごとにGoogle Driveの写真や図表の張り込みが可能

　Ambientにデータを送るには、図-2のようなフォーマットのPOSTコマンド*をTCP通信で送れば登録されます。

　POSTコマンドの最初のリクエストで、チャネルID*を送信します。ヘッダ部ではAmbientサーバのIPアドレスとボディのバイト数、フォーマットがJSONであることを送信します。空行の後にボディ部を送信します。ボディ部はJSON形式*で、ライトキー*に続けて最大8個のデータと緯度と経度を送信します。8個のデータは必要な数だけ送れば問題ありませんし、緯度と経度も必要なければ省略しても構いません。データの桁数は任意で、小数点も含めて文字列として送信する必要があります。

HTTPの通信で使われるコマンドでPOSTとGETがある。GETはデータを要求する場合に使われる

Ambientにチャネルを追加すると与えられる番号

{キー：データ,キー：データ,---}のように、キー文字列とデータのペアで表現する形式

Ambientに追加したチャネルごとに付与される書き込み用のキーコード。読み出し用のリードキーもある

●図-2　POSTコマンドの詳細

リクエスト	POST /api/v2/channels/*qqqqq*/data HTTP/1.1¥r¥n
ヘッダ部	Host: 54.65.206.59¥r¥n Content-Length: *sss*¥r¥n" Content-Type: application/json¥r¥n
空行	¥r¥n
ボディ部	{"writeKey":"*ppppp*", "d1":"xxxx.x", "d2":"xx.x", "d3":"xx.x", - - - - "d8":"xx.x" "lat":"uu.uuu" "lng":"vvv.vvv"}¥r¥n

（注）
① qqqqq はチャネル ID 番号
② 54.65.206.59 は Ambient
　サーバの IP アドレス
③ sss はボディのバイト数
④ ppppp はライトキー
⑤ xx の部分にはそれぞれの
　データ文字列が入る
⑥ uu.uuu は緯度のデータ
⑦ vvv.vvv は経度のデータ

2 IFTTT

　IFTTT（イフトと読む）とは、個人が加入し共有している多種類のWebサービス（Facebook、Evernote、Weather、Dropboxなど）同士を連携することができるWebサービスです。動作イメージは図-3のようになります。図にあるもののほかにも数多くのネットサービス間を連携させることができます。

●図-3　IFTTTのイメージ

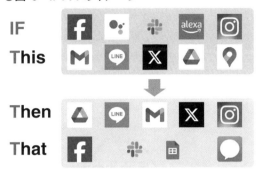

　IFTTTは「IF This Then That.」の略で、指定したWebサービスを使ったとき（これがThisでトリガとなる）に、指定した別のWebサービス（これがThatでアクションになる）を実行するという関連付けをするだけで、自由に関連付けて使えるというサービスです。

　例えば、次のような連携ができます。

- ・ 天気予報で雨の予想が出たらメールで傘を持参するように通知する
- ・ Androidスマホのバッテリが低下したらSMSに通知する

　このような手順を記述したものを「アプレット」と呼びます。すでに作成し公開されている数千のアプレットがありますから、これを利用することもできますし、自分専用のものを作ることもできます。

　ただし、無料枠ではアプレットは2個までに制限されています。さらにX（旧Twitter）も無料枠では使えなくなりました。

　IFTTTには月額350円のProと月額700円のPro+があります。Proならアプレットは20個まで使え、Pro+は無制限です。どちらでもX（旧Twitter）アプレットの利用は可能。1週間のトライアルがあります。

　アプレットを作成する手順は次のようになります。ここでは「データがアップされたらGoogleのスプレッドシートに追加する」機能を考えてみます。このときブラウザにはGoogle Chromeが指定されているので、Chromeを使う前提で進めます。

　①アカウント作成とサインイン
　②Thisの設定　→　例：Webhooksを使う
　③Thatの設定　→　例：Sheetの中のAdd row to spreadsheet　を使う
　④Google Spreadsheetに対しIFTTTからの受信を許可する
　⑤テスト送信実行

3 PubNub

PubNubはインターネット上のサービスで、N対Nのデバイス間での双方向のデータ通信をサービスしてくれます。図-4のように、送る側がPublishし、受ける側がSubscribeするという手順で動作します。

●図-4　PubNubのイメージ

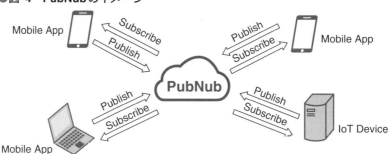

PubNubは、送信側（パブリッシャ）と受信側（サブスクライバ）との間のインターネット経由でのメッセージの送受信を支援するクラウドです。

このPublish/Subscribe Messagingでは、送信側は、受信する相手を特定する必要がなく、送信データはチャネルやトピックで区別されます。受信側は、そのチャネルかトピックを指定して受信します。送信データは一定期間PubNubで保存されるので、受信側はいつでも好きなときに受信することができます。送信データは送信側が送った順序で受信できますから、順序が変わることはありません。

ブログなどで投稿したことを、購読者として登録している人たちに通知するようなことに使われています。また受信側の台数制限がないので、一つの送信を一斉に送信することができます。

一定の制限内であれば、無料で使えます。その範囲はユーザーが200人以下または、トランザクションが100万件/月以下となります。

第2章
エッジと通信

2-1 シリアル通信を使いたい

2-1-1 シリアル通信（RS232CとRS485）の概要

シリアル通信として使われるRS232C規格は、古くから使われているシリアル通信の規格で、同期式と非同期式がありますが、最近では多くが非同期式通信で使われています。

本項でも非同期式通信で使い、基本のシリアル通信方法として説明します。

1 非同期式（調歩同期式）通信とは

非同期式通信とは、通常は1本の線で通信する方式で、送受同時にできるように2本の線*を使います。

信号の電圧レベルと、1ビットのパルス幅は送受信両方であらかじめ決めておきます。パルス幅は標準速度で決まっているので、これに合わせます。

当初のRS232C規格では、ハードウェアレベルは、プラスとマイナスの電圧で0と1を区別していましたが、最近は、TTLレベルの電圧*で区別しています。TTLレベルなのでHigh側は電源電圧によって5Vと3.3V*がありますから、注意が必要です。このようなTTLレベルですから、通信距離は数m程度以下にする必要があります。

信号線を流れる信号は図-1のようなフォーマットとなっています。送信側は常時Highの出力とし、送信開始時に1ビット分のLowの信号を送信します（これをスタートビットと呼ぶ）。これに続いて8または9ビット*のデータを送信し、最後に1ビットまたは2ビットのHighの信号（これをストップビットと呼ぶ）を送信して終了となります。ストップビットの役割は、次のスタートビットが区別できるようにするためのものです。

正確にはGNDを含めて3本の線を使う

TTLは業界標準となった論理回路ICで、動作電圧も標準となっている。0〜0.8VをLow、2V〜5VをHighとする

最近は多くが3.3Vとなっている

RS485の場合アドレスとデータを区別するために9ビット目を使う

●図-1　非同期通信の信号フォーマット

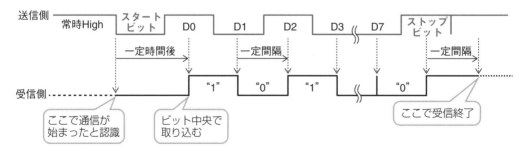

受信側は信号線の電圧レベルを常時監視していて、Lowとなったら通信開始と判定して、そのあとに続くビットを一定間隔でサンプリングして取り込みます。最後のストップビットが正常に取り込めたら終了となります。

標準通信速度は、次のような値となっています。（単位はbps：Bit per Second）

110、300、600、1200、2400、4800、9600、14400、19200、38400、
57600、115200、230400、460800、921600

どの速度まで通信可能かは、エッジデバイスの処理能力や、信号線の長さ、信号線の太さ*に依存します。

*電圧レベルなので信号線の直流抵抗に依存する

2 RS422/RS485とは

RS232Cは通信速度も遅く、距離も伸ばせないという課題があったため、これを改良した規格としてRS422が策定され、さらにこれを改良したRS485が策定されました。

このRS422はRS232Cを改良した長距離通信用として使われている規格で、図-2のように2本のツイストペア線*を使った差動平衡伝送方式を使っています。

*2本線を撚ったもの

図-2でHighの場合はTxD+側が2V～6VでTxD-側が0Vになり、Lowの場合はこの逆になります。受信側は、RxD+とRxD-の電圧差の向き、つまりRxD+のほうが高ければHighと判定し、RxD-のほうが高ければLowと判定します。このように電圧の向きでHigh/Lowを判定するので、電圧が降下しても区別がつくため長距離通信*が可能となります。また線間のインピーダンスが低く、さらにツイストペアケーブルを使っていることからノイズにも強くなります。通常は受信側を抵抗で終端して反射*を抑制するようにします。

*規格では1.2kmまでとなっている

*インピーダンスミスマッチによる波形の乱れ

●図-2　RS422の伝送回路

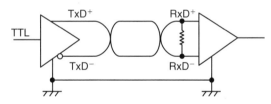

RS485は、RS422を改良したものです。RS422は1対1の通信しかできないのですが、これを図-3のようにパーティライン状*にできるようにしたのがRS485となります。

*線上に複数のデバイスが接続された構成のこと

●図-3　RS485の伝送回路

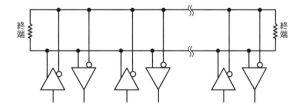

このような構成を可能にするため、ドライバは送信しない間は出力をハイインピーダンスにする必要があります。また同じ線に接続されていますから、常に送信は一つだけしかできません。つまり半二重方式の通信となります。

このRS485の半二重通信の制御はソフトウェアで行うことになり、多くの場合は親機となる1台が全体をコントロールすることになります。このソフトウェアに関する規定はないため、使い方は自由となっています。

このRS485で通信を行う場合、複数の子機がありますから、親機から子機を指定する必要があります。このために、非同期通信の9ビットモードを使います。通常は9ビット目が1の場合のデータはアドレスを指定するデータとなり、アドレスが一致した子機だけが以降の通信を可能とします。この後、9ビット目を0にして親機から指定した子機にデータを送信し、子機からもデータを返送できます。

3 RS485用トランシーバIC

RS485は、通常のRS232Cの送受信回路にRS485トランシーバICを追加することで実現できます。このようなトランシーバは図-4のような外観と仕様になっています。

図-4のA、BピンがRS485のラインになり、ROが受信データ、DIが送信データとなって、マイコンのUARTのTX、RXピンに接続することになります。

RE、DEピンはマイコンのデジタル出力ピンに接続してイネーブル、ディスエーブルの制御をします。

●図-4 RS485 トランシーバの外観と仕様

- ・型番 　 ：MAX485EN
- ・電源 　 ：5V
- ・通信速度 ：Max 5Mbps
- ・パッケージ：8 ピン DIP
- ・特徴 　 ：ドライバ、レシーバとも
  　　　　　　イネーブル制御可能

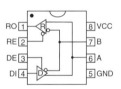

2-1-2 　 Arduinoとマイコンを接続したい

ArduinoとマイコンをRS232Cで接続してみます。実際の例題で説明します。プログラムの開発環境のインストールや書き込み方法については、付録に掲載しています。

ここではプログラムの作成方法も説明していますが、作成済みのプログラムは本書のサポートページからダウンロードできます（本書の例題のすべてがダウンロードできます）。

1 例題の全体構成

ここでの例題は、図-1のようにArduino UNO R3とPICマイコンをRS232Cで接続して通信し、Arduinoから複合センサ（BME280）のデータを5秒間隔で送信し、マイコン側で値を液晶表示器に表示するという動作で試します。

図のようにTXとRXは互いにクロスするように接続する必要があります。またGND同士の接続を忘れないようにする必要があります。

●図-1　RS232Cの例題

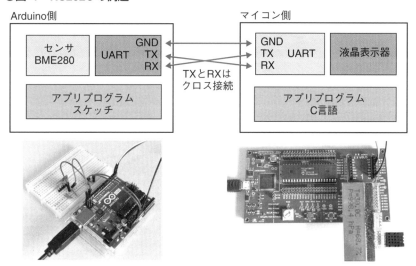

2 Arduino側ハードウェアの製作

詳細は第3章のI2C通信の節を参照

　　Arduino側は、図-2のようにブレッドボードにセンサBME280を実装しジャンパ線で接続します。センサはI²C接続*ですので、ArduinoのI²Cのピンに接続します。センサのBME280の外観と仕様は、3-1-5項の図-1のようになっています。

●図-2　Arduino側の製作

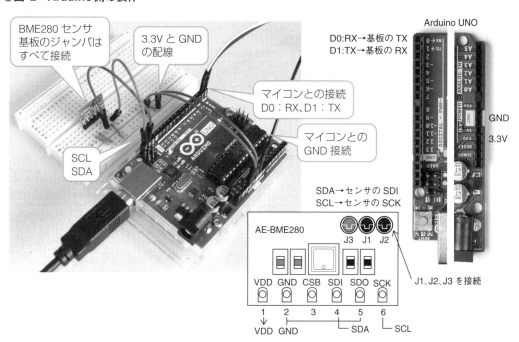

マイコン側との接続は、ArduinoのRS232CのTXとRXピンを使います。これもジャンパ線で接続します。**注意が必要なことは、Arduinoにスケッチのプログラムを書き込むときは、このRXとTXのジャンパ線を外す**[*]**必要があることです。外さないと書き込みエラーとなってしまいます。**電源はArduinoから3.3Vを供給します。

・・・・・・・・・・・・
書き込みにも同じTX、RXピンを使っているため

3 マイコン側ハードウェアの製作

マイコンにはPICマイコン（PIC16F18877）を評価ボードのCuriosity HPC Board[*]に実装したものを使いました。

・・・・・・・・・・・・
マイクロチップ社が発売しているPICマイコンの評価ボードで28ピンと40ピンのデバイスを試せる。書き込み器としても使える

これに図-3のように「PROTO Click」という汎用基板のClickボードに、液晶表示器と温湿度センサ（DHT20）[*]を実装したものをMikrobus2に実装しています。

液晶表示器の外観と仕様は、3-1-6項の図-2を参照して下さい。Arduinoと接続するジャンパ線はMikrobus1側で接続しています。いずれもHPCボード上にシルク印刷で信号名が記載されているのでわかりやすいと思います。

・・・・・・・・・・・・
本項では未使用

● 図-3　マイコン側の製作

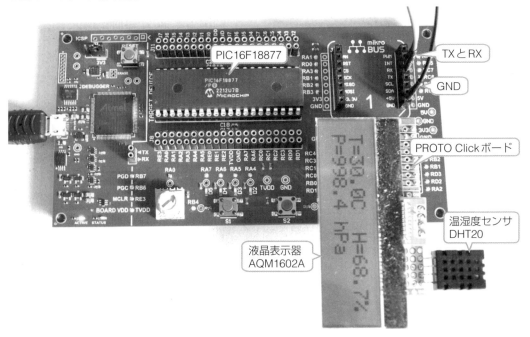

PROTO Clickボードの裏面の配線は図-4のようにしました。電源とI^2Cだけの配線ですので簡単です。温湿度センサも追加していますが、ここでは使っていません。I^2Cのプルアップ抵抗は液晶表示器に実装されているもの[*]を使っています。

・・・・・・・・・・・・
液晶表示器の基板上のジャンパ接続が必要

●図-4　Clickボードの配線

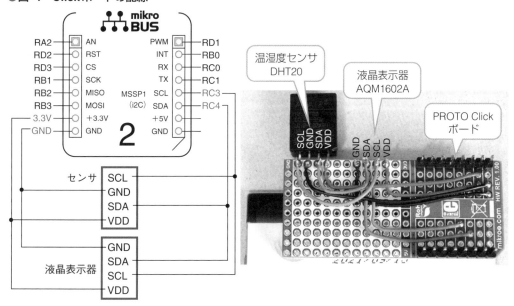

4 Arduino側のプログラム製作

RS232C通信の動作確認ですので、通信速度を115.2kbpsと高速通信とし、セン
サの3種のデータを次の形式の文字列で送信することにします。pは気圧、tは温度、
hは湿度の数字データとし、各々の間をカンマで区切っています。

pppp.p,tt.t,hh.h¥r¥n

> インストールなどは
> 付録1を参照

これを動かすスケッチプログラムを製作します。Arduino IDE V2.2.1*を使って製
作しますが、先にBME280センサのライブラリを追加する必要があります。この追
加手順は図-5のようにします。

Arduino IDEのメインメニューから［Tools］→［Manage Libraries］で開くダイアロ
グで、検索窓にBME280と入力します。これでいくつかのライブラリが候補として

> 最も簡単に扱える関数
> が用意されている

表示されますから、この中から「Adafruit BME280 Library*」を選択して［INSATLL］
ボタンをクリックします。さらに開くダイアログで［INSTALL ALL］ボタンをクリッ
クするとインストールが始まり、Outputの窓に状況が表示されますから、「Installed」
となったら完了です。

●図-5 BME280センサ用ライブラリの追加

これでスケッチの作成が開始できます。作成したスケッチがリスト-1となります。

最初にI²CとUARTを使うためWireライブラリをインクルードし、BME280のライブラリもインクルードします。続いてBME280のインスタンスを生成*すれば使えるようになります。

実際に使うための実体と名称を定義すること

setupでは、UARTシリアルとセンサの初期化を実行します。ここでセンサの接続が確認できれば先に進みます。

読み出しにはライブラリの関数を使う

loopでは、まずセンサから気圧と温度と湿度の各データを読み出して*実際の値に変換します。ここで気圧はkPa単位としています。

変換したそれぞれの値を文字列に変換しながら全体を文字列として送信します。数値は小数部の桁数を指定して文字列としています。これで生成される文字列フォーマットは仕様どおりとなります。

スケッチが完成したらArduino UNO R3に書き込んで実行状態としておきます。

リスト 1 Arduino UNO R3用スケッチ（UNO-MCU-UART.ino）

ライブラリのインクルード

センサのインスタンス生成

```
1  //**********************************
2  // Arduino UNOとマイコン間でRS232C通信
3  //   BME280センサ ＋ USBシリアル変換基板
4  //**********************************
5  #include <Wire.h>
6  #include <Adafruit_Sensor.h>
7  #include <Adafruit_BME280.h>
8  // BME280のインスタンス生成
9  Adafruit_BME280 bme;
10 // 変数定義
11 float temp;
12 float pressure;
13 float humid;
```

```
14   // 初期化
15   void setup() {
16     // put your setup code here, to run once:
17     Serial.begin(115200);
18     bool status;
19     status = bme.begin(0x76);
20     while (!status) {
21       Serial.println("BME280 sensor が使えません");
22       delay(1000);
23     }
24   }
25   //***** メインループ *****
26   void loop() {
27     // BME280 センサからデータ読み出し
28     temp=bme.readTemperature();
29     pressure=bme.readPressure() / 100.0F;
30     humid=bme.readHumidity();
31     // データで送信
32     Serial.print(pressure, 1);
33     Serial.print(",");
34     Serial.print(temp, 1);
35     Serial.print(",");
36     Serial.println(humid, 1);
37     delay(5000);     // 5秒間隔
38   }
```

UARTとセンサの
初期化 → (行17〜19)

3個のデータ読み出し → (行28〜30)

文字列に変換し送信 → (行32〜36)

5 マイコン側のプログラム作成

MPLAB Code
Configuratorでコード
の自動生成ツール、詳
細は付録-4を参照

デバイスは
PIC16F18877

　マイコン側のプログラムはPICマイコンですので、MPLABX IDEとMCC*を使って製作します。MPLAB X IDEとMCCの使い方の基本は付録4を参照して下さい。

　まずプロジェクト*（UART_UNO）を作成したらMCCを起動し、システムとEUART、MSSP1の設定を順次行います。

　システムとEUARTの設定は図-6のようにします。

●図-6　SystemとEUARTの設定

内蔵発振器で
32MHz動作

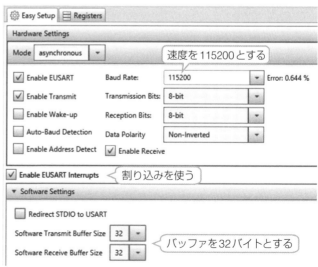

速度を115200とする

割り込みを使う

バッファを32バイトとする

クロックは内蔵クロックの32MHzとし、EUARTでは通信速度を115200bpsとし、[Enable EUSART Interrupts]にチェックを入れ、バッファを32バイトに変更します。これで割り込みで動作するので、高速でデータが送られてきても抜けることなく受信ができます。

次にMSSP1と入出力ピンの設定も行います。図-7のようにMSSP1はI²CのMasterを選択するだけで、速度はデフォルトのままの100kHzとします。

●図-7 MSSP1の設定

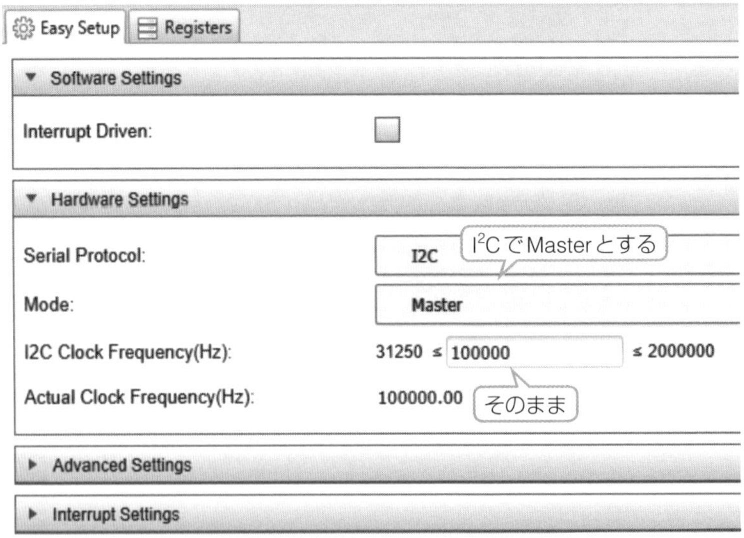

Easy Setup | Registers

▼ Software Settings

Interrupt Driven: ☐

▼ Hardware Settings

Serial Protocol: I2C ← I²CでMasterとする

Mode: Master

I2C Clock Frequency(Hz): 31250 ≤ 100000 ≤ 2000000

Actual Clock Frequency(Hz): 100000.00 ← そのまま

▶ Advanced Settings

▶ Interrupt Settings

最後に入出力ピンの設定をしますが、図-8のようにUARTもI²Cもデフォルトのピンを使っていますから、特に設定することはありません。プログラムのデバッグ用にLEDを使えるようにRA4からRA7を出力ピンとして設定しています。

さらに [Pin Module] でRA4からRA7の名称をD2からD5に設定*します。

プログラムでこの名称を使った関数が使えるようになる

●図-8 入出力ピンの設定

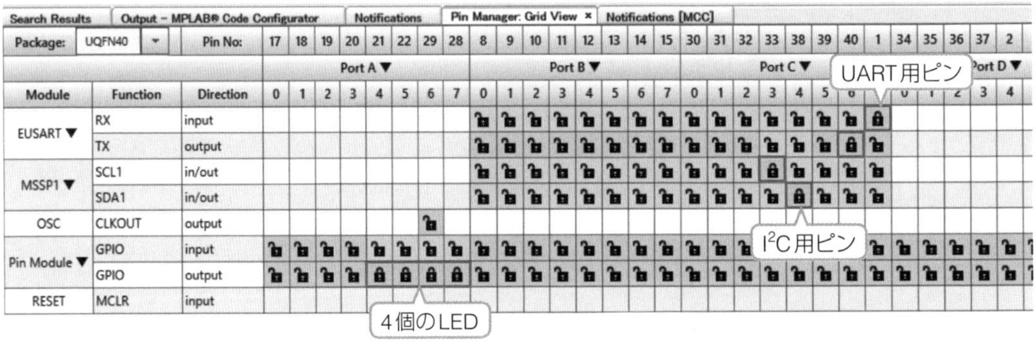

Search Results	Output – MPLAB® Code Configurator	Notifications	Pin Manager: Grid View ×	Notifications [MCC]

Package:	UQFN40 ▼	Pin No:	17	18	19	20	21	22	29	28	8	9	10	11	12	13	14	15	30	31	32	33	38	39	40	1	34	35	36	37	2

UART用ピン / I²C用ピン / 4個のLED

Module	Function	Direction	Port A	Port B	Port C	Port D
			0 1 2 3 4 5 6 7	0 1 2 3 4 5 6 7	0 1 2 3 4 5 6 7	0 1 2 3 4
EUSART ▼	RX	input				
	TX	output				
MSSP1 ▼	SCL1	in/out				
	SDA1	in/out				
OSC	CLKOUT	output				
Pin Module ▼	GPIO	input				
	GPIO	output				
RESET	MCLR	input				

Pin Module の設定

Pin Name ▲	Module	Function	Custom Name	Start High	Analog	Output	WPU	OD	IOC
RA4	Pin Module	GPIO	D2	☐	☐	☑	☐	☐	none ▾
RA5	Pin Module	GPIO	D3	☐	☐	☑	☐	☐	none ▾
RA6	Pin Module	GPIO	D4	☐	☐	☑	☐	☐	none ▾
RA7	Pin Module	GPIO	D5	☐	☐	☑	☐	☐	none ▾
RC3	MSSP1	SCL1		☐	☐	☐	☐	☐	none ▾
RC4	MSSP1	SDA1		☐	☐	☐	☐	☐	none ▾
RC6	EUSART	TX		☐	☐	☑	☐	☐	none ▾
RC7	EUSART	RX		☐	☐	☐	☐	☐	none ▾

（上部タブ：⚙ Easy Setup　⊟ Registers／Selected Package : UQFN40）

以上の設定をして［Generate］ボタンをクリックしてコードの自動生成を実行します。

この設定で生成したコードのmain.cファイルに実際のアプリケーション部を追加します。作成したmain関数部がリスト-1、リスト-2となります。

リスト-1はメイン関数部で、最初に宣言部でI²Cの関数をインクルードしています。続いて変数定義と液晶表示器のサブ関数のプロトタイプ宣言[*]をしています。

コンパイラに呼び出すときの型を教える

このあとメイン関数で実行を開始し、まずシステムと液晶表示器の初期化をしています。次にメインループでUARTの受信を改行コードまで連続で受信してバッファに格納します。受信が完了したら、文字列を3個のデータに分離します。いずれのデータも可変長なのでカンマで区切って分離しています。

その次にそれらのデータを液晶表示器の表示メッセージに編集し直してから、表示出力を実行しています。

リスト　1　例題のプログラム（UART_UNO.X）　メイン関数部

```
1    /*********************************
2     *  UART の例題
3     *  UART 受信しLCD へ表示  115.2kbps
4     *********************************/
5    #include "mcc_generated_files/mcc.h"
6    #include "mcc_generated_files/examples/i2c1_master_example.h"
7    #include <string.h>
8    // 変数、定数定義
9    char Line1[17], Line2[17];        // 液晶表示器用バッファ
10   char buf[32], rcv, i;
11   char *pres, *temp, *humi;
12   //関数プロト
13   void lcd_data(char data);
14   void lcd_cmd(char cmd);
15   void lcd_init(void);
16   void lcd_str(char* ptr);
17
18   /***** メイン関数 ***************/
19   void main(void)
20   {
21       SYSTEM_Initialize();
22       // 割り込み許可
23       INTERRUPT_GlobalInterruptEnable();
24       INTERRUPT_PeripheralInterruptEnable();
```

LCDの初期化 ⟶

```
25        // LCD の初期化
26        lcd_init();
27        lcd_str("Start");
28        /****** メインループ ****************/
29        while (1)
30        {
31            // 1行分受信しバッファに格納
32            D2_Toggle();
33            i = 0;                              // インデックス初期化
34            do{
35                while(EUSART_is_rx_ready());    // 受信レディー待ち
36                rcv = EUSART_Read();            // 1文字受信
37                buf[i++] = rcv;                 // バッファに格納
38            }while(rcv != '\n');                // 改行まで繰り返し
39            // データ文字取り出し　可変長として取り出す
40            pres = strtok(buf, ",");
41            temp = strtok(NULL, ",");
42            humi = strtok(NULL, "\r");
43            // 液晶表示器への表示内容編集
44            sprintf(Line1, "T=%sC  H=%s%c", temp, humi, '%');
45            sprintf(Line2, "P=%s hPa", pres);
46            //液晶表示器への表示出力
47            lcd_cmd(0x80);                      // 1行目指定
48            lcd_str(Line1);                     // 温湿度表示
49            lcd_cmd(0xC0);                      // 2行目指定
50            lcd_str(Line2);                     // 気圧表示
51        }
52    }
```

受信実行 ⟶ (lines 35-38)

データ分離 ⟶ (lines 40-42)

表示出力 ⟶ (lines 47-50)

　リスト-2は液晶表示器を制御するサブ関数です。lcd_dataとlcd_cmdがI²C通信でデータを送信する基本の関数で、ここでMCCが自動生成したexampleの関数を使っています。

　lcd_init関数は初期化関数で、データシートで決められた手順でコマンドを送信しています。lcd_strは文字列を表示させる関数で、配列で用意された文字列を配列の最後にある0x00まで連続で送信します。液晶表示器の1行は16文字ですので16文字以上の文字列でもエラーにはなりませんが、文字は表示されません。

　この液晶表示器のサブ関数は他の例題でも使っています。

リスト　2　液晶表示器のサブ関数部

```
54    /******** 液晶表示器ライブラリ **************/
55    /*****************************
56    * 液晶へ1文字表示データ出力
57    *****************************/
58    void lcd_data(char data){
59        char tbuf[2];                          // バッファ構成
60        tbuf[0] = 0x40;                        // データ指定
61        tbuf[1] = data;                        // 文字データ
62        I2C1_WriteNBytes(0x3E, tbuf, 2);
63        __delay_us(30);                        // 処置待ち遅延
64    }
65    /*****************************
66    * 液晶へ1コマンド出力
67    *****************************/
```

I²Cで出力 ⟶ (line 62)

```
68   void lcd_cmd(char cmd){
69       char   tbuf[2];                    // バッファ構成
70       tbuf[0] = 0x00;                    // コマンド指定
71       tbuf[1] = cmd;                     // コマンドデータ
72       I2C1_WriteNBytes(0x3E, tbuf, 2);
73       /* Clear か Home か */
74       if((cmd == 0x01)||(cmd == 0x02))
75           __delay_ms(2);                 // 2msec待ち
76       else
77           __delay_us(30);                // 30μsec待ち
78   }
79   /*******************************
80   *   初期化関数
81   *******************************/
82   void lcd_init(void){
83       __delay_ms(150);                   // 初期化待ち
84       lcd_cmd(0x38);                     // 8bit 2line Normal mode
85       lcd_cmd(0x39);                     // 8bit 2line Extend mode
86       lcd_cmd(0x14);                     // OSC 183Hz BIAS 1/5
87       lcd_cmd(0x7A);                     // Cntrast
88       lcd_cmd(0x55);                     // Contrast
89       lcd_cmd(0x6C);                     // Follower for 3.3V
90       lcd_cmd(0x38);                     // Set Normal mode
91       lcd_cmd(0x0C);                     // Display On
92       lcd_cmd(0x01);                     // Clear Display
93   }
94   /*****************************
95   * 文字列表示関数
96   *****************************/
97   void lcd_str(char* ptr){
98       while(*ptr != 0){                  // 文字取り出し
99           lcd_data((unsigned char) *ptr); // 文字表示
100          ptr++;
101      }
102  }
```

I²Cで出力 → （72行目を指す）

6 例題の実行結果

以上でRS232Cの例題でのテストが実行できます。

マイコン側の液晶表示器の表示が乱れることが無いので、Arduino、PICマイコンいずれも115.2kbpsの通信は余裕で実行できているようです。

2-1-3　パソコンとArduino UNOを接続したい

Arduino UNOのボードで製作したエッジ機器とパソコンをUSBシリアル変換で通信する方法です。IoTシステムではパソコンがセンター側、Arduinoがエッジ側というイメージになります。

1 全体の構成

最近のパソコンの外部機器の接続は、ほとんどがUSB接続となっています。そこで、Arduino UNOもUSBで接続することになりますが、もともとArduino UNOにはUSBシリアル変換機能が基板に実装されていて、これでUSBに接続するようになってい

実際には同じモジュールで動作するが自動的に切り替えられる

仮想のシリアル通信デバイスとして認識される

デジタルロジックICレベルの接続、つまりマイコンのピンに直接接続できる

Universal Asynchronous Receiver Transmitterの略。標準的な非同期式通信を実行する内蔵周辺モジュール

ます。今回は、こちら側はプログラム書き込み用に使うことにして、もう一つ別のシリアル通信*でパソコンとデータ通信を行うようにすることにします。Arduino UNO内蔵のマイコン自身にUSB機能を実装するのは結構荷が重いので、「USBシリアル変換基板」や「USBシリアル変換ケーブル」を外部に追加して接続します。したがって、この場合の実際の接続構成は図-1のようになります。

　USBシリアル変換基板で接続すると、パソコン側はCOMポート*として扱われますから、パソコン側のアプリケーションプログラムは、PythonやNode-REDなど多くの開発環境で作成することができます。

　Arduino UNO側はTTLインターフェース*で接続することができ、周辺モジュールのUART*を使って通信することができます。この場合のプログラムは、スケッチが使えますから容易にプログラムを作成できます。

●図-1　例題の接続構成

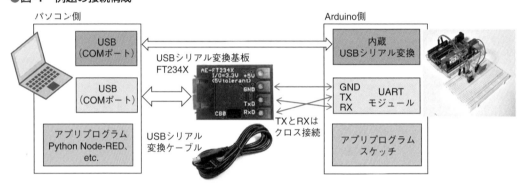

2 Arduino側のハードウェアの製作

　エッジ機器用のボードとしてArduino UNO R3を使う想定とします。これにIoT機器らしくBME280のセンサを追加し、USBシリアル変換でパソコンと接続します。

ボッシュ製の気圧、温度、湿度が計測できるセンサでI²Cインターフェースで接続する。外観と仕様は3-1-5項の図-1を参照

　接続するデバイスを図-2のように複合センサ（BME280）*とUSBシリアル変換基板をブレッドボードに実装し、ジャンパ線で接続します。電源はArduino UNOの3.3V出力とGNDを使います。センサはI²C接続ですので、コネクタの端の2ピンを使います。USBシリアル変換基板はUART接続ですから基板の反対端のD0（RX）ピンとD1（TX）ピンを使います。USBシリアル変換基板とはTXとRXが逆になるように接続します。

●図-2　Arduino UNOを使ったエッジの構成

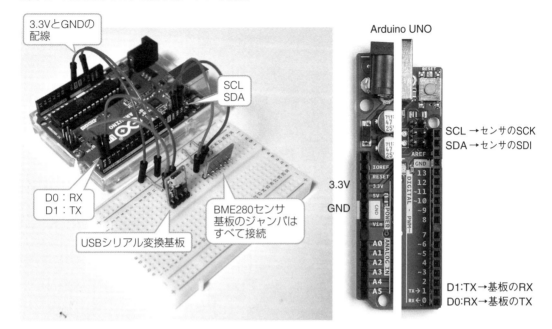

3 Arduino側のプログラムの製作

　これでプログラムはArduino IDE V2.2 .1を使ってスケッチで作成します。作成にはBME280センサ用のライブラリが必要ですので、これを追加します。追加する手順は2-1-2項と同じですので参照して下さい。

　ライブラリの追加が完了すればスケッチの作成が開始できます。作成したスケッチがリスト-1となります。

　最初にI²CとUARTを使うためWireライブラリをインクルードし、BME280のライブラリもインクルードします。続いてBME280のインスタンスを生成※すれば使えるようになります。

> 実際に使うための実体と名称を定義すること

　setupでは、UARTシリアルとセンサの初期化を実行します。ここでセンサの接続が確認できれば先に進みます。

　loopでは、まずセンサから気圧と温度と湿度の各データを読み出して※実際の値に変換します。ここで気圧はkPa単位としています。変換したそれぞれの値をJSON形式※に変換しながら文字列として送信します。数値は小数部の桁数を指定して文字列としています。これで生成されるJSONフォーマットは次のような形式となります。

> 読み出しにはライブラリの関数を使う

> {"key1":data1, "key2":data2,…}という形式

```
{"Pres":xxx.xx,"Temp":xx.x,"Humi":xx.x}
```

リスト 1 Arduino UNO用スケッチ（UART-Sketch.ino）

```
1   //****************************************
2   //  Arduino UNO とパソコン間でRS232C通信
3   //    BME280 センサ ＋ USB シリアル変換基板
4   //****************************************
5   #include <Wire.h>
6   #include <Adafruit_Sensor.h>
7   #include <Adafruit_BME280.h>
8   // BME280 のインスタンス生成
9   Adafruit_BME280 bme;
10  // 変数定義
11  float temp;
12  float pressure;
13  float humid;
14  // 初期化
15  void setup() {
16    // put your setup code here, to run once:
17    Serial.begin(9600);
18    bool status;
19    status = bme.begin(0x76);
20    while (!status) {
21      Serial.println("BME280 sensor が使えません");
22      delay(1000);
23    }
24  }
25  //***** メインループ *****
26  void loop() {
27    // BME280 センサからデータ読み出し
28    temp=bme.readTemperature();
29    pressure=bme.readPressure() / 1000.0F;
30    humid=bme.readHumidity();
31    // JSON フォーマットで送信
32    Serial.print("{¥"Pres¥":");
33    Serial.print(pressure, 2);
34    Serial.print(",¥"Temp¥":");
35    Serial.print(temp, 1);
36    Serial.print(",¥"Humi¥":");
37    Serial.print(humid, 1);
38    Serial.println("}");
39    delay(5000);   // 5秒間隔
40  }
```

- ライブラリのインクルード（→ 5〜7行目）
- センサのインスタンス生成（→ 9行目）
- UARTとセンサの初期化（→ 20行目）
- 3個のデータ読み出し（→ 29行目）
- JSONデータに変換し送信（→ 36行目）

　以上でスケッチが完成ですから、これをコンパイルしArduino UNO R3に転送して実行を開始します。

【参考】

　Arduino UNO R4を使う場合は、プログラム中のSerialをすべてSerial1に変更して下さい。R4の場合プログラム書き込み用とシリアル通信用の内蔵モジュールが独立になったので、プログラム書き込み時にUSBシリアル変換基板との接続ジャンパ線を外す必要がありません。

■4 パソコン側のプログラムの製作

　センター装置としてパソコンを使う想定とします。パソコンのアプリケーション

プログラムはNode-REDを使って作成しました。Node-REDの基本的な使い方は第4章を参照して下さい。

作成したNode-REDのフロー図が図-3です。USBシリアル変換基板のCOMポート*を指定して受信します。受信したJSON形式のテキストデータをjsonノードでJSONオブジェクトに変換します。JSONオブジェクトはNode-REDのノード間を流れるデータのことで、実際の内容は図-3の下部のようになります。

・・・・・・・・・・・・・・・・・
読者の環境により異なる

●図-3　Node-REDのフロー図

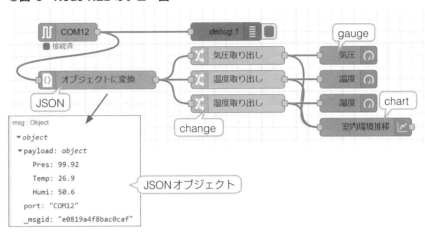

このオブジェクトからchangeノードを使ってJSONのKeyで区別して、気圧と温度と湿度のデータを別々に取り出します。例えば気圧のchangeノードの設定例が図-4のようになります。

●図-4　changeノードの設定

まず「Pres」というキーで気圧のデータだけを取り出してpayloadに代入します。さらにJSONオブジェクトのtopicに「気圧」と代入します。実際のオブジェクトの内容は図-5のようになります。この内容のオブジェクトを次のgaugeとchartのノードに転送します。

●図-5　気圧のオブジェクト

```
気圧 : msg : Object
▼object
  payload: 99.92
  port: "COM12"
  _msgid: "015bf8b640c81ccf"
  topic: "気圧"
```

gaugeノードでは気圧のデータをゲージ形式で表示し、chartノードでは気圧をtopicで区別して3種のデータを一つのchartで表示します。これで一つのグラフに3本の折れ線グラフにより3種のデータの推移を表示することができます。

温度、湿度のchangeノードも同様に設定しますが、それぞれ温度、湿度と区別して設定します。

生成されたDashboard*の表示例が図-6となります。各グラフ要素の配置はNode-REDのレイアウト機能*を使って設定することで整然と並べることができます。

Node-REDのパレットと呼ばれるオプションで各種の表示やボタンなどの部品が追加される

Dashboardの機能の一つ。要素の大きさや位置をなどを調整できる。4-1-2項参照

●図-6　Dashboardの表示例

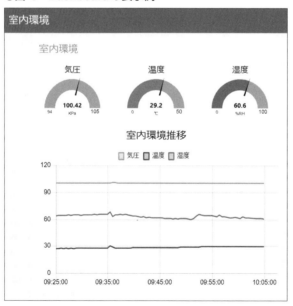

2-1-4 ■ パソコンとマイコンを接続したい

エッジ機器にマイコンを使って、センター機器となるパソコンにUSBシリアル変換で通信すると想定した場合の方法です。

1 例題の全体構成

例題の全体の接続構成を図-1のようにしました。

USBシリアル変換を使うとパソコン側はCOMポート*として扱われますから、パソコン側のアプリケーションプログラムは、PythonやNode-REDなど多くの開発環境で作成することができます。

マイコン側はTTLインターフェース*で接続することができ、周辺モジュールのUART*を使って通信することができます。この場合のプログラムは、ほとんどのマイコンでC言語の標準入出力関数*が使えますから、容易にプログラムを作成できます。

この接続の場合、通信速度はマイコンで制限されますが、最大で115.2kbps程度、通信距離はUSBケーブル長で制限され数m程度となります。

仮想のシリアル通信デバイスとして認識される

デジタルロジックICレベルの接続、つまりマイコンのピンに直接接続できる

UART:Universal
Asynchronous
Receiver Transmitter
の略。標準的な非同期式通信を実行する内蔵周辺モジュール

C言語の標準コンソールを使う関数で、getch、putc、printfなどの便利な関数がある

●図-1 例題のマイコン側の構成

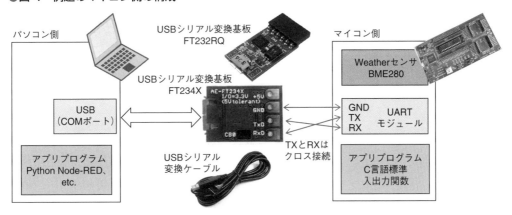

2 エッジ側のハードウェアの製作

実際の例で使い方を説明します。マイコンとしてPICマイコンを使い、図-2のような構成とします。Curiosity HPC Board*という評価ボードに、Weather Click*というBME280センサが実装されたオプションボードを追加しています。そしてUSBシリアル変換基板をジャンパ線で接続しています。

Curiosity High Pin
Count Boardで28ピンか40ピンのPICマイコンを実装できる

MikroElektoronika社が開発したMikroBusに接続可能な多種類のオプションボードの一つで、ボッシュ社製のBME280という気圧と温度と湿度が計測できるセンサを実装したもの

●図-2　マイコン側の構成

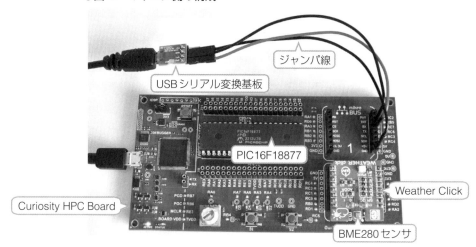

- ジャンパ線
- USBシリアル変換基板
- PIC16F18877
- Weather Click
- Curiosity HPC Board
- BME280センサ

3 マイコン側のプログラムの製作

インストールとMCC
の基本の使い方は付録
-4を参照

　このボードを使うプログラムはMPLAB X IDE V6.15とMCC*というコード自動生成ツールを使って製作します。デバイスはPIC16F18877で「UART1」というプロジェクト名で作成します。

getch、putc、printfが
使えるようになる

　次にSystem ModuleとEUSARTのMCCでの設定は図-3のようにします。クロックは内蔵クロックの32MHzとし、EUSARTは通信速度を9600bpsとして［Redirect STDIO to USART］にチェックを入れて標準入出力関数*が使えるようにします。

●図-3　UARTのMCCの設定

（a）クロックの設定

内蔵発振器で
32MHz動作

（b）EUSARTモジュールの設定

これで標準入出力
関数が使える

　次に一定間隔の動作をさせるためにタイマ0の割り込みを使うので、図-4のように、クロックをFosc/4として、30秒の設定ができるようにプリスケーラなどを設定します。

そして［Enable Timer Interrupt］にチェックを入れて割り込みを有効化し、さらに
Callback Function Rateに1を設定して毎回割り込み処理を呼び出すようにします。

●図-4 Timer0の設定

次にWeather Clickを使うために図-5のようにMCCのライブラリから［Mikro-E
Clicks］の中の［Sensor］の［Weather］を追加します。これを追加すると［MSSP1］
もI²Cモジュールとして自動的に追加されます。WeatherもMSSP1も自動的に設定
されているので特に設定は不要です。

●図-5　Weatherの追加

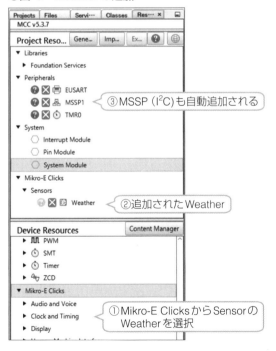

あとは接続するピンを指定するだけですが、デフォルトのピン指定のままで使っ
ているので、図-6のように特に変更することはありません。

●図-6　入出力ピンの設定

Search Results	Output	Pin Manager: Grid View ×	Notifications [MCC]																									
Package:	UQFN40 ▼	Pin No:	17	18	19	20	21	22	29	28	8	9	10	11	12	13	14	15	30	31	32	33	38	39	40	1	34

UARTのピンの設定
I²Cのピンの設定

Easy Setup　Registers
Selected Package : UQFN40

Pin Name ▲	Module	Function	Custom Name	Start High	Analog	Output	WPU	OD	IOC
RC3	MSSP1	SCL1		☐	☐	☐	☐	☐	none ▼
RC4	MSSP1	SDA1		☐	☐	☐	☐	☐	none ▼
RC6	EUSART	TX		☐	☑	☑	☐	☐	none ▼
RC7	EUSART	RX		☐	☐	☐	☐	☐	none ▼

さらにEUSARTで［Redirect STDIO to UART］にチェックするとCコンパイラ標準をC99からC90に変更する必要*があります。

getchなどの型が異なるためコンパイルエラーとなる

図-7のようにプロジェクトのPropertyの設定でC90標準に変更します。Projectの［UART1］を選択後、［File］→［Project Properties（UART1）］→［XC8 Global Options］→［C standard］で［C90］選択→［Apply］→［OK］とします。

●図-7　C99からC90への変更

この設定で生成したコードのmain.cファイルに実際のアプリケーション部を追加します。作成したmain関数部がリスト1となります。

タイマ0の30秒ごとの割り込み処理で計測を実行します。3種類の計測データをセンサから読み出したあと、printf文でEUSARTを使ってパソコンにJSON形式[*]で送信しています。JSON形式にしたのは、パソコン側のアプリケーションを前項と同じNode-REDで作成する前提としたためです。

Weather Clickの制御はMCCにライブラリが用意されているので、それをリンクするだけで、専用関数で使うことができます。気圧はkPaの単位となっているので、通常使うhPaの1/10の値となっています。

[*] {key1:data1, key2:data2}の形式

リスト 1　例題のプログラム（UART1.X）　メイン関数部

```
1   /*****************************************
2    *  IoT例題      UART
3    *  Weather Click の情報をPCに送信
4    *  UART  9600bps 標準入出力関数
5    *****************************************/
6   #include "mcc_generated_files/mcc.h"
7   #include "mcc_generated_files/weather.h"
8   // 変数定義
9   uint8_t Flag;
10  double Pres, Temp, Humi;
11  /******************************
12   * タイマ0  Callback関数
13   ******************************/
14  void TMR0_Process(void){          ← 30秒ごとに実行される
15      Flag = 1;
16  }
17  /**** メイン関数 *******************/
18  void main(void)
19  {
20      // initialize the device
21      SYSTEM_Initialize();
22      // Callback関数定義
23      TMR0_SetInterruptHandler(TMR0_Process);   ← タイマ0の割り込み処理関数の定義
24      // 割り込み許可
25      INTERRUPT_GlobalInterruptEnable();
26      INTERRUPT_PeripheralInterruptEnable();
27      /**** メインループ ***************/
28      while (1)
29      {
30          if(Flag == 1){                ← 30秒ごとに実行される
31              Flag = 0;
32              // Weather Sensor からデータ取得
33              Weather_readSensors();     ← センサから読み出し
34              Pres = Weather_getPressureKPa();
35              Temp = Weather_getTemperatureDegC();   ← 3個のデータを代入
36              Humi = Weather_getHumidityRH();
37              // JSON形式でPCに送信
38              printf("{¥"Pres¥":%3.2f,¥"Temp¥":%2.1f,¥"Humi¥":%2.1f}¥r¥n", Pres, ↩   ← JSON形式で送信
                       Temp, Humi);
39          }
40      }
41  }
```

4 パソコン側の製作

センター機器となるパソコンのアプリケーションプログラムはNode-REDを使って作成しました。

作成したNode-REDのフロー図が図-8となります。これは、2-1-3項と全く同じものとなっています。設定も同じですので詳細は省略します。

●図-8　Node-REDのフロー図

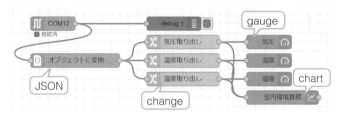

実行結果で表示されるグラフ内容も2-1-3項と同じとなります。

2-1-5 ラズパイまたはパソコンとラズパイ Pico W を接続したい

Raspberry財団が開発発売しているマイコンボードでWi-Fi機能が追加されたもの

Python3と同じ文法でマイコンで使える言語処理系。Pico WをMicroPythonで開発できるようにする手順は付録3を参照のこと

本項ではエッジ機器としてラズパイPico W*を使った場合に、USBシリアル変換でセンター装置となるRaspberry Pi 4Bと通信する方法を説明します。

ラズパイPico Wのプログラムは、MicroPython*で作成するものとし、Raspberry Pi 4B側はNode-REDで作成します。Node-REDを使うことで、Raspberry Pi 4B側はパソコンを使っても全く同じように接続ができます。

ラズパイPicoの概要については1-2-4項を参照して下さい。

1 例題の全体構成

本項の例題は、図-1のようにラズパイPico WのUARTモジュールを使って、USBシリアル変換基板でRaspberry Pi 4Bと接続します。実際の例で使い方を説明します。

●図-1　例題の全体構成

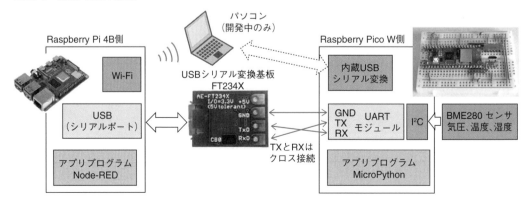

2 ラズパイPico W側のハードウェアの製作

BME280の外観と仕様は3-1-5項の図-1を参照

Pico WのUARTはUART0とUART1の2組あり接続ピンが異なる。UART0 (Rx,Tx) は0/1、12/13、16/17。UART1 (Tx,Rx) が4/5、8/9。デフォルトピン以外は指定が必要

ラズパイPico Wを使ったエッジ機器の例として図-2のような構成で製作しました。I²C1にBME280センサ*基板を接続、UART0*にUSBシリアル変換基板を接続しています。電源はPico Wの3.3V出力を使っています。

●図-2　ラズパイPico Wを使ったエッジ機器の構成

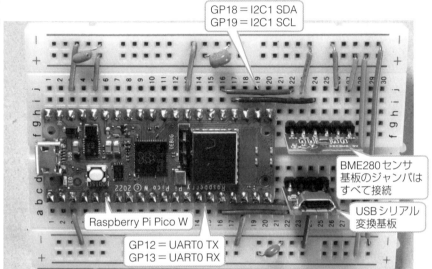

GP18 = I2C1 SDA
GP19 = I2C1 SCL

BME280センサ基板のジャンパはすべて接続

USBシリアル変換基板

Raspberry Pi Pico W

GP12 = UART0 TX
GP13 = UART0 RX

このボードの回路図が図-3、配線図が図-4となります。実際のボードではGND配線を一部省略しています。

●図-3　ボードの回路図

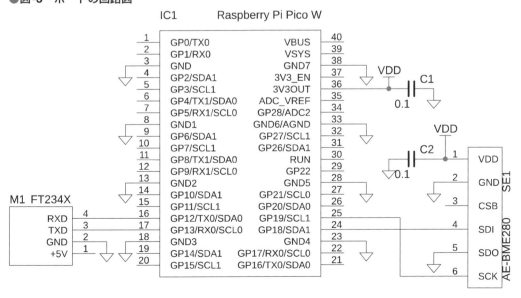

65

●図-4　ボードの配線図

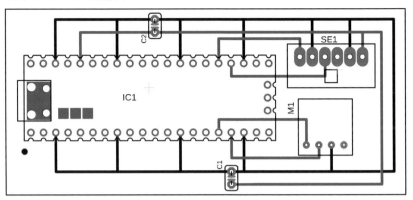

3 ラズパイPico W側のプログラムの製作

　ハードウェアが完成したら、ラズパイPico Wのプログラムをパソコンで作成します。プログラムはThonnyというPythonの開発環境を使って、MicroPythonで作成します。この環境の作り方は付録3を参照して下さい。

　ここでBME280を使うために、ライブラリを追加する必要があります。手順は図-5のようになります。

●図-5　BME280用ライブラリのインストール

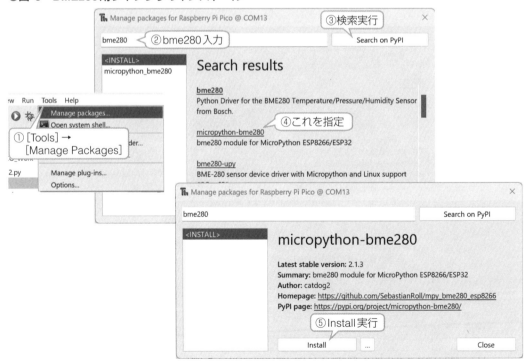

Thonnyのメインメニューから、[Tools]→[Manage Packages]として開くダイアログで、検索キーに「bme280*」と入力して検索を実行します。表示された結果リストから「micropython-bme280」を選択してクリックします。これで開くダイアログの[Install]ボタンをクリックしてインストールを実行すれば、ライブラリが組み込まれます。

bme280で検索できないときはmicropython-bme280で検索

以上の準備をしたあとThonnyで作成したMicroPythonのプログラムがリスト-1となります。

最初にBME280のインスタンスとUART0のインスタンスを生成*しています。whileループの中では、コンソールにセンサデータを出力し、続いて3個のセンサデータを個別に取り出してからJSONテキストに変換しています。これをUART0で送信することでUSBシリアル変換基板を経由してパソコンに送信しています。このJSON形式は2-1-4項と全く同じ形式としています。

実際に使う実体と名称を定義する

リスト　1　例題のプログラム（PICO_UART.py）

```
1    from machine import I2C,Pin, UART
2    import bme280
3    import utime
4    #I2C モジュールのピン指定でインスタンス生成
5    i2c = I2C(1, sda=Pin(18), scl=Pin(19),freq=100000)
6    #BME280 のライブラリでインスタンス生成
7    #Manage Package でBME280 のライブラリの追加が必要
8    bme = bme280.BME280(i2c=i2c)
9    #UART モジュールのインスタンス生成
10   # ピンはUART0(TX,RX)がGPIO 0/1(default)  12/13  16/17
11   #UART1(tx,RX)はGPIO 4/5  8/9(default)
12   #uart = UART(0, 9600)     #デフォルトのピン設定GPIO 0/1
13   #ピン指定をする場合の記述は下記
14   uart = UART(0, baudrate=9600, tx=Pin(12), rx=Pin(13))
15
16   #****   メインループ *****
17   while True:
18       #センサのデータをコンソールに出力
19       print(bme.values)
20       #センサから3種のデータ取り出し
21       #round で少数桁指定して文字列に変換
22       tmp = str(round(bme.read_compensated_data()[0]/100, 1))
23       pre = str(round(bme.read_compensated_data()[1]/256000, 2))
24       hum = str(round(bme.read_compensated_data()[2]/1024, 1))
25       #JSON形式に変換
26       pre = "{¥"Pres¥":"+pre
27       tmp = ",¥"Temp¥":"+tmp
28       hum = ",¥"Humi¥":"+hum +"}¥r¥n"
29       #UART で送信
30       uart.write(pre+tmp+hum)
31       utime.sleep(10)   #10sec Interval
```

　パソコンのUSBポートにラズパイPico Wを接続し、USBシリアル変換基板は Raspberry Pi 4BのUSBポートに接続します。

　ThonnyでプログラムをPico Wに書き込んで実行開始すればセンサデータを10秒 間隔でRaspberry Pi 4Bに送信します。同時にThonnyの下側のコンソール部にも同 じデータを表示します。

　ラズパイPico Wで単独で動作させたい場合には、Thonnyでsave asでファイル 名をmain.pyとしてラズパイPico Wに書き込めば、次回から電源を入れたとき、こ のプログラムが自動実行されます。この場合ラズパイPico WもRaspberry Pi 4Bの USBポートに接続して電源を供給*することでパソコンなしでも動作させることが できます。

* 別途電源を用意して 供給することも可能、 バッテリも可能

4 Raspberry Pi 4B 側のプログラムの製作

　センター機器となるRaspberry Pi 4B側は、2-1-3項と同じNode-REDのプログラ ムを使います。Raspberry Pi 4BでNode-REDを動かす方法は第4章を参照して下さい。

　COMポート*だけを変更すればそのまま使えます。図-6のようにノードをダブル クリックすると、COMポートの選択肢として4つが可能となっていますから、この 中の「/dev/ttyUSB0」を選択します。これがUSBに接続したUSBシリアル変換基板、 つまりラズパイPico Wのポートとなります。

* 読者の環境により COMポート番号は異 なる

●図-6　Node-REDのポートの変更

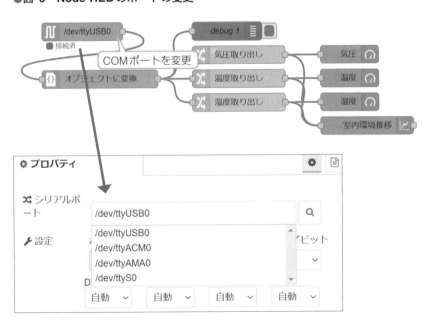

　結果のDashboardの表示例が図-7となります。2-1-3項と同じ表示内容となっています。

●**図-7　Dashboard**の表示例

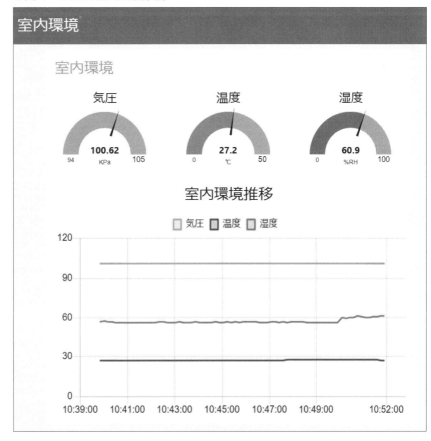

2-2 Ethernet (LAN) を使いたい

2-2-1 パソコンとラズパイをLANで接続したい

　有線のLANを使ってエッジ機器とセンター機器間の通信をする方法です。LANケーブルを使って接続しますから、距離は100m程度、通信速度は100BASE-Tであればおよそ数Mバイト/sec程度まで可能です。画像なども十分送れる速度になります。

　しかし、LANを接続するとなると、マイコンやArduinoクラスでは負荷が重すぎて無理があり、ここはRaspberry Piの出番となります。そこで、本節の例題ではRaspberry Pi 4Bとパソコン間を有線LANで接続して試してみることとします。

■1 例題の全体構成

　本項の例題は、図-1のようにパソコンとRaspberry Pi 4Bをイーサネットハブ経由の有線LANで接続します。この接続構成で、TCP通信でRaspberry Pi 4Bからセンサデータを一定間隔で送信します。センターとなるパソコンではこれを受信してグラフとして表示させます。これを動かすプログラムは、パソコン側もRaspberry Pi側もNode-REDを使うことにします。

●図-1　例題の全体構成

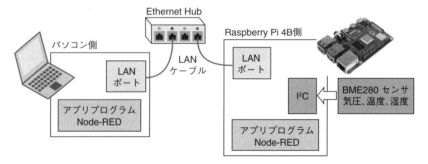

■2 ハードウェアの製作

　ハードウェアとして製作が必要なのはラズパイ側だけです。この構成は図-2のようにしました。ラズパイ本体の拡張コネクタにBME280のセンサ*を直接ジャンパ線で接続しました。ラズパイ本体の温度の影響*を受けないように、ちょっと長めのジャンパ線で接続しています。あとはLANケーブルをLANコネクタに接続するだけです。

　ラズパイは、OSのインストールが完了*すれば、ラズパイ側のNode-REDはWi-FiかLAN経由のパソコンで製作できます。ラズパイ用のモニタもマウスもキーボードも必要なくなるのですっきりとした状態で使えます。

BMe280の外観と仕様は3-1-5項の図-1を参照

Raspberry Pi 4Bは 発熱が大きいので温度センサを近くに実装すると大きく影響を受ける

インストール手順は付録-5を参照

●図-2　ハードウェアの製作

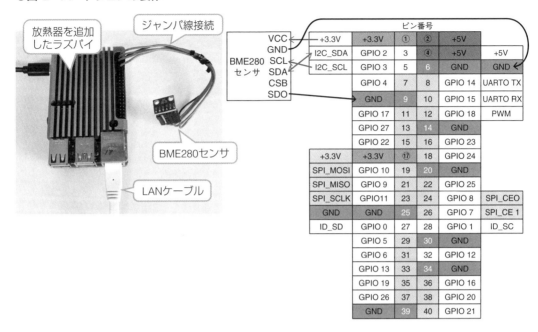

実はこの例題は、ラズパイ側は有線LANでも無線LANでもどちらでも正常に動作します。そこで、テストを開始する前にラズパイ側の無線LANをOFFにしておく必要があります。

それにはラズパイのデスクトップの右上にあるWi-Fiアイコンをクリックして、[Turn Off Wi-Fi]とすれば有線LANだけが有効となります。

これでラズパイのIPアドレスが変わりますが、動作には影響なく、パソコン側のNode-REDの接続先が自動的に変更になるだけです。

3 ラズパイ側のプログラムの製作

プログラムはパソコン側、ラズパイ両方ともNode-REDで製作しました。LANを使うためにTCPノードを利用しました。送信と受信のTCPノードを使うことで簡単にTCP通信ができてしまいます。これらのノードは標準ノードに含まれているので、特に追加などは必要がありません。

ラズパイにBME280センサを接続したので、BME280センサのノードの追加が必要です。BME280はノードが用意されているので、これを追加します。パレットの管理で図-3のように、ノードの追加で「bme280」を検索して、「node-red-contrib-bme280」のノードを追加します。

71

●図-3 BME280 ノードを追加

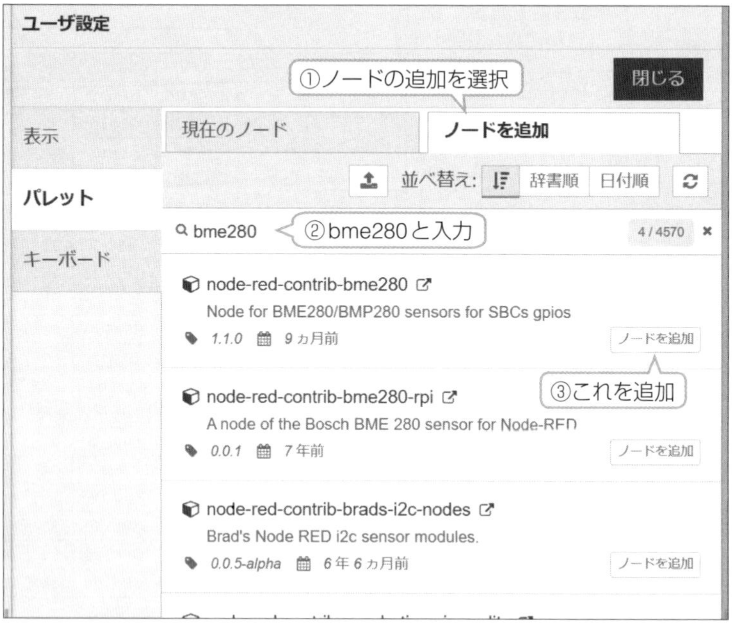

ユーザ設定

①ノードの追加を選択

閉じる

表示　　　現在のノード　　　**ノードを追加**

パレット

並べ替え: 辞書順 日付順

キーボード

🔍 bme280　　②bme280と入力　　　　4 / 4570 ×

📦 node-red-contrib-bme280 ☑
Node for BME280/BMP280 sensors for SBCs gpios
🏷 1.1.0 📅 9 ヵ月前　　　　　　　　　　　　　ノードを追加

📦 node-red-contrib-bme280-rpi ☑　　③これを追加
A node of the Bosch BME 280 sensor for Node-RED
🏷 0.0.1 📅 7 年前　　　　　　　　　　　　　　ノードを追加

📦 node-red-contrib-brads-i2c-nodes ☑
Brad's Node RED i2c sensor modules.
🏷 0.0.5-alpha 📅 6 年 6 ヵ月前　　　　　　　　ノードを追加

　ラズパイ側の全体フローは図-4のようにしました。Injectノードで30秒ごとにBME280センサノードをトリガしてデータを取り出し、functionノードに渡します。

　functionノードではセンサデータをJSON形式のテキストに変換しています。この変換ではtoFixed関数を使って小数点以下の桁数を指定しています。さらに気圧は、これまでの例題と合わせるため、hPaからkPaにするよう10で割り算した値としています。これを次のtemplateノードに渡しています。

　templateノードでは、payloadとして渡されたテキストを、そのままHTMLデータとしてTCP送信ノードに渡すように、中括弧を3個連続にした記述を使っています。これで、payloadの中身のデータをHTMLコードに変換することなくそのまま出力します。

　TCP送信ノードの設定では、ホストにはパソコン側のIPアドレス[*]を設定します。ポート番号は自由ですので、ここでは9000としています。

　このTCP通信では一度接続すると接続したままとなりますが、設定で、[メッセージを送信するたびに接続を切断]にチェックをすれば、送信ごとにTCP接続をし直します。

IPアドレスはパソコンのコマンドプロンプトで「ipconfig」と入力すれば調べられる

●図-4　ラズパイ側のフロー図

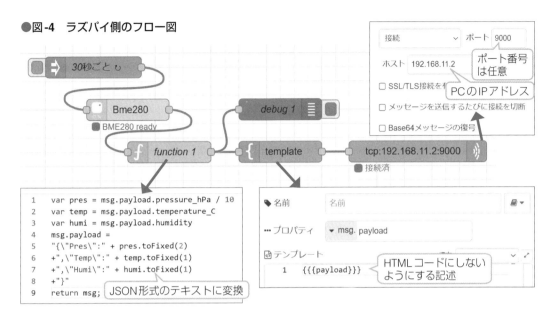

4 パソコン側のプログラムの製作

　パソコン側のフローは、2-1節の各例題と同じ機能とすることとしました。作成したフロー図が図-5となります。これまでのシリアルポート受信ノードをTCP受信ノードに変更しただけです。

　TCP受信ノードの設定では、待ち合わせに設定して、ポート番号をラズパイ側と合わせて9000とし、受信データを文字列として指定します。これだけの設定でラズパイ側から接続要求があれば自動的に接続し通信を始めます。

●図-5　パソコン側のフロー図

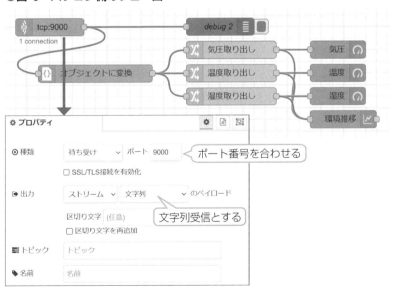

73

5 動作結果

　以上の製作で動作させた結果のNode-REDのグラフが図-6となります。これまでの例題と全く同じ結果となっています。Dashboardのグラフのタブの名称だけ「ラズパイ環境」に変更しています。

●図-6　動作結果

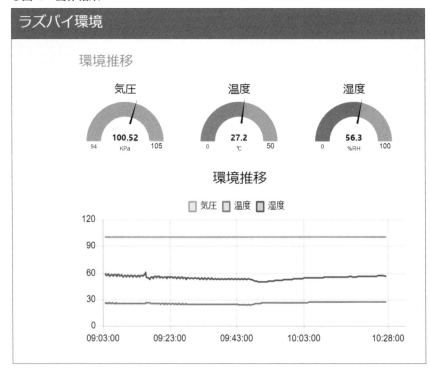

2-3 Bluetooth BLEを使いたい

2-3-1 Bluetoothを使いたい

Bluetooth Classicを使ってArduino UNOとパソコンを接続してみます。

ここではRN-42というマイクロチップ社のBluetoothのモジュールを使います。やや古いものなのですが、入手しやすいのでこれにしました。やはり実際の例題で試してみます。

1 例題の全体構成

作成した例題の全体構成は図-1としました。エッジ側に相当するほうはArduino UNO R3にBluetoothモジュール、液晶表示器、温湿度センサを接続します。これらはすべてブレッドボードに実装しています。プログラムはスケッチで作成します。

> 実際には互換機を使用
> （秋月電子通商製）

センター側はパソコンを使い、RN-42-EK[*]という評価ボードをUSBで接続し、COMポートとして扱えるようにします。そしてプログラムはNode-REDを使って作成します。

この接続で、Arduino側ではセンサ情報を3秒間隔で液晶表示器に表示し、30秒間隔でBluetoothによりパソコン側にセンサデータを送信します。パソコン側ではデータをグラフ表示します。またBluetoothの接続制御はパソコン側から実行します。

●図-1　例題の全体構成

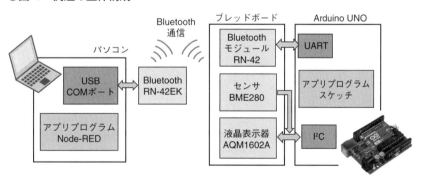

実際に接続が完了した状態が図-2となります。左側はパソコンに接続されたBluetoothモジュールの評価キット（RN-42-EK互換）で、これでパソコンはBluetoothの送受信をCOMポートで扱うことができます。

右上がArduino UNO R3でエッジ側本体となります。さらにブレッドボードにArduinoに接続するパーツをすべて実装しています。ArduinoのUART（TXとRXピン）にRN-42のBluetoothモジュールを接続しています。このモジュールはブレッドボードに挿入できるようにピッチ変換基板に実装しています。さらにArduinoのI²C（SCL

とSDAピン）に液晶表示器と複合センサを接続しています。

ブレッドボードの電源はArduinoの3.3Vを供給しています。

● 図-2 例題の接続が完了した状態

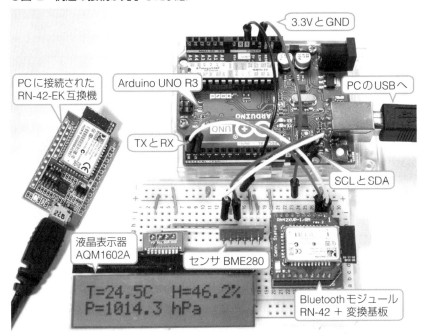

・3.3VとGND
・PCに接続された RN-42-EK 互換機
・Arduino UNO R3
・PCのUSBへ
・TXとRX
・SCLとSDA
・液晶表示器 AQM1602A
・センサ BME280
・Bluetoothモジュール RN-42 ＋ 変換基板

T=24.5C H=46.2%
P=1014.3 hPa

2 Bluetooth モジュールの外観と仕様

本項で使ったBluetoothモジュールはマイクロチップ社製のBluetooth Classic対応のRN-42で、図-3のような外観と仕様になっています。本体はピンピッチが2mmとなっていてブレッドボードに挿入できませんので、図-3右側のピッチ変換基板に実装してからブレッドボードに挿入しています。

● 図-3 RN-42 の外観と仕様

・Bluetooth V2.1＋EDR 準拠（V2.0、V1.2、V1.1 上位互換）
・小型　13.4mm×25.8mm×2mm
・低消費電力　　　　：電源電圧：3.0 ～ 3.6V（Typ 3.3V）
　スリープ時　　　　：26μA
　ディスカバリ中：40mA
　接続中　　　　　　：25mA
　送信時　　　　　　：最大 40 ～ 50mA（typ 45mA）
・高速　SPP 時 240kbps（スレーブ）　300kbps（マスタ）
　　　　HCI 時　1.5Mbps 連続　3.0Mbps バースト
・汎用デジタル I/O を内蔵
　単体でデジタル入出力が可能でコマンドで制御可能
・外部インターフェース
　UART　1200bps ～ 921kbps（115.2kbps がデフォルト）
　USB　HCI インターフェースのみ

ピッチ変換基板

こちらが 0.1 インチ
ピッチとなっている

2
エッジと通信

開発評価用のRN-42-EK互換モジュールの外観と内部構成は図-4のようになっています。RN-42モジュールがそのまま基板上に実装されており、その周囲にUSBのインターフェースIC、LED、電源レギュレータ、DIPスイッチなどが実装されています。その他に、汎用のデジタル入出力ポートとアナログ入力ポートも用意されているので、これ単独でも各種情報を送受することができます。

外部とのインターフェースはUSBが基本となっていて、パソコンには簡単に接続でき、COMポートで扱えますから便利に使えます。

●**図-4　RN-42-EK互換モジュールの外観と内部構成**

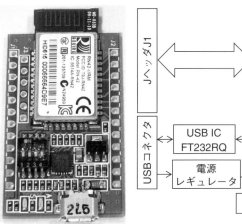

DIPスイッチの機能

No	機能
1	工場出荷時に戻す
2	自動検出
3	自動マスタ
4	9600bpsにする

RN-42モジュールのシリアルインターフェースは、通常の無線でデータを送受信する「データ転送モード」と、各種設定をするための「コマンドモード」の2種類のモードを持っていて、コマンドモードに切り替えると多くの動作設定や、設定内容確認ができるようになっています。

RN-42モジュールには非常に多くのコマンドが用意されていて、きめ細かく動作を指定することができます。本書で使う主要なコマンドを表-1[*]に示します。

動作モードの切り替えは、「$$$」という文字コードを送るとモジュールがコマンドモードになり、「CMD」というメッセージが返送されます。この後コマンドで各種設定をした後、「---¥r」を送るか、「R,1¥r」を送るとデータ転送モードに戻ります。さらにCコマンドで相手と接続すると、自動的にデータ転送モードになります。

· · · · · · · · · · · · · · · ·
¥rは復帰コード
(0x0D) ¥r¥nと復帰改
行でもよい。$$$だけ
¥rを付加しない

▼表-1 RN-42モジュールの制御コマンド

コマンド	機能内容
$$$	コマンドモードにする
---¥r	コマンドモードを終了しデータ転送モードとする
+¥r	コマンドのローカルエコーを表示する/表示しない（トグル切り替え）
D¥r	基本設定内容を読みだす
SF,1¥r	工場出荷状態に初期化する
R,1¥r	リブートする（電源オン時と同じ動作） 実行後データ転送モードになる
SM,\<n\>¥r	動作モードの設定（nの値により下記モードとする） 0：スレーブ、1：マスタ、2：トリガ、3：自動マスタ、4：自動DTR、 5：自動ANY、6：ペアリング
SA,\<n\>¥r	認証の仕方の設定（nの値により下記となる） 0：認証なし、1：6ケタコード手動入力、 2：iOS、Droid用、4：PINコードによるレガシモード
C¥r C,\<address\>¥r	MACアドレスを指定してリモートと接続を開始する 接続後自動的にデータ転送モードに切り替わり、アドレスは記憶される Cのみとすると記憶されているアドレスと接続する
K,1¥r	現在の接続を切り離す

3 Arduinoのプログラム製作

Arduinoのプログラムは、Arduino IDE V2.2.1を使ってスケッチとして作成します。まずライブラリの追加が必要で、センサと液晶表示器用の次のライブラリを追加します。一度追加すれば残りますから、前節までの例題で追加していれば追加作業は不要です。追加方法は2-1-2項を参照して下さい。

① センサ用 　　　Adafruit BME280 Library
② 液晶表示器用 　ST7032_asukiaaa

ライブラリの追加ができたら全体のスケッチを作成します。作成したスケッチがリスト-1とリスト-2となります。

リスト-1が宣言部と初期化部で、最初に必要なライブラリをインクルードします。センサと液晶表示器、さらにインターバルタイマ用のMsTimer2をインストールしています。続いてセンサと液晶表示器のインスタンスを生成*しています。

続いて変数宣言のあとタイマの割り込み処理関数TMR1を作成しています。この割り込み処理では、Flagという変数に1を代入しているだけで、実際の割り込み処理はメインループのほうで実行しています。

Setupの初期化部では、UARTの速度を115.2kbpsとしインターバルタイマを3秒周期の割り込みとして、割り込み処理関数にTMR1を指定しています。あとBluetoothで送信する周期の30秒をこの3秒周期の割り込みで作成するため、Intervalという変数を使っています。あとは液晶表示器の初期化と、センサBME280の初期化を実行しています。

最後にRN-42の初期設定をしてパソコンからの接続を待つようにしています。

・・・・・・・・・・・・・・・・
実際に使う実体と名称
の定義

78

リスト　1　例題のスケッチ（UNO_Bluetooth.ino）　宣言部と初期化部

```
1   /********************************
2   * Bluetooth classic 例題
3   *  Arduino UNO R4  115.2kbps
4   ********************************/
5   #include <Adafruit_BME280.h>
6   #include <ST7032_asukiaaa.h>
7   #include <MsTimer2.h>
8   // インスタンス生成-
9   Adafruit_BME280 bme;              // BME280
10  ST7032_asukiaaa lcd;              // 液晶表示器
11  // 変数定義
12  float temp,pres,humi;
13  uint8_t Flag, Interval;
14  /***************************
15  * タイマ割り込み処理
16  ***************************/
17  void TMR1(void){
18    Flag = 1;
19  }
20  /********** 初期化 ***********/
21  void setup() {
22    Serial.begin(115200);        // UART
23    // タイマ設定
24    MsTimer2::set(3000, TMR1);   // インターバルタイマ
25    MsTimer2::start();
26    Interval = 10;               // 30秒用
27    // LCD初期化
28    lcd.begin(16, 2);            // 8文字2行
29    lcd.setContrast(30);
30    // センサ初期化
31    while(!bme.begin(0x76)){
32      Serial.println("BME280 not avalable");
33      delay(1000);
34    }
35    // RN42 初期設定
36    Serial.print("Start Bluetooth");
37    Serial.print("$$$");          // コマンドモード
38    Serial.print("SF,1¥r");       // 工場出荷に戻す
39    Serial.print("SN,BT_IoT¥r");  // 名称設定
40    Serial.print("SA,4¥r");       // 認証設定
41    Serial.print("R,1¥r");        // リブート
42  }
```

　次がloopのメインループ部でリスト-2となります。最初にFlag変数が1かを判定し、1であれば3秒ごとに実行するセンサデータの液晶表示器への表示を実行します。ここはセンサと液晶表示器のライブラリを使うだけなので簡単な記述でできます。実際の液晶表示器の表示内容は図-2を参照して下さい。

　さらにこの中でInterval変数を-1しています。続く処理で、このInterval変数が0であれば30秒ごとに行うBluetoothへの送信処理を実行します。この処理はUARTを使うのでSerial.print関数を使います。送信フォーマットは、パソコン側の処理をNode-REDで作成しますから、そちらで扱いやすいようにJSONフォーマットのテキストとして3種のセンサデータを送信します。

リスト 2 例題のスケッチ メインループ部

```
43  /***** メインループ **************/
44  void loop() {
45    if(Flag == 1){                      // フラグがオンの場合
46      Flag = 0;
47      Interval--;                       // 30秒カウンタ
48      // BME280からデータ読み出し
49      temp = bme.readTemperature();
50      pres = bme.readPressure() / 100.0;
51      humi = bme.readHumidity();
52      // LCD表示
53      lcd.setCursor(0, 0);              // 1行目
54      lcd.print("T=");
55      lcd.print(temp, 1);              // 温度
56      lcd.print("C  H=");
57      lcd.print(humi ,1);             // 湿度
58      lcd.print("%");
59      lcd.setCursor(0, 1);            // 2行目
60      lcd.print("P=");
61      lcd.print(pres, 1);            // 気圧
62      lcd.print(" hPa");
63    }
64    //  30秒ごとのBluetooth送信
65    if(Interval == 0){
66      Interval = 10;                   // 30秒設定
67      // JSONフォーマットでBluetooth送信
68      Serial.print("{¥"Pres¥":");
69      Serial.print(pres, 1);
70      Serial.print(",¥"Temp¥":");
71      Serial.print(temp, 1);
72      Serial.print(",¥"Humi¥":");
73      Serial.print(humi, 1);
74      Serial.println("}");
75    }
76  }
```

　以上でArduino側のプログラムは完成です。これをArduinoに書き込みますが、書き込みにはBluetoothモジュールと同じUARTインターフェースを使うので、**書き込みの間は、ブレッドボードとのUARTの接続を切り離す必要があるので注意して下さい。**書き込みが完了したらそのまま元に戻して接続しても大丈夫です。これで即実行を開始し、液晶表示器の表示が現れます。

4 パソコン側のプログラム作成

　次はパソコン側のNode-REDのプログラム作成です。RN-42-EKによりCOMポートのシリアル通信でBluetooth通信ができますから、シリアル通信のプログラム作成となります。パレットの管理で、「node-red-node-serialport」を追加します※。

　完成した全体フローが図-5となります。上側が受信部で、下側がコマンド送信部となります。

追加方法は4-2-1項を
参照

●図-5　例題のNode-REDの全体フロー図

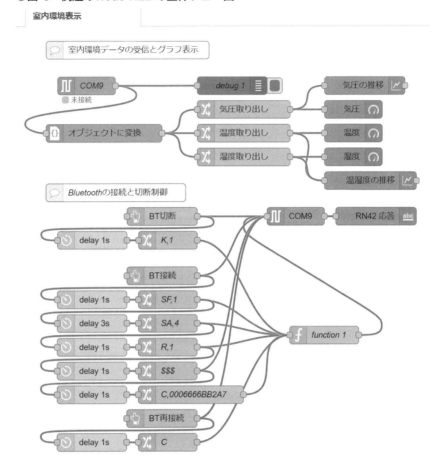

設定ではserial portの設定がポイントとなり、図-6のようにします。ポート番号は読者の環境に合わせて選択します。速度は115.2kbpsです。**重要なのは、DTR、CTS等のフロー制御に関連する箇所で、図のように設定しないとRN-42-EKからの受信ができないので要注意です。**また、入力欄では、[一定の待ち時間で区切る*]に指定します。受信テキストに「¥n」が無いものもあるので、この設定とします。時間は適当で大丈夫で、50msec以上であれば問題ないと思います。この設定は送信ノードと受信ノード両方で共有されますから、片側だけで設定すれば完了です。

* 最初の文字を受信してからの時間

エッジと通信

●図-6 **serial port**の設定

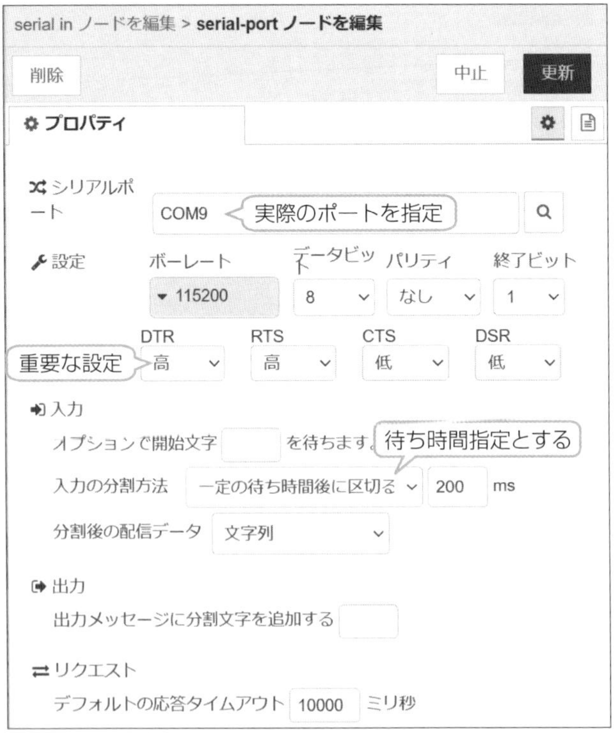

全体フローの下側の送信部から説明します。送信部は切断、接続、再接続の3個のボタンからそれぞれ始まるようになっていて、続いてRN-42モジュールへのコマンド送信処理になります。

送信ノードには、serial requestノードを使って応答の受信もできるようにし、応答メッセージをテキストボックスで表示[*]するようにしました。

切断処理では、切断ボタンで「$$$」を送信し、続いてchangeノードで「k,1¥r」コマンドを送信しています。このchangeノードの設定とfunctionノードの設定が図-7となります。他のchangeノードの設定もコマンドが異なるだけで同様です。functionノードの役割は、コマンドに「¥r¥n」を付加して送信[*]するためにあります。

$$$コマンドを含め大部分のコマンド送信後はモジュールからの応答メッセージがあるので、少し待つ必要があるので要注意です。ここを連続で送信すると次のコマンドが受け付けられません。

・・・・・・・・・・・・・・・・・・
デバッグ用で、動作確認に使える

・・・・・・・・・・・・・・・・・・
$$$コマンドだけ¥rなしとするため

2

エッジと通信

●**図-7 changeノードとfunctionノードの設定**

デフォルトで「1234」
となっている

次が接続ボタンの処理で、接続ボタンで「$$$」を送信した後、順次いくつかのコマンドを送信し、最後にCコマンドで相手を指定してBluetooth接続しています。これらの各コマンドの間にも待ち時間が必要です。

コマンドの中で「SA,4¥r」コマンドで認証をPINコードによることとしていますが、ここは相手側と合わせて同じPINコード*にする必要があります。

RN-42モジュールの表
面に印刷されている

またCコマンドのアドレスは、使っているモジュールのMACアドレス*に変更する必要があります。

次が再接続のボタンの処理です。接続ボタンで一度接続に成功すると、相手のアドレスが記憶され、次からは「C¥r」だけで接続ができますから、その処理をしています。

次は上側の受信部の説明をします。目標とする表示は図-8のようにすることとします。最上段は送信部の関連で、3個のボタンとRN-42-EKの応答メッセージの表示部となります。

その下側がデータ表示部で、折れ線グラフの縦軸の範囲が大きく異なりますから、温湿度の表示と気圧の表示を分けました。

●**図-8　データの表示形式**

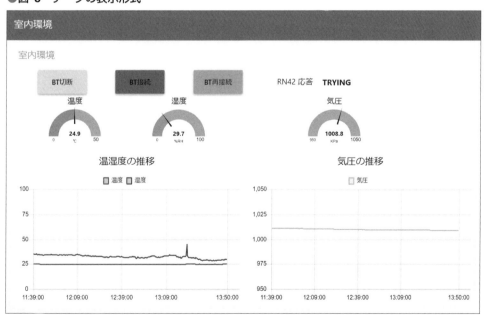

受信部の処理は次のようになります。Bluetooth接続後30秒ごとにJSON形式のデータが送られてきますから、これを受信し、まずjsonノードでNode-REDで使えるオブジェクト*に変換します。

ノード間の通信に使われる

そのあとは図-9のようにchangeノードで項目ごとにデータを取り出し、topicを追加して、gaugeノードとchartノードでグラフ表示します。topicはchartで複数データを一つのチャートに表示できるようにするために区別データとして追加します。

●図-9　changeノードとchartノードの設定

これでNode-REDのフローが完成です。デプロイしてから、接続ボタンをクリックすれば接続が完了し、30秒ごとにデータが送られてきて、図-8のようなグラフが表示されていきます。

2-3-2　BLEでパソコンとマイコンを接続したい

Bluetooth Low Energy（BLE）通信でパソコンとPICマイコンを接続してみます。ここでは最新のBLEモジュールを使いました。

使ったBLEモジュールはマイクロチップ社の最新BLEモジュールである、「RNBD451PE」です。このモジュールの最大の特徴は、前項のRN-42モジュールとほぼ同様の英文字によるコマンドだけで設定*ができることと、データ通信モードではUARTのデータをそのままスルーして通信ができることです。

キャラクタリスティックやUUIDなど難しい設定は全く必要ない

1 RNBD451の外観と仕様

BLEモジュール「RNBD451」の外観と仕様は図-1のようになっています。BLE専用のモジュールで、汎用の入出力ピンも備えていますし、アナログ入力ピンもあ

りますから、これだけで超小型IoTエッジデバイスが構成できます。通信速度も1Mbpsと高速ですので、多くのデータを送受するのも問題なくできます。

●図-1　RNBD451PEの外観と仕様

Bluetooth 仕様
　　On-board Bluetooth 5.2 Low Energy Stack
　　1M、2M、coded PHY 対応
　　Multi link 対応（max 6link）
　　Extended Advertising
　　最大出力 Power ＋12 dBm
UART インターフェース
　　ASCII コマンドによる制御
UART による Firmware Update（DFU）
OTA 対応
12bit ADC（1ch）、8ch GPIO
動作電圧：1.9 ～ 3.6V（3.3V typical）
温度範囲：－40 ～ 85℃
39-pin SMD パッケージ

　本体は図-1のように小型で表面実装なので、そのまま使うのはちょっと実装が難しいですが、これを小型基板に実装済みの図-2のような評価ボードがあります。USBシリアル変換を実装しているので、直接USBコネクタに接続して使うことができきます。

●図-2　RNBD451評価ボードの外観と仕様

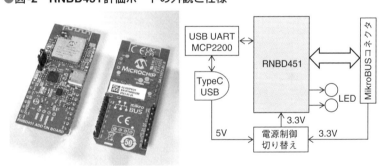

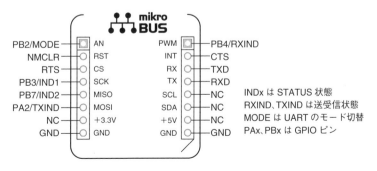

INDx は STATUS 状態
RXIND、TXIND は送受信状態
MODE は UART のモード切替
PAx、PBx は GPIO ピン

　さらにmikroBUS互換のソケットにも実装できますので、マイコンなどと直接接続して使うこともできます。これに合わせて電源もUSBかmikroBUSかをジャンパ

で切り替えられるようになっています。

　mikroBUSのピン配置は図-2の下側のようになっていて、UARTに関連するピン以外に、GPIOや状態表示用の出力もあります。本項の例題もこの評価ボードを使って作成しました。

　RNBD451モジュールを使う場合に必要なコマンドの中で、本書で使っているものは表-1となります。多くが前項のRN-42と同じコマンドとなっています。

　さらにBLE特有のビーコンに対応したコマンドも用意されていますから、ビーコンの受信も簡単にできます。

▼表-1　RN-42モジュールの制御コマンド

コマンド	機能内容
$$$	コマンドモードにする
---¥r	コマンドモードを終了しデータ転送モードとする
+¥r	コマンドのローカルエコーを表示する
D¥r	基本設定内容を読みだす
SF,1¥r	工場出荷状態に初期化する
R,1¥r	リブートする (電源オン時と同じ動作) 実行後データ転送モードになる
C,0,<address>¥r	Public Addressを指定してリモートと接続を開始する 接続後自動的にデータ転送モードに切り替わり、アドレスは記憶される
Cn¥r	n番目に接続したリモートと接続する
K,1¥r	現在の接続を切り離す
ビーコン用のコマンド	
SR,xxxx¥r	実行機能をxxxxで指定する 例　SR,0E00¥r：ビーコンスキャンを有効にする
JA,0,<address>	ビーコン受信デバイスとしてaddressを指定する
F,xxxx,yyyy¥r	ビーコンスキャンを実行する時間の設定 例　F,0027,0020¥r：17msec間隔スキャンで13msecスキャン窓

注：¥rは復帰コードで Enter キーに相当

2 例題の全体構成

　BLEの評価ボードを使って作成した例題の全体構成が図-3となります。エッジ側はCuriosity HPC Board[*]を使って、40ピンのPIC16F18877を実装し、そのmikroBUSにBLE評価ボードと、液晶表示器と温湿度センサを実装しています。3秒間隔で温湿度データを液晶表示器に表示し、30秒ごとにBLEでデータを送信するということを繰り返します。

　センター側はパソコンにBLE評価ボードを接続し、Node-REDを使って、BLEの接続制御と、受信した温湿度データのグラフ表示を実行します。

・・・・・・・・・・・・・・・・
マイクロチップ社が発売しているPICマイコンの評価ボードで28ピンと40ピンのデバイスを試せる

●図-3　例題の全体構成

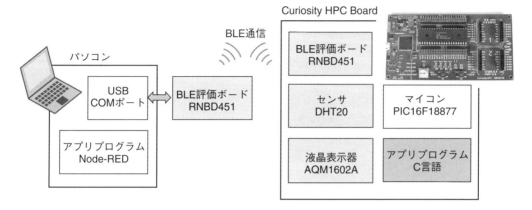

例題の組み立てと接続が完了した状態が図-4となります。液晶表示器と温湿度センサの組み立ては2-1-2項を参照して下さい。同じものです。

パソコン側は、BLE評価ボードをType CのUSBコネクタで接続するだけです。マイコン側はmikroBUSコネクタにBLE評価ボードと、液晶表示器＋温湿度センサを実装しています。液晶表示器には図のように温度と湿度を表示します。

●図-4　例題の組み立てが完了した状態

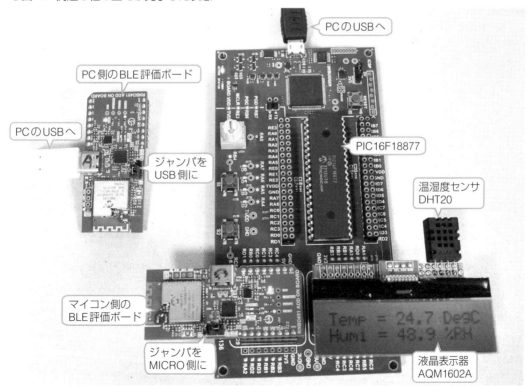

3 マイコン側のプログラム作成

　マイコン側はPICマイコンですからMPLAB X IDE V6.15を使ってC言語で作成します。MCC（MPLAB Code Configurator）というコード自動生成ツールを使うので、比較的簡単にできます。

　デバイスはPIC16F18877で、「MCU_BLE」という名称のプロジェクトとして生成します。

　液晶表示器の制御はライブラリ化していますから、本書の例題ではすべて共用しています。詳細は2-1-2項を参照して下さい。

　まずMCCの設定からです。図-5がクロックとコンフィギュレーション設定、EUARTの設定となります。クロックは内蔵クロックで32MHzの最高速度とします。EUSARTでは、通信速度を115200とし、[Redirect STDIO to USART]にチェックを入れて、標準入出力関数が使えるようにします*。

Project Properties で
Cの標準をC99から
C90に変更する。詳細
は2-1-4項を参照

●図-5 クロックとEUSARTの設定

(a) クロックとコンフィギュレーション設定

(b) EUSART設定

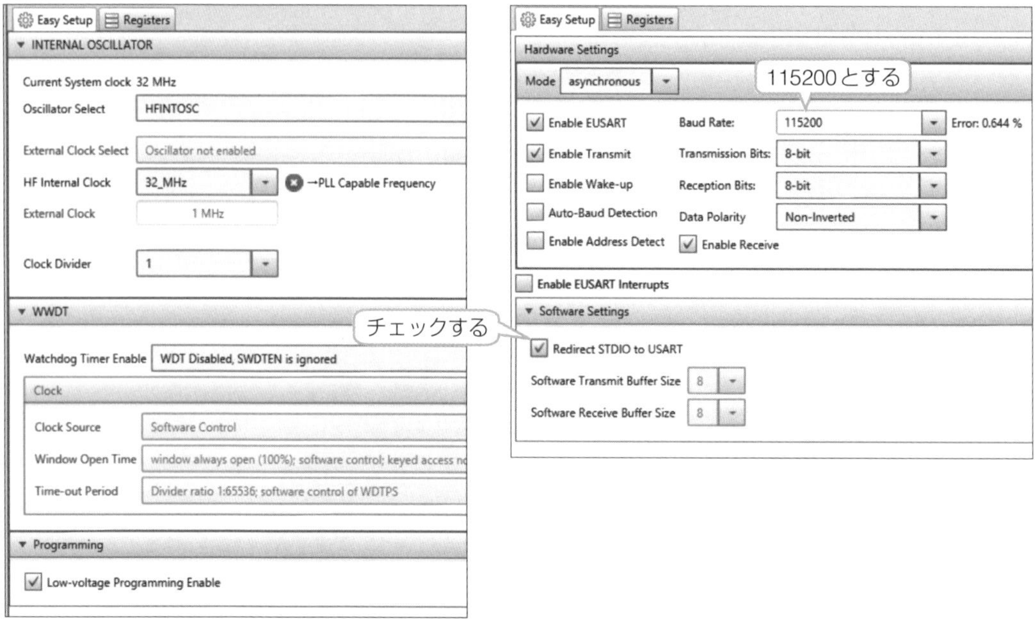

　次がMSSP1とTimer0の設定で図-62となります。MSSP1はI²CのMasterとします。Timer0は、クロックをFosc/4として、3秒の設定ができるようにプリスケーラ*などを設定します。そして[Enable Timer Interrupts]にチェックを入れて割り込みを有効化し、さらにCallback Function Rateに1を設定して毎回割り込み処理を呼び出すようにします。

分周器とも呼ばれる。
入力されるクロック信
号を整数分の1にする
ことで、カウンタの上
限を上げたり、低速動
作にして消費電力を下
げたりできる

●図-6　MSSP1とTimer0の設定

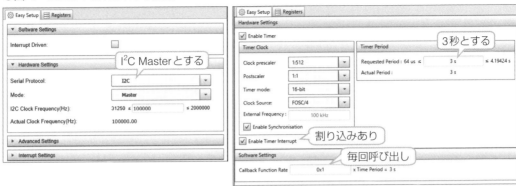

残りは入出力ピンの設定で、図-7のようにします。EUSARTとMSSP1は図のように選択し、4個のLEDと2個のスイッチは使わないのですが設定しておきます。忘れないようにするのが、BLEモジュールのリセットピンで、RD2に出力ピンとして設定します。

●図-7　入出力ピンの設定

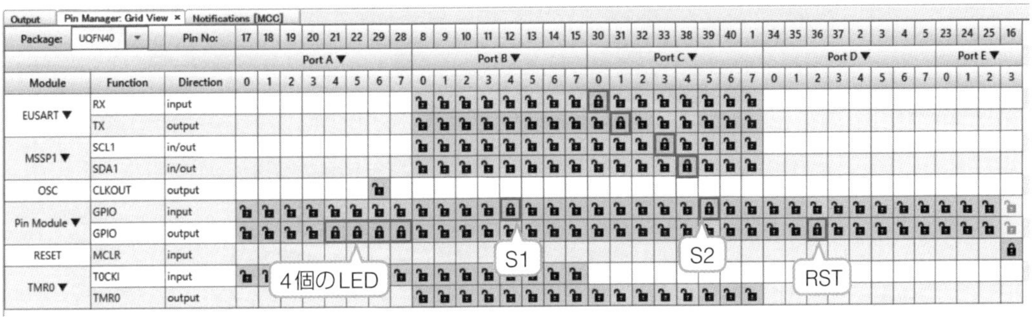

最後にPin Moduleで、図-8のようにピンの名称を設定します。

●図-8 ピン名称の設定

Pin Name ▲	Module	Function	Custom Name	Start High	Analog	Output	WPU	OD	IOC
RA4	Pin Module	GPIO	D2	☐	☐	☑	☐	☐	none ▼
RA5	Pin Module	GPIO	D3	☐	☐	☑	☐	☐	none ▼
RA6	Pin Module	GPIO	D4	☐	☐	☑	☐	☐	none ▼
RA7	Pin Module	GPIO	D5	☐	☐	☑	☐	☐	none ▼
RB4	Pin Module	GPIO	S1	☐	☐	☐	☐	☐	none ▼
RC0	EUSART	RX		☐	☐	☐	☐	☐	none ▼
RC1	EUSART	TX		☐	☐	☐	☐	☐	none ▼
RC3	MSSP1	SCL1		☐	☐	☐	☐	☐	none ▼
RC4	MSSP1	SDA1		☐	☐	☐	☐	☐	none ▼
RC5	Pin Module	GPIO	S2	☐	☐	☐	☐	☐	none ▼
RD2	Pin Module	GPIO	RST	☐	☐	☑	☐	☐	none ▼

Selected Package : UQFN40

以上の設定で [generate] すればコードが自動生成されます。

　　　生成された関数群を使って作成したプログラムがリスト-1とリスト-2になります。
　　リスト-1が宣言部です。最初にインクルードがありますが、I²CのExampleの関数を使っているので、これをインクルードしています。次に変数を定義していますが、wDataは温湿度センサを使うときの計測トリガとなるコマンドです。あとは液晶表示器のライブラリの関数のプロトタイプ宣言です。

リスト　1　例題のプログラム（MCU_BLE.X）　宣言部

```
1   /**************************************
2    * BLE通信　例題
3    *   LEDの制御　＋　センサの制御
4    **************************************/
5   #include "mcc_generated_files/mcc.h"
6   #include "mcc_generated_files/examples/i2c1_master_example.h"
7   // 変数、定数定義
8   char Line1[17], Line2[17];              // 液晶表示器用バッファ
9   char Flag, rData[7], Interval;
10  char wData[3] = {0xAC, 0x33, 0x00};
11  uint32_t dumy;
12  double Temp, Humi;
13  // 関数プロト
14  void lcd_data(char data);
15  void lcd_cmd(char cmd);
16  void lcd_init(void);
17  void lcd_str(char* ptr);
18  /**************************
19   * タイマ0割り込み処理関数
20   **************************/
21  void TMR0_Process(void){
22      Flag = 1;                           // フラグセット
23      Interval--;
24  }
```

　　リスト-2がメイン関数部になります。最初にタイマの割り込み処理関数の定義をしてから割り込みを許可しています。あとは液晶表示器の初期化、BLEモジュールの初期設定をしています。
　　メインループでは、タイマの割り込みでセットされるFlag関数をチェックし、セットされていれば、センサの計測と液晶表示器への表示を実行しています。センサはデータシートで指定された変換処理が必要です。
　　次にInterval変数をチェックして0であれば30秒周期ということですから、Interval変数を元に戻してから、JSON形式でセンサデータをBLEで送信しています。printf文で送信すればそのままBLEで送信されますから、簡単に記述できます。

リスト　2　例題のプログラム　メイン関数部

```
26  /****** メイン関数 ******************/
27  void main(void)
28  {
29      SYSTEM_Initialize();
30      // タイマ0 Callback関数定義
31      TMR0_SetInterruptHandler(TMR0_Process);
32      Interval = 10;                      // 30sec
33      // 割り込み許可
```

```
34      INTERRUPT_GlobalInterruptEnable();
35      INTERRUPT_PeripheralInterruptEnable();
36      lcd_init();                                         ⊃// LCD初期化
37      RST_SetLow();                                       // BLE初期化
38      __delay_ms(10);                                     // Hardware reset
39      RST_SetHigh();
40      __delay_ms(200);
41      printf("$$$");                                      // Command Mode
42      __delay_ms(100);
43      printf("SF,1¥r¥n");                                 // 工場出荷に戻す
44      __delay_ms(200);
45      /****** メインループ *********/
46      while(1)
47      {
48          if(Flag == 1){                                  // 3秒周期のフラグオンの場合
49              Flag = 0;                                   // フラグリセット
50              I2C1_WriteNBytes(0x38, wData, 3);           // トリガ送信
51              __delay_ms(100);                            // 100ms待ち
52              I2C1_ReadNBytes(0x38, rData, 7);            // 計測データ読み出し
53              // データ変換
54              dumy = (uint32_t)rData[1]<<12 | (uint32_t)rData[2]<<4 | ⤹
                    (uint32_t)rData[3]>>4;
55              Humi = (dumy*100.0) / 1048576;              // 湿度データに変換
56              dumy = (uint32_t)(rData[3] & 0x0F)<<8 | (uint32_t)rData[4]<<8 | ⤹
                    (uint32_t)rData[5];
57              Temp = (dumy * 200.0) / 1048576 - 50.0;     // 温度データに変換
58              sprintf(Line1, "Temp = %2.1f DegC", Temp);  // 温度メッセージ
59              sprintf(Line2, "Humi = %2.1f %%RH", Humi);  // 湿度メッセージ
60              // 液晶表示器に表示出力
61              lcd_cmd(0x80);                              // 1行目
62              lcd_str(Line1);                             // 温度表示
63              lcd_cmd(0xC0);                              // 2行目
64              lcd_str(Line2);                             // 湿度表示
65          }
66          // BLEで送信
67          if(Interval == 0){
68              Interval = 10;                              // 30sec
69              printf("{¥"Temo¥":%2.1f, ¥"Humi¥":%2.1f}", Temp, Humi);
70          }
71      }
72  }
```

　以上でマイコン側のプログラムは完成です。これをPICマイコンに書き込めば即実行を開始し、液晶表示器には図-4のように表示され3秒ごとに更新されます。
　BLEの接続が完了すれば、30秒ごとにBLEでパソコンにデータが送信されます。

4 パソコン側のプログラム作成

　パソコン側のプログラムはNode-REDを使って作成します。追加が必要なノードはserialportだけで前項と同じですので、前項で追加していれば、そのままで先に進めます。
　作成したNode-REDの全体フロー図が図-9となります。上側がデータ受信とグラフ表示部で、下側がBLEの接続制御の部分です。

●図-9 例題の全体フロー図

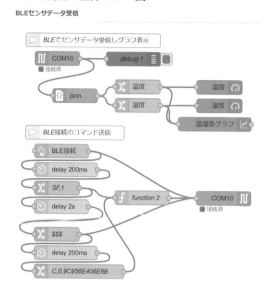

まずBLEの接続部から説明します。serialportのノードの設定は図-10 (a) のように
にします。COMポートの番号は読者の環境ごとに異なりますから合わせて下さい。
入力は、[一定の待ち時間後に区切る] を選択し、時間を100msecとしています。
ここは文字列に¥nを含まないものがあるので、時間で待つようにします。
　一定の遅延を入れながら、図-10 (b) のようにコマンドをchangeノードでコマン
ドをpayloadに代入して出力します。functionノードでは復帰改行を追加しています。

●図-10　各ノードの設定

(a) serialportの設定

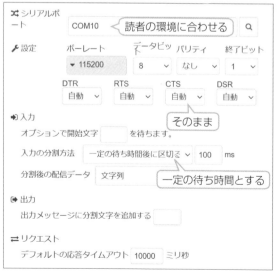

(b) changeノードの設定

(c) functionノードの設定

接続開始はBLE接続のボタンで開始します。このボタンから$$$コマンドを送信してコマンドモードにします。

そのあとは工場出荷状態にしてから、再度$$$コマンドを送信後、接続コマンドを送信しています。この接続には相手のPublic Addressを使います。RNBD451評価ボードをパソコンに接続して、TeraTerm等でDコマンド*を実行すれば、アドレスがわかります。

> 表-1のコマンド一覧を参照

次に上側のデータ受信部です。受信したJSON形式のテキストをjsonノードでNode-REDのオブジェクトに変換しています。そのあとは図-11のようにchangeノードで温度と湿度にデータを分離して取り出し、さらにtopicに温度か湿度を追加してからguageとchartノードに送っています。

topicを追加するのは、chartで同じグラフの中に複数のデータを折れ線グラフで表示させるようにするためです。折れ線の色も選択して決めます。

●図-11 ノードの設定

(d) changeノードの設定

(e) chartノードの設定

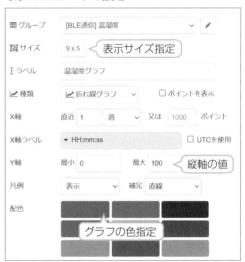

こうして生成されるDashboardの表示が図-12となります。BLE接続のボタンをクリックすればBLE接続を実行し、そのあとは30秒ごとにグラフデータが更新されます。

●図-12　表示結果

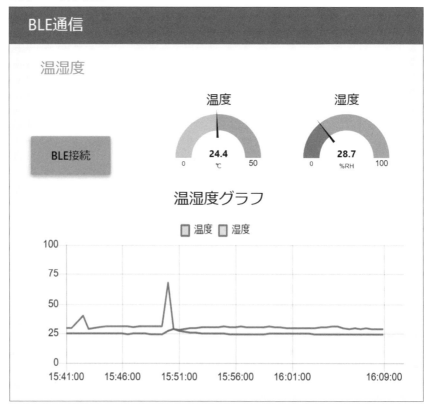

2-4 Wi-Fiを使いたい

2-4-1　Wi-FiでパソコンとArduinoを接続したい

　本項ではエッジ側となるArduino UNO R4 WiFiに複合センサとLEDを接続し、センター側となるパソコンとWi-Fiで接続し、パソコンのNode-REDから一定間隔でセンサデータを要求し、さらにボタンでLEDのオンオフ制御をします。パソコン側はこれまでの例題同様、Node-REDで構成しセンサデータをグラフ化します。

1 例題の全体構成

BME280の外観と仕様は3-1-5項の図-1を参照

　例題の全体構成は図-1のようにしました。Arduino UNO R4 WiFiとブレッドボードとをジャンパ線で接続します。このブレッドボードに、複合センサ（BME280）*とLEDを2個実装します。

　パソコン側はNode-REDで構成し、30秒ごとにセンサデータを要求し、応答データをグラフ化します。またボタンクリックで2個のLEDのオンオフ制御をします。

●図-1　例題の全体構成

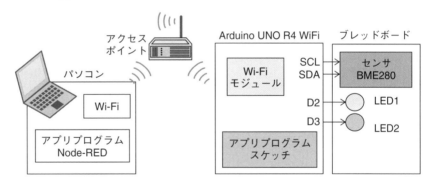

2 ハードウェアの製作

　本例題で製作が必要なのはArduino UNO R4 WiFiボードとブレッドボードだけです。このブレッドボードとの接続は図-2のようにしました。

　複合センサにはBME280を使いますが、超小型ICですので、基板に実装済みのものを使います。ArduinoとはI²C接続となります。LEDには抵抗入りのものを使って外付けの抵抗を省略しています。スイッチがありますが、ここでは使っていません。

　電源は、すべて3.3V動作ですので、Arduinoから3.3Vを供給しています。

●図-2　ブレッドボードの接続構成

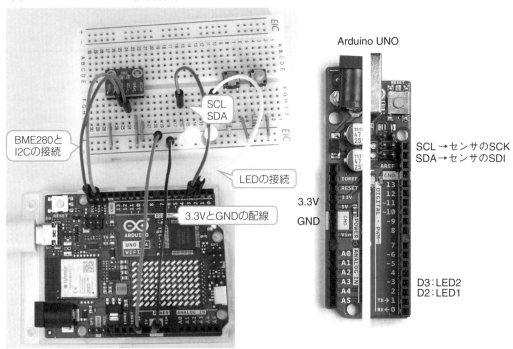

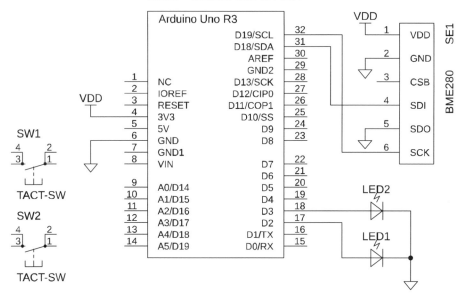

3 Arduinoのプログラム作成

本書執筆時点での最新
バージョン

Arduinoのプログラムですから、Arduino IDE V2.2.1[*]を使ってスケッチプログラムを作成します。

Arduino UNO R4 WiFiのボードを選択できるように、[Board Manager]で「Arduino UNO R4 Board」を検索し、検索された中から「Arduino UNO R4 WiFi」を選択します。手順の詳細は付録-1を参照して下さい。

BME280センサを使うので、ライブラリを先にインストールします。インストール方法は2-1-2項と同じ手順で、「Adafruit BME280 Library」をインストールします。

Wi-Fiモジュールのライブラリは、標準で組み込まれている、「WiFiS3.h」を使います。

作成したスケッチプログラムを説明します。最初の宣言部と設定部がリスト-1となります。

プログラム中で使う実
体と名前を定義してい
る

ここではWi-FiとBME280のライブラリをインクルードしてインスタンスを生成[*]して使えるようにしています。定数でアクセスポイントのSSIDとパスワードを設定していますが、ここは読者の環境に合わせて変更して下さい。ポート番号は2000としています。

グローバル変数として3種のデータと文字列に変換したときのバッファを用意しています。

次がsetup部で、ここでは、LEDのピンの設定をし、シリアル通信を有効化し、BME280の初期設定をしています。

続いてアクセスポイントとの接続を確立します。接続が確認できるまで5秒間隔で接続コマンドを繰り返しています。接続できたら、その旨とIPアドレスをモニタに出力し、サーバとして受信待ちにしています。本プログラムではいったん接続したら接続したままとしています。

リスト　1　例題スケッチ（Wi-Fi_Sketch_R4_WiFi.ino）　宣言部と設定部

```
1   /***********************************
2    *  Arduino で Wi-Fi を使う
3    *    Arduino UNO R4 WiFi を使用
4    ***********************************/
5   #include "WiFiS3.h"
6   #include <SparkFunBME280.h>
7   #include <Wire.h>
8   #define LED1 D2
9   #define LED2 D3
10  // アクセスポイント定数
11  char ssid[] = "Buffalo-?????";
12  char pass[] = "7tb7ksh?????";
13  // インスタンス生成
14  WiFiServer server(2000);
15  BME280 sensor;
16  // 変数定義
17  char currentLine[10];                  // 受信バッファ
18  char i, c, Env[45];
19  int led = LED_BUILTIN;
20  int status = WL_IDLE_STATUS;
21  float pres, temp, humi;
22
```

```
23  /***** 初期設定 *************/
24  void setup() {
25    Wire.begin();
26    pinMode(LED1, OUTPUT);
27    pinMode(LED2, OUTPUT);
28    Serial.begin(9600);
29    // センサ、OLED初期化
30    sensor.settings.I2CAddress = 0x76;
31    sensor.beginI2C();                    // センサ初期化
32    // アクセスポイント接続
33    while (status != WL_CONNECTED) {
34      status = WiFi.begin(ssid, pass);
35      delay(5000);                        // 5秒待ち
36    }
37    // 接続完了でIPアドレス表示
38    Serial.println("");
39    Serial.println("WiFi connected.");    // 接続完了メッセージ
40    Serial.println("IP address: ");       // IPアドレスメッセージ
41    Serial.println(WiFi.localIP());
42    server.begin();                       // サーバリスン開始
43  }
```

次がメインループ部でリスト-2となります。

最初にパソコンからのWi-Fi接続を待ちます。接続されたら、コマンドを文字「E」が受信できるまで受信します。この後受信データ処理となります。

xが1か2でLEDの 区別、yが0か1でオン オフの区別とする

コマンドが「SCxyE*」の場合は、LED制御なので、LED1、LED2の区別とオンオフの区別をしてLEDを制御します。

コマンドが「STE」の場合は、計測要求なので、BME280からデータを取り出し、変数にセットしてから、JSON形式のテキストに変換してから送信します。

これらの処理が終わったら、パソコンとの接続をクローズして終了です。

リスト 2 例題のスケッチ メインループ部

```
45  /****** メインループ **********/
46  void loop() {
47    WiFiClient client = server.available();        // listen for incoming clients
48    while (client) {
49      i = 0;
50      do{          // コマンド受信
51        while (!client.available());
52        c = client.read();                         // 2バイト受信
53        Serial.write(c);
54        currentLine[i++] = c;                      // バッファに格納
55      }while(c != 'E');                            // 終了文字まで繰り返し
56      // 受信データ処理
57      switch(currentLine[1]){
58        case 'C': {    // LED制御要求の場合
59          switch(currentLine[2]){                  // LED区別
60            case '1':  // LED1 オンオフ制御
61              if(currentLine[3] == '1') digitalWrite(LED1, HIGH);
62              else digitalWrite(LED1, LOW);
63              break;
64            case '2':  // LED2オンオフ制御
65              if(currentLine[3] == '1') digitalWrite(LED2, HIGH);
66              else digitalWrite(LED2, LOW);
```

```
67              break;
68            default: break;
69          }
70        break;
71      }
72      case 'T': {    // 計測要求の場合
73        pres = sensor.readFloatPressure()/100.0; // 気圧データ取得
74        temp = sensor.readTempC();              // 温度データ取得
75        humi = sensor.readFloatHumidity();      // 湿度データ取得
76        // 3個のデータをJSONフォーマットで送信
77        sprintf(Env, "{¥"Pres¥":%3.2f, ¥"Temp¥":%2.2f, ¥"Humi¥":%2.2f}",pres/10,↩
               temp ,humi);
78        client.write(Env, strlen(Env));
79        Serial.write(Env);
80        break;
81      }
82      default:  break;
83    }
84    // 終了
85    client.stop();
86  }
87 }
```

以上でArduino側のプログラムは完成です。コンパイルして書き込みます。

4 パソコン側のプログラム製作

　パソコン側のプログラムはNode-REDで製作します。全体フロー図が図-3となります。4個のボタンで2個のLEDのオンオフコマンドを送信します。

●**図-3　全体フロー図**

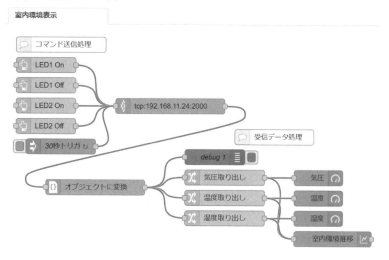

　30秒ごとのinjectノードで計測要求を送信します。この計測要求の応答として、気圧、温度、湿度のJSONテキストデータが受信されますから、いったんそれをjsonノードでNode-REDのオブジェクトに変換します。次にchangeノードで、それぞれに分離してグラフデータとして表示します。

debugノードにより、デバッグ欄のメッセージの出力で受信したメッセージ内容が確認できます。

各ノードの設定を説明します。まずtcp requestノードからで、図-4となります。IPアドレスは読者の環境に合わせて変更して下さい。ポート番号はArduino側と合わせて2000とします。

●図-4 tcp requestノードの設定

次に、injectノードの設定が図-5となります。payloadには、「STE」という文字列を設定し、指定した時間間隔で30秒とします。これで30秒ごとに「STE」というコマンドが送信されます。

●図-5　injectノードの設定

次にbuttonノードの設定で、図-6となります。サイズ、名称、背景色の設定、payloadに出力文字列として、「SC11E」と設定しています。これでLED1のオン制

御となります。他のbuttonノードも同様にして、背景色と送信文字列を変えて設定
します。

●図-6　buttonノードの設定

次が受信側のノードの設定で、jsonノードはテキストをオブジェクトに変換する
だけなので、特に設定はなく、図-7のようになります。

●図-7　JSONノードの設定

　　　　次が各changeノードの設定で気圧の例が図-8となります。payloadで受信された
オブジェクトから、それぞれ気圧、温度、湿度を分離して次のノードに出力します。
さらにtopicにも区別するための文字列を設定しています。これによりchartノード
で三つのデータを一つの折れ線グラフで表示できるようになります。他のchangeノー
ドの設定も同様となります。

●図-8　changeノードの設定

　　　　次がグラフ表示ノードの設定で図-9となります。

●図-9　gaugeとchartの設定

いずれも表示する値の範囲と色を設定します。gaugeノードでは名称、単位、色の設定もそれぞれに指定します。

changeノードの設定では、縦軸を0から120にして気圧は100を超えてもよいようにしています。

これでDashboardに表示される動作結果のグラフは図-10となります。

●図-10　動作結果のグラフ表示例

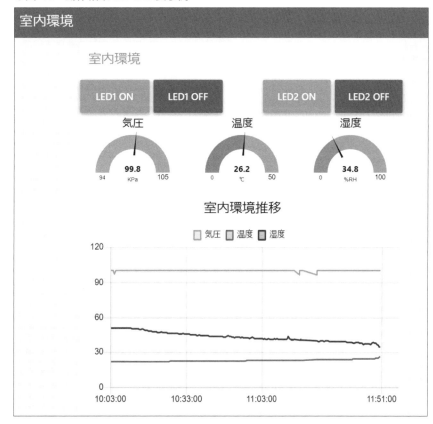

2-4-2 ▪ Wi-FiでXIAO ESP32-C3とパソコンを接続したい

Arduinoの一つなのですが、Seeeduino XIAOのシリーズの中にWi-Fiモジュールを実装しているものがあります。ここではこのWi-Fi機能を内蔵したSeeeduino XIAO ESP32-C3を使ってパソコンとWi-Fi接続してみます。

■ Seeeduino XIAO ESP32-C3の概要

Seeeduino XIAO ESP32-C3はWi-FiとBluetoothを実装した超小型Arduino互換マイコンです。外形はオリジナルのXIAOと変わらず、Wi-Fi用のアンテナ*コネクタとBOOTとRESETのスイッチが追加されています。また内蔵CPUの性能が格段と上がり、メモリも大容量となっています。

> アンテナが本体と同梱されている

●図-1 XIAO ESP32-C3の外観と仕様

仕様
- ・CPU ：ESP32-C3 32ビット RISC-V
- ・メモリ ：Flash：4MB SRAM：400kB
- ・クロック ：160MHz
- ・ピン数 ：14
- ・無線機能 ：Wi-Fi、Bluetooth BLE
  ステーション、ソフト AP
- ・開発環境 ：Arduino IDE
- ・電源 ：USB type C より 5V 供給
  5V と 3.3V 出力ピンあり
- ・消費電流 ：75mA（Wi-Fi 送受信時）
- ・基板寸法 ：20mm×17.5mm
- ・内蔵周辺 ：I/O×11、PWM×11、I2C、UART、SPI

■ 例題の全体構成

実際の例題で使い方を説明します。Wi-Fiが実装されていますから、これを使ってIoTエッジデバイスらしい例題としてみました。

例題の全体構成は図-2のようにしました。これで、センター装置*となるパソコンのNode-REDとWi-Fiを使ってアクセスポイント経由で送受信して、LEDの制御、複合センサの測定データを送受するという例題としました。

> Node-REDが動作すればなんでもよい。タブレット、Raspberry Pi が使える

●図-2　例題の全体構成

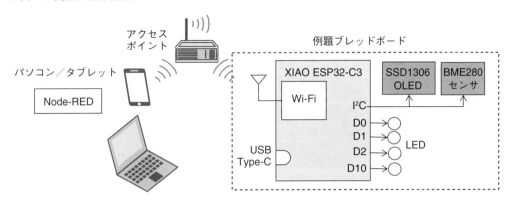

OLEDとセンサの外観と仕様は3-1-5項、3-1-6項を参照

センサ基板のJ1、J2、J3のジャンパをすべて接続する

5V用、12V用、3〜12V用とあるがいずれでもよい

3 ハードウェアの製作

　ブレッドボードに実装した部分の回路図が図-3となります。有機EL表示器（OLED）と複合センサ*はI²Cに接続です。I²Cのプルアップ抵抗はセンサ基板に実装*されているものを使うことで省略しています。

　4個のLEDは抵抗入りのもの*を使って、XIAOのピンに直接接続しています。

●図-3　例題のブレッドボードの回路図

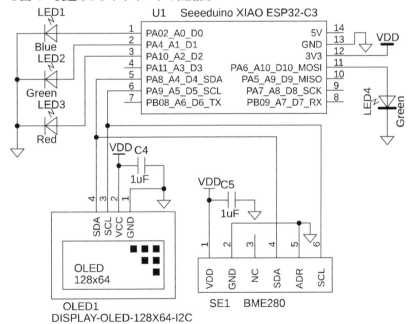

　この回路図に基づいて実装を完成させたブレッドボードの外観が図-4となります。Wi-Fi用の薄い樹脂で形成されたアンテナが本体に付属していて、小さなコネクタで接続する必要があります。**このコネクタは非常に壊れやすいので慎重に接続して下さい。**電源とGNDの接続に注意して下さい。

●図-4 例題のブレッドボードの外観

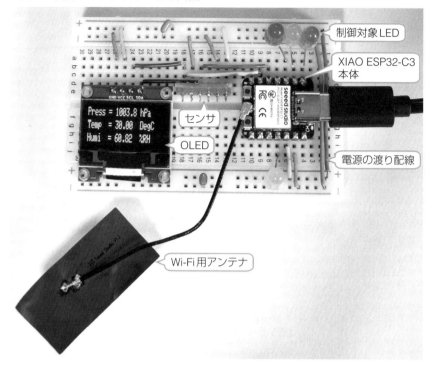

制御対象LED

XIAO ESP32-C3
本体

センサ

OLED

電源の渡り配線

Wi-Fi用アンテナ

4 プログラムの製作

Arduino IDE V2.2.1を使ってスケッチプログラムを作成していきます。まずXIAO
ESP32-C3のボードを追加する作業から始めます。

手順はまず、［File］→［Preferences］で開くダイアログの［Additional Boards
manager URLs］欄に次のURLを入力し、［OK］とします。

https://raw.githubusercontent.com/espressif/arduino-esp32/gh-pages/
package_esp32_index.json

URL欄が見つからない場合、Preferencesのダイアログにマウスを置くと右側に
スクロールバーが現れるので、スクロールすると表示されます。

［Tools］→［Board］→［Board Manager］で「esp32」を入力して検索し、インストー
ルします。

次に図-5のようにToolsでBoardを選択し、ESP32の中から*「XIAO ESP32C3」を
選択します。これでXIAO ESP32-C3が使えるようになります。

非常に多くの種類があ
り、かなり下のほうか
ら選択する必要がある
ので注意

●図-5　**XIAO ESP32-C3の選択**

これを組み込むと、XAIOをパソコンにUSBで接続したとき、ボード選択欄に「XAIO ESP32C3」が選択肢として表示されますから、これを指定してスケッチの作成を開始します。

OLEDやセンサのライブラリをインストールしていない場合は、付録-1の手順を参考にして、次のライブラリをインストールして下さい。

・ SparkFun BME280　（BME280で検索）
・ Adafruit SSD1306　（SSD1306で検索）

こうして作成したスケッチのリストがリスト-1、リスト-2、リスト-3となります。

リスト-1は宣言部で、関係するライブラリをインクルードし、それぞれのインスタンスを生成して名前を決めています。ここで少し特殊な処理をしています。OLEDの表示は2秒ごとに繰り返し、Wi-Fiとの通信はいつでもできるようにする必要がありますから、OLEDの表示のトリガ用としてタイマの割り込みを使いました。このタイマのインスタンスも生成しています。あとはアクセスポイントのSSIDとパスワード*、プログラム用の変数を定義しています。

最後にタイマの割り込み処理関数を定義しています。ここではフラグ（Flag）をtrueにしているだけです。このFlagをメインループの中で判定してOLEDの表示を実行しています。

setupでは、最初にLEDの出力ピンを指定したあと、タイマの設定をしています。タイマのクロックが80MHzなので、timerBegin関数で8000カウント*ごとに割り込みを生成するようにしています。これで0.1msec周期のタイマとなります。さらに、timerAlarmWrite関数で、割り込み周期を0.1msec×20000として2秒周期で割り込みが発生するようにしています。

続いてセンサとOLEDの初期化を行った後、Wi-Fiのアクセスポイントとの接続を開始しています。アクセスポイントとの接続は、ここで接続したあとは接続したままとしています。接続状況をシリアルモニタ*にメッセージで出力し、最後に接続した結果のIPアドレス*を出力するようにしています。このIPアドレスをパソコン側のNode-REDで指定して接続します。

読者の環境に合わせて変更する必要がある

1msecにしようとすると80000となって16ビット値（65535）を超えるため0.1msecとした

Arduino IDEで Ctrl + SHIFT + M でシリアルモニタの窓が開く

アクセスポイントから割り当てられるのでユーザーごとに異なる。これがサーバのIPアドレスとなる

2
エッジと通信

　アクセスポイントとの接続が完了したら、XIAOをサーバ側として動作を開始します。

リスト　1　例題のスケッチ（XIAOESP32C3_WiFiTCP3.ino）　宣言部と設定部

```
1  /*****************************************
2  *  WiFiでLED制御と環境データ送信するサーバ
3  *  クライアントはNode-RED
4  *****************************************/
5  #include <WiFi.h>    // for I2C
6  #include <Wire.h>
7  #include <SparkFunBME280.h>
8  #include <Adafruit_SSD1306.h>
9  // インスタンス定義
10  Adafruit_SSD1306 display(128, 32, &Wire, -1);
11  WiFiServer server(2000);
12  BME280 sensor;
13  hw_timer_t * timer = NULL;
14  //定数定義
15  const char* ssid = "Buffalo-G-????";
16  const char* password = "7tb7ksh8????;
17  #define LED1 D0
18  #define LED2 D1
19  #define LED3 D2
20  #define LED4 D10
21  // 変数定義
22  char currentLine[10];                     // 受信バッファ
23  char c;
24  int i, Flag;
25  char State[45], Env[45];
26  char state1,state2,state3,state4;
27  float pres, temp, humi;
28  //*** タイマ割り込み処理  ********
29  void onTime(){
30    Flag = true;
31  }
32  //***** セットアップ  *******/
33  void setup(){
34    Wire.begin();                           // I2C有効化
35    Serial.begin(115200);
36    pinMode(LED1, OUTPUT);                  // LEDピン設定
37    pinMode(LED2, OUTPUT);
38    pinMode(LED3, OUTPUT);
39    pinMode(LED4, OUTPUT);
40    // タイマの初期設定  2秒間隔
41    timer = timerBegin(0, 8000, true);      // クロック80MHz  0.1ms
42    timerAttachInterrupt(timer, &onTime, true);  // 割り込み処理関数指定
43    timerAlarmWrite(timer, 20000, true);    // 時間設定  2秒繰り返し
44    timerAlarmEnable(timer);                // タイマ動作開始
45    // センサ、OLED初期化
46    sensor.settings.I2CAddress = 0x76;
47    sensor.beginI2C();                      // センサ初期化
48    display.begin(SSD1306_SWITCHCAPVCC, 0x3C);  // SSID初期化
49    //**** ネットワークとの接続開始  APと接続 ***
50    Serial.println();
51    Serial.println();
52    Serial.print("Connecting to ");         // モニタメッセージ
53    Serial.println(ssid);
```

```
54    WiFi.begin(ssid, password);                   // 接続開始
55    // 接続完了まで繰り返す
56    while (WiFi.status() != WL_CONNECTED) {        // 接続確認
57        delay(500);
58        Serial.print(".");
59    }
60    // 接続完了でIPアドレス表示
61    Serial.println("");
62    Serial.println("WiFi connected.");            // 接続完了メッセージ
63    Serial.println("IP address: ");               // IPアドレスメッセージ
64    Serial.println(WiFi.localIP());
65    // サーバ動作開始
66    server.begin();
67  }
```

　次がリスト-2でメインループの前半になります。まず、最初にFlagがtrueかを判定し、trueであればOLEDへのセンサデータの表示を実行しています。これで、2秒ごとに表示が更新されることになります。falseの場合はすぐ次のWi-Fiの受信動作に進みます。これでWi-Fiの受信を常時チェックすることができますから、受信抜けが無いような動作とすることができます。

　OLEDへの表示処理では、大きな文字で行ごとに気圧、温度、湿度を、小数点以下の桁数を制限し、単位を付加して表示します。表示開始位置をY軸のドット単位で指定しています。

　表示処理の次は、サーバとしての受信待ち処理[*]となります。クライアント側（ここではパソコンのNode-REDとなる）からデータが送信されてきたら、それを受信しバッファに格納します。文字「E」を受信したら受信終了となり、次の受信データ処理に移行します。

リッスンモード

リスト 2　例題のスケッチ　OLED表示とWi-Fi受信部

```
68  //****  メインループ  ******
69  void loop(){
70    // 割り込みごとにセンサデータOLED表示
71    if(Flag == true){                             // 割り込みフラグオンの場合
72      Flag = false;                               // 割り込みフラグクリア
73      // OLED描画条件指定
74      display.clearDisplay();                     // 表示クリア
75      display.setTextSize(1);                     // 出力する文字の大きさ
76      display.setTextColor(WHITE);                // 出力する文字の色
77      // センサデータOLED表示
78      display.setCursor(0, 0);                    // 表示開始位置をホームにセット
79      display.print("Press = ");                  // 気圧見出し
80      pres = sensor.readFloatPressure()/100.0;
81      display.print(pres, 1);                     // 気圧表示
82      display.println(" hPa");                    // 気圧の単位表示
83      display.setCursor(0, 11);                   // 2行目指定
84      display.print("Temp = ");                   // 温度の見出し
85      temp = sensor.readTempC();                  // 温度データ取得
86      display.print(temp, 2);                     // 温度表示
87      display.println("  DegC");                  // 温度の単位表示
88      display.setCursor(0, 22);                   // 3行目
89      display.print("Humi  = ");                  // 湿度の見出し
90      humi = sensor.readFloatHumidity();          // 湿度データ取得
```

109

```
91      display.print(humi, 2);                    // 湿度表示
92      display.println("  %RH");                   // 湿度の単位表示
93      display.display();                          // 表示実行
94    }
95    // **** リッスンモード開始 *****
96    WiFiClient client = server.available();       // 接続あり
97    // 送受信繰り返し
98    while(client) {                               // 受信ありの場合
99      i = 0;                                      // インデックスリセット
100     do{
101       while(!client.available());               // 受信ありの間繰り返す
102       c = client.read();                         // 1バイト受信
103 //    Serial.write(c);                           // モニタへ出力
104       currentLine[i++] = c;                      // バッファへ格納
105     }while(c != 'E');                            // E文字受信で完了
```

次のリスト-3は受信した文字列[*]の処理部です。

受信データの2文字目が文字「C」か文字「T」で分岐しています。文字「C」の場合は、LEDの制御コマンドなので、3文字目の1、2、3、4で分岐して、それぞれLED1、LED2、LED3、LED4に対して4文字目の0か1でオフかオンの制御を実行しています。さらに制御の結果の状態を一括でJSONフォーマットにして送り返しています。これでNode-RED側のオンオフ表示[*]を更新しています。

文字「T」の場合はセンサの計測データの要求なので、計測結果のデータをJSONフォーマットにして送り返しています。これでNode-RED側の計測値表示を更新しています。このとき気圧データは10で割ってkPa単位に変更[*]しています。

処理終了でクライアントとの接続をクローズして次の受信に備えます。アクセスポイントとの接続はそのままとしています。

リスト 3 例題のスケッチ 受信データ処理部

```
106   //**** 文字列の処理  ****
107   switch(currentLine[1]){                       // バッファ2文字目で分岐
108     // LED制御コマンドの場合
109     case 'C':
110       switch(currentLine[2]){                   // 3バイト目の文字で分岐
111         case '1':                               // 1の場合LED1制御
112           if(currentLine[3] == '1') digitalWrite(LED1, HIGH);
113           else digitalWrite(LED1, LOW);
114           break;
115         case '2':                               // 2の場合LED2制御
116           if(currentLine[3] == '1') digitalWrite(LED2, HIGH);
117           else digitalWrite(LED2, LOW);
118           break;
119         case '3':                               // 3の場合LED3制御
120           if(currentLine[3] == '1') digitalWrite(LED3, HIGH);
121           else digitalWrite(LED3, LOW);
122           break;
123         case '4':                               // 4の場合LED4制御
124           if(currentLine[3] == '1') digitalWrite(LED4, HIGH);
125           else digitalWrite(LED4, LOW);
126           break;
127         default: break;
128       }
```

コマンドはすべて文字列で、「SCxyE」か「STE」となる。
xは1から4、yは0か1

ボタンの背景色を変えている

温湿度と同じグラフに表示できるようにするため値の範囲を合わせた

```
129        // 制御結果の一括返信
130        state1 = digitalRead(LED1) == 0 ? '0' : '1';
131        state2 = digitalRead(LED2) == 0 ? '0' : '1';
132        state3 = digitalRead(LED3) == 0 ? '0' : '1';
133        state4 = digitalRead(LED4) == 0 ? '0' : '1';
134        // JSONフォーマットで返信
135        sprintf(State, "{¥"D1¥":%c, ¥"D2¥":%c, ¥"D3¥":%c, ¥"D4¥":%c}",state1, ⏎
              state2,state3,state4);
136        client.write(State, strlen(State));
137        break;
138      // センサ計測コマンドの場合
139      case 'T':
140        // 3個のデータをJSONフォーマットで送信
141        sprintf(Env, "{¥"Pres¥":%3.2f, ¥"Temp¥":%2.2f, ¥"Humi¥":%2.2f}",pres/10, ⏎
              temp ,humi);
142        client.write(Env, strlen(Env));
143        break;
144      default:
145        break;
146    }
147    // 送受信終了　APとの接続は保持
148    client.stop();
149  }
150 }
```

5 パソコン側のプログラムの製作

次はパソコン側のNode-REDのフロー製作をします。

まず操作画面のダッシュボードは図-6のようにしました。

●**図-6　Node-REDのダッシュボードの外観**

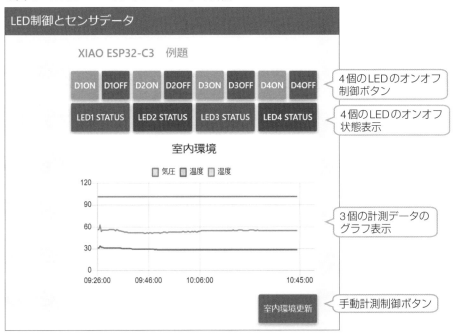

最上段のボタンは4個のLEDのオン制御とオフ制御のボタンで、これをクリックするとLEDが点灯あるいは消灯します。折り返しの一括状態のデータで2列目のSTATUSボタンの背景色を変更しています。オンの場合赤、オフの場合緑としています。

さらに30秒ごとの計測要求、または手動計測制御ボタンにより、返送される3個の計測データを折れ線グラフで表示しています。気圧は温湿度と同じY軸範囲に表示できるようにkPa単位*としています。

このダッシュボードを実現するNode-REDの全体フローが図-7となります。

最上段にある「tcp request」ノード*で、buttonノードのLED制御ボタンか、計測要求ボタンから送られる文字列データ*をTCPでサーバに送信し、返送される文字列データを受信したら、次のjsonノードに送ります。jsonノードではJSON形式のテキストをNode-REDで使えるJSONオブジェクトに変換しています。

JSONオブジェクトになったLEDの状態データは、switchノードでLEDごとに分離し、changeノードでオンかオフで赤か緑の色指定に変換されて状態表示用のbuttonノードに送られます。これで状態表示ボタンの背景色を指定された色にします。

また3個の計測データの場合は、それらをまとめて1個の折れ線グラフとして表示します。

（左余白注）
hPa単位の1/10となる

ここのIPアドレスはXIAOで出力されたIPアドレスを指定する

コマンドはすべて「SCxyE」か「STE」という文字列とした

●図-7　Node-REDの全体フロー図

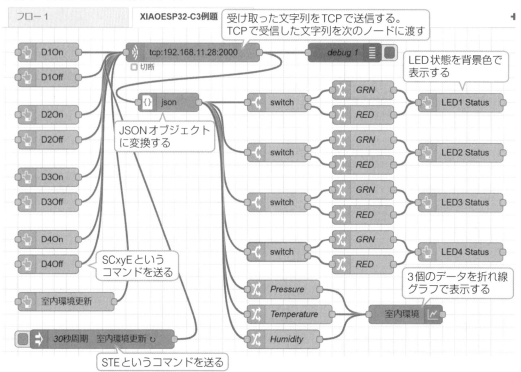

このフローの各ノードの設定は図-8、図-9、図-10となっています。

図-8は「tcp request」ノードに送るコマンドを生成する部分で、LEDの制御ボタン

をクリックすると「SCxyE」という文字列が送られます。xがLEDの番号で1から4の文字、yが制御指示で0がオフ、1がオンとなります。またinjectノードで30秒ごとか、室内環境更新ボタンクリックかにより、計測要求コマンド「STE」という文字列が送られます。

これらの文字列を受け取ったtcp requestノードは、TCP通信でサーバ（XIAO）に送信します。

●図-8　コマンドのTCP送信

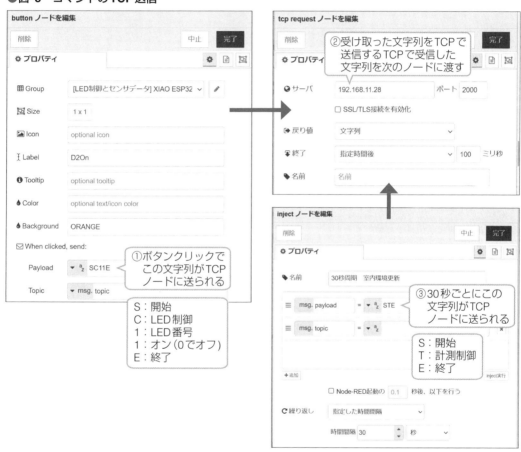

図-9がLED制御により、返信データとして受信される各LEDの状態を処理する部分です。

受信したデータからswitchノードでLEDごとの状態データを取り出し、状態のオンかオフで分岐します。分岐ごとにchangeノードで色指定に変更して次のbuttonノードに送ります。buttonノードは受け取った色データで背景色を変更しています。これでオンの場合はRED、オフの場合はGREENの背景色となります。

●図-9 TCP受信データ処理 ボタンの状態表示

次の図-10は、折れ線グラフを作成する部分です。

switchノードで3個のデータごとにデータを分離して取り出し、それぞれにtopicデータを追加して次のchartノードに送ります。topicには気圧、温度、湿度という各データの名前を設定しています。

これらを受け取ったchartノードでは、3個のデータをまとめて一つの折れ線グラフに表示します。topicにより区別されて表示され、それぞれの線の色も指定できます。Y軸が左側の一つだけなので、同じ値の範囲で3個のデータが表示できるように、気圧をkPa単位としてhPa単位の1/10として表示するようにしています。これでY軸を0から120とすれば3個がすべて同じ座標の中に表示できます。

●図-10 受信データ処理 計測データのグラフ表示

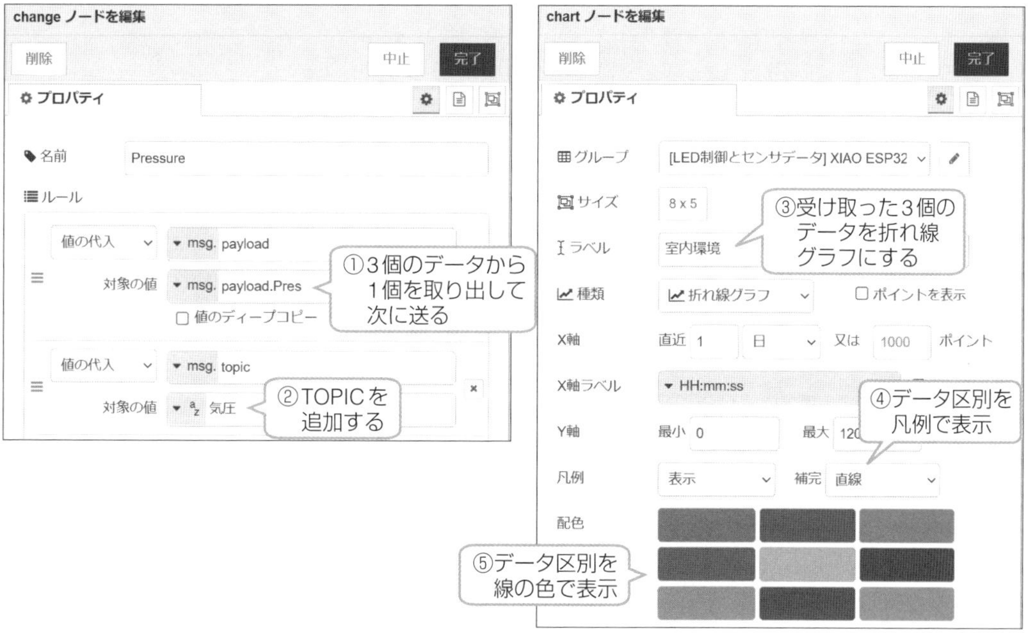

以上でパソコン側のNode-REDのフローが完成します。

Node-REDですので、タブレットやRaspberry Piでも実行させることができます。Windowsマシンだけでなく、Linuxマシンでも問題なく使うことができます。

2-4-3 Wi-Fiでラズパイ Pico W とパソコンを接続したい

本項ではラズパイPico Wが内蔵しているWi-Fi機能を使って、パソコンとWi-Fiで接続する方法を説明します。

ラズパイPico WのプログラムはMicroPythonで作成し、パソコン側のプログラムはNode-REDで作成するものとします。

1 例題の全体構成

本項の例題は、図-1のようにしました。ラズパイPico Wに複合センサをI²Cで接続します。

ラズパイPico Wをサーバとし、パソコン側をクライアントとして、パソコンから定期的にデータ要求を送信し、Pico側からセンサ計測データを返送することにします。Wi-Fiを使ったTCP通信で接続するものとします。

●図-1　例題の全体構成

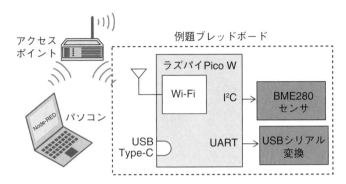

2 ハードウェアの製作

　このハードウェアは2-1-5項で使ったものと同じで、図-2の外観となります。本項ではUSBシリアル変換は使わずに、Pico内蔵のWi-Fi機能を使います。

●図-2　完成した例題のハードウェア

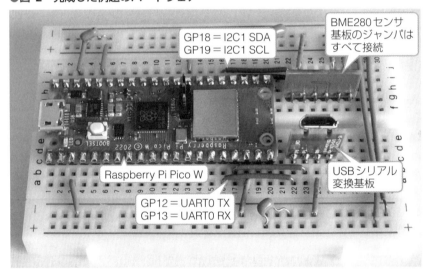

3 プログラムの製作

　ラズパイPico Wのプログラムは、Thonnyを使ってMicroPythonで作成します。

　2-1-5項と同じようにBME280のライブラリを追加してから、作成したプログラムがリスト-1、リスト-2となります。ネットワーク関連のライブラリはMicroPythonに標準実装されているのでインクルードするだけです。

　宣言部では必要なライブラリのインクルードをしたあと、センサのインスタンスを生成し、ネットワークのSSIDとパスワード*を定義しています。

　続いてアクセスポイントとのWi-Fi接続を開始します。connect関数で接続要求をしたら、接続できるまで待ちます。3秒間隔でメッセージをシリアルモニタに出力

読者の環境に合わせて
変更する

116

しています。10回繰り返しても接続できなかった場合はエラーとしています。

　接続できたらIPアドレスをモニタへ出力後、ポートを2000でソケットをオープンしてサーバとしての機能を開始します。基本リスンモードとして常時クライアントからの接続待ちとなります。

リスト　1　例題のプログラム（Wi-Fi_IoT_Basic.py）　宣言部と初期化部

```
1   #********************************
2   #  Raspberry Pi Pico Wi-Fi Test
3   #  BME280 のデータを送信
4   #  PC側はNodeREDで30秒ごとにデータ要求
5   #********************************
6   from machine import Pin, I2C, Timer
7   from bme280 import BME280
8   import time
9   import network
10  import socket
11  #BME280 Sensor設定
12  i2c = I2C(1, sda=Pin(18), scl=Pin(19) )
13  bme = BME280(i2c=i2c)
14  #Wi-FiのSSIDとパスワード設定
15  ssid = 'Buffalo-?????'
16  password = '7tb7ksh?????'
17
18  #***** 初期設定 ************************
19  #Wi-Fi接続開始
20  wlan = network.WLAN(network.STA_IF)
21  wlan.active(True)
22  wlan.connect(ssid, password)
23  # WiFi接続完了待ち　3秒間隔
24  max_wait = 10
25  while max_wait > 0:
26      if wlan.status() < 0 or wlan.status() >= 3:
27          break
28      max_wait -= 1
29      print('waiting for connection...')
30      time.sleep(3)
31  # 接続失敗の場合
32  if wlan.status() != 3:
33      raise RuntimeError('network connection failed')
34  else:
35      print('Connected')
36      status = wlan.ifconfig()
37      print( 'ip = ' + status[0] )
38  # 接続成功、ソケットをオープンし、クライアント接続待ち
39  addr = socket.getaddrinfo('0.0.0.0', 2000)[0][-1]
40  s = socket.socket()
41  s.bind(addr)
42  s.listen(1)
43  print('listening on', addr)
```

　リスト-2がメインループです。クライアント（ここではパソコン側）から接続要求があったら接続し、クライアントのインスタンスを生成します。そして、送られてくる文字列を受信します。受信した文字列をモニタに出力してから、文字列の処理を実行します。ここでは「STE」と文字列が送られてくるものとして処理しています。

センサから3種のデータを読み出し、それをJSON形式に編集して一括で返送してクローズしています。モニタにも同じメッセージを出力しています。

リスト 2 例題のプログラム メインループ部

```
45  #******* メインループ ************************
46  while True:
47      try:
48          # クライアント接続、メッセージ受信
49          cl, addr = s.accept()
50          print('client connected from', addr)
51          #メッセージ受信しバイトから文字列に変換
52          request = cl.recv(64)
53          print(request)
54          rcv = request.decode('utf8')
55
56          # センサ計測コマンド(STE)の場合
57          if(rcv[1] == 'T'):
58              #BME280からデータ取得、補正変換
59              tmp = bme.read_compensated_data()[0]/100
60              pre = bme.read_compensated_data()[1]/256000
61              hum = bme.read_compensated_data()[2]/1024
62              Env = "{¥"Pres¥":"+str(pre)+",¥"Temp¥":"+str(tmp)+",¥"Humi¥":"+str(hum)+"}"
63              print(Env)
64              #クライアントに返送
65              cl.send(Env)
66          cl.close()
67      except OSError as e:
68          cl.close()
69          print('connection closed')
```

これで正常な動作の場合のモニタ出力は、図-3のようになります。

最初はアクセスポイントとの接続待ちメッセージで、3回つまり9秒待ったことになります。接続したときの自分のIPアドレスを表示しています。このIPアドレスをパソコン側のNode-REDで使います。

続いて30秒ごとのパソコンからの接続があり、送信要求とそれに対する返送メッセージが表示されています。

●図-3 Thonnyのモニタのメッセージ例

```
Shell ×
>>> %Run -c $EDITOR_CONTENT

MPY: soft reboot
waiting for connection...
waiting for connection...
waiting for connection...
Connected
ip = 192.168.11.31
listening on ('0.0.0.0', 2000)
client connected from ('192.168.11.2', 63970)
b'STE'
{"Pres":100.9032,"Temp":28.2,"Humi":62.08789}
client connected from ('192.168.11.2', 63971)
b'STE'
{"Pres":100.9086,"Temp":27.65,"Humi":62.93457}
```

4 パソコン側のプログラム製作

　パソコン側のプログラムはNode-REDで製作します。製作したフロー図が図-4となります。30秒ごとにTCP送信のトリガをかけ、データ要求の文字列「STE」を送信し、折り返しの受信をします。受信したデータがJSON形式なので、それをノードで使えるオブジェクトに変換してから、changeノードで3種のデータに振り分けています。

　振り分けたデータをgaugeとchartでグラフ化してDashboardに表示しています。

●図-4　Node-REDのフロー図

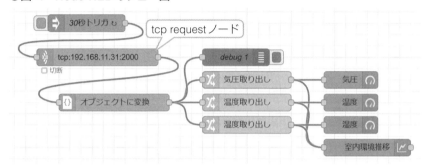

　30秒トリガのinjectノードとtcp requestノードの設定内容が図-5となります。

　injectノードでは30秒ごとに文字列「STE」を送信します。tcp requestノードでは、「192.168.11.31」のIPアドレス、つまりラズパイPicoとTCPで接続し、送受信を実行します。ポート番号はPico側と同じ2000としています。

●図-5　ノードの設定　injectとtcp request

　gaugeノードでは図-6のように、3種ごとに分けられたデータをゲージグラフで表示します。このgaugeは気圧表示用ですが、小数の桁数を制限して表示するように設定しています。値の大きさにより色や色の濃さを変えていますが、ここは好みで適当に変えて下さい。

●図-6　gaugeノードの設定

以上のNode-REDのフローで表示されるダッシュボードの表示例が図-7となります。

●図-7　ダッシュボードの表示例

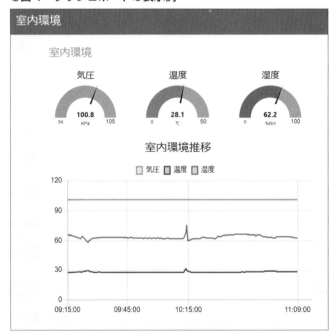

2-4-4 Wi-Fiでマイコンとパソコンを接続したい

PICマイコンからWi-Fi通信を使ってパソコンと接続し、センサデータを送信してみます。通信にはTCP通信を使います。

1 例題の全体構成

例題としての構成は図-1のようにしました。Curiosity HPCボードのmikroBUSにWi-Fi ClickボードとWeather Clickボードを実装し、Weather ClickボードのBME280センサのデータを1分間隔でWi-Fiでパソコンに送信します。パソコン側はNode-REDを使ってこれをグラフ化します。

またWi-Fiモジュールからの送信データをUSBシリアル変換で取り出し、パソコンのTeraTermで表示することで、Wi-Fi通信のモニタをします。これでプログラムのデバッグができます。

●図-1 例題の全体構成

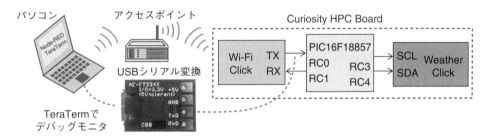

ハードウェアの外観が図-2となります。Curiosity HPCボードと二つのmikroBUSに実装したWeather ClickボードとWi-Fi Clickボードだけの構成となります。

●図-2 例題のハードウェアの外観

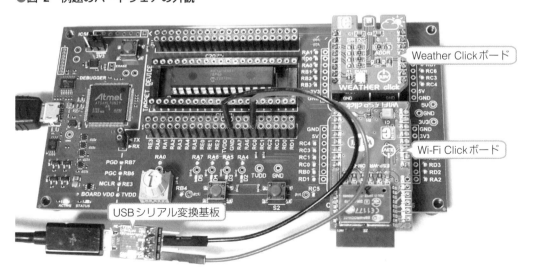

2 マイコン側プログラムの製作

マイコン側のプログラムはHPCボードのPIC16F18857で動作させるC言語のプログラムとなりますから、MPLAB X IDE V6.15とMCCを使って製作します。プロジェクト名を「MCU_WiFi」として作成します。System Moduleの設定では内蔵クロックで32MHzとします。

MCCで追加したモジュールが図-3となります。Wi-Fiモジュールを制御するためのEUSARTと、Weatherモジュールを制御するためのMSSP1（I2C Master）と、Weather用ライブラリとなります。

●図-3 MCCで追加したモジュール

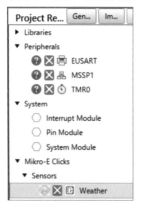

ここでWeatherライブラリを追加すると、MSSP1モジュールが自動的に追加され、設定も終わっています。またWeatherライブラリの設定は何も必要ありません。

残りはEUSARTモジュールの設定で、図-4となります。

●図-4 EUSARTの設定

まず通信速度を115200bpsとし、割り込みを有効化した上で、バッファサイズを大きめに設定します。特に受信のほうはWi-Fiモジュールから多くのデータが送られてきますので、大きめのサイズとしています。

次がタイマ0の設定で図-5となります。1分周期のインターバルタイマとし割り込みを有効化します。タイマ0はPrescalerが大きな値が設定できるので、長い時間の生成が可能です。

●図-5　タイマ0の設定

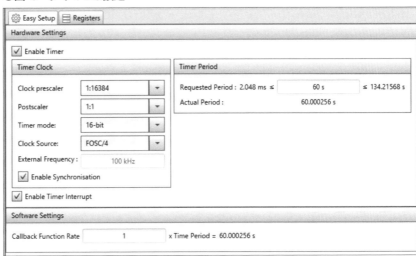

最後は入出力ピンの設定で、図-6となります。EUSART、MSSP1のピン指定と、LED、スイッチの指定となります。スイッチは未使用です。LEDはデバッグの目印用として使います。

●図-6　入出力ピンの設定

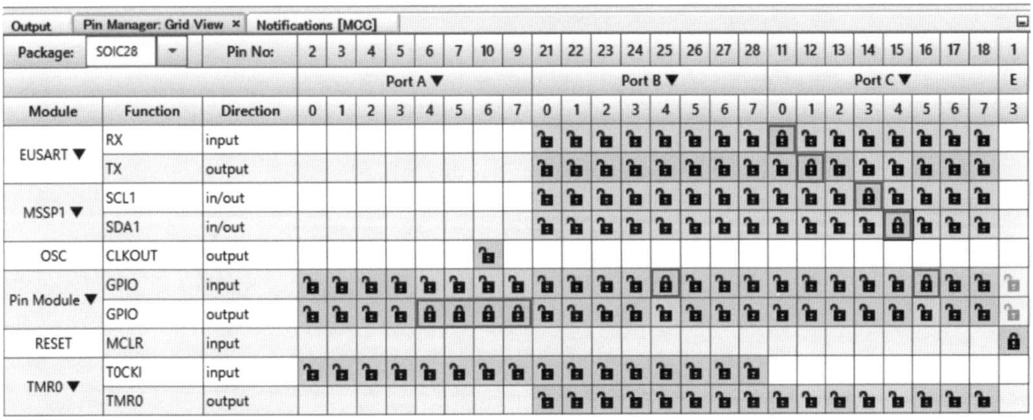

Module	Function	Direction
EUSART ▼	RX	input
	TX	output
MSSP1 ▼	SCL1	in/out
	SDA1	in/out
OSC	CLKOUT	output
Pin Module ▼	GPIO	input
	GPIO	output
RESET	MCLR	input
TMR0 ▼	T0CKI	input
	TMR0	output

Package: SOIC28　Pin No: 2 3 4 5 6 7 10 9 21 22 23 24 25 26 27 28 11 12 13 14 15 16 17 18 1

Port A ▼　Port B ▼　Port C ▼　E
0 1 2 3 4 5 6 7　0 1 2 3 4 5 6 7　0 1 2 3 4 5 6 7　3

Pin Managerの設定

Pin Name ▲	Module	Function	Custom Name	Start High	Analog	Output	WPU	OD	IOC
RA4	Pin Module	GPIO	D2	☐	☐	☑	☐	☐	none ▼
RA5	Pin Module	GPIO	D3	☐	☐	☑	☐	☐	none ▼
RA6	Pin Module	GPIO	D4	☐	☐	☑	☐	☐	none ▼
RA7	Pin Module	GPIO	D5	☐	☐	☑	☐	☐	none ▼
RB4	Pin Module	GPIO	S1	☐	☐	☐	☑	☐	none ▼
RC0	EUSART	RX		☐	☐	☐	☐	☐	none ▼
RC1	EUSART	TX		☐	☐	☑	☐	☐	none ▼
RC3	MSSP1	SCL1		☐	☐	☐	☐	☐	none ▼
RC4	MSSP1	SDA1		☐	☐	☐	☐	☐	none ▼
RC5	Pin Module	GPIO	S2	☐	☐	☐	☑	☐	none ▼

Easy Setup / Registers
Selected Package : SOIC28

以上で設定は完了ですので、[generate]してコードを生成します。

生成された関数を使って作成したプログラムがリスト-1、リスト-2、リスト-3となります。

リスト-1は宣言部で、必要なファイルをインクルードし、変数とパソコンに送信するメッセージを定義しています。あとはタイマ0のCallback関数で、ここではFlag変数に1を代入しているだけです。

リスト　1　例題のプログラム（MCU_WiFi.X）　宣言部

```
1   /*******************************************
2    *　TCPでパソコンにデータ送信
3    *　1分間隔で温湿度　気圧を送信
4    *******************************************/
5   #include "mcc_generated_files/mcc.h"
6   #include "mcc_generated_files/weather.h"
7   #include <string.h>
8   /* グローバル変数、定数定義 */
9   double pres, temp, humi;
10  int Flag;
11  char Buf[64], Rcv[256], CIP[32];
12  // サブ関数プロト
13  void SendStr(char *str);
14  void SendCmd(char *str);
15  bool getResponse(char *word);
16  /***** タイマ0割り込み処理関数******/
17  void TMR0_Process(void){
18      Flag = 1;
19  }
```

次のリスト-2がメイン関数部です。タイマ0のCallback関数を定義してから割り込みを許可してメインループに進みます。

メインループではFlag変数をチェックし、1になっていたら先に進みます。これで1分ごとに以下が実行されることになります。

まずセンサから三つのデータを読み出し変数に代入します。次にパソコンに送信するJSON形式の文字列データに変換します。

この後送信を開始し、まずアクセスポイントに接続します。アクセスポイントのSSIDとパスワードは読者の環境に合わせて下さい。接続できるまで繰り返します。

アクセスポイントの接続ができたら続いてパソコンと接続します。パソコンのIPアドレスとポート番号9000で接続しますが、ここでも接続できるまで繰り返します。

接続できたらセンサデータを送信し、完了したら接続を切断して終了します。このパソコンのIPアドレス*は読者の環境に合わせて下さい。

• • • • • • • • • • • • • • • •
コマンドプロンプトで
ipconfig コマンドを入
力すれば調べられる

リスト　2　例題のプログラム　メイン関数部

```
21  /******* メイン関数 *****************/
22  void main(void)
23  {
24      SYSTEM_Initialize();
25      TMR0_SetInterruptHandler(TMR0_Process);
26      INTERRUPT_GlobalInterruptEnable();
27      INTERRUPT_PeripheralInterruptEnable();
28      Flag = 1;                                    // 開始フラグオン
29      /**** メインループ *********/
30      while (1)
31      {
32          if(Flag == 1){                           // フラグ待ち  5分周期
33              Flag = 0;                            // フラグリセット
34              /** センサデータ読み出し  文字列変換 **/
35              Weather_readSensors();
36              // BME280 センサからデータ読み出し
37              pres=Weather_getPressureKPa();        //kPa
38              temp=Weather_getTemperatureDegC();
39              humi=Weather_getHumidityRH();
40              sprintf(Buf, "{¥"Pres¥":%4.1f,¥"Temp¥":%2.1f,¥"Humi¥":%2.1f}",pres, ↩
                    temp, humi);
41              /****** 送信開始 *********/
42              D2_SetHigh();                        // 目印オン
43              SendCmd("AT+CWMODE=1¥r¥n");           // Station mode
44              /*** アクセスポイントと接続  ****/
45              do{
46                  SendStr("AT+CWJAP=¥"Buffalo-G-????¥",¥"7tb7ksh????¥"¥r¥n");
47                  __delay_ms(4000);
48              }while(getResponse("GOT IP")==false);  // GOT IP が返るまで繰り返し
49              /** PC と接続 送信 **/
50              do{
51                  SendCmd("AT+CIPSTART=¥"TCP¥",¥"192.168.11.2¥",9000¥r¥n");
52              }while(getResponse("CONNECT") == false);
53              sprintf(CIP, "AT+CIPSEND=%d¥r¥n", strlen(Buf)); // 送信文字数セット
54              SendCmd(CIP);                        // 文字数送信
55              SendCmd(Buf);
56              /** 終了処理 **/
57              SendCmd("AT+CWQAP¥r¥n");              // AP接続解除
58              D2_SetLow();                         // 目印オフ
59          }
60      }
61  }
```

　最後のリスト-3はサブ関数部で、EUSARTの送信関数と、Wi-Fiからの応答をチェックする関数があります。SendCmd関数では文字列送信後、応答を待つため1秒間の遅延を挿入しています。この間で応答を無視します。

　getResponse関数では、Wi-Fiからの応答をいったんバッファに格納し、バッファの中に指定した文字列があるかどうかを検索します。検出できたらtrueをできなかったらfalseを返します。

リスト　3　例題のプログラム　サブ関数部

```
62  /********************************
63   *  WiFi 文字列送信関数
64   ********************************/
65  void SendStr(char *str){
66      while(*str != 0)
67          EUSART_Write(*str++);
68  }
69  void SendCmd(char *cmd){
70      while(*cmd != 0)
71          EUSART_Write(*cmd++);
72      __delay_ms(1000);
73  }
74  /*********************************************
75   *  Wi-Fi コマンド応答待ち
76   *  指定された応答を確認する
77   *********************************************/
78  bool getResponse(char *word){
79      char a, flag;
80      uint16_t j;
81
82      j = 0;                          // インデックスリセット
83      flag = 0;                       // 文字列発見フラグリセット
84      /** 受信実行 全部受信 ****/
85      while(EUSART_is_rx_ready() == true){// 受信データありの場合
86          a = EUSART_Read();;         // 受信データ取得
87          if(a == '\0') continue;     // 0x00は省く
88          Rcv[j] = a;                 // 受信バッファに追加
89          if(j<254)                   // 254文字以上は無視
90              j++;                    // 次のバッファへ
91          Rcv[j] = 0;                 // 文字列終わりのフラグ
92      }
93      // 受信データ内検索
94      if(strstr(Rcv, word) != 0)      // 文字列検索
95              flag = 1;               // 文字列発見フラグオン
96      return(flag);
97  }
```

　これでマイコン側のプログラムは完成です。マイコンに書き込んで実行します。
　デバッグ用に用意したUSBシリアル変換のTeraTermの出力例が図-7となります。この例ではアクセスポイントとの接続は1回目でできていますが、パソコンとの接続には3回かかっていることがわかります。接続後38バイトのデータを送信し、完了で切断していることがわかります。

●図-7　デバッグ用のTeraTermの出力例

```
AT+CWMODE=1

OK
AT+CWJAP="Buffalo-G-6370","7tb7ksh8i44bc"
WIFI CONNECTED
WIFI GOT IP
AT+CIPSTART="TCP","192.168.11.2",9000
busy p...
AT+CIPSTART="TCP","192.168.11.2",9000
busy p...

OK
AT+CIPSTART="TCP","192.168.11.2",9000
CONNECT

OK
AT+CIPSEND=38

OK
>
Recv 38 bytes

SEND OK
AT+CWQAP

OK
CLOSED
WIFI DISCONNECT
```

3 パソコン側のNore-REDのフロー製作

パソコン側のNode-REDの全体フローが図-8となります。実はこのフローは、2-2節で作成したものと同じとなっています。

●図-8　Node-REDの全体フロー

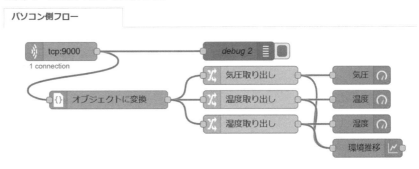

設定はtcp inノードの設定が図-9となります。ポート番号に「9000」と記入し、出力を文字列とします。

●図-9 tcp inノードの設定

次に気圧用のchangeノードの設定が図10となります。入力のpayloadからPres
のデータだけを取り出します。温度、湿度のchangeノードも同様にTempとHumi
を設定します。

●図10 changeノードの設定

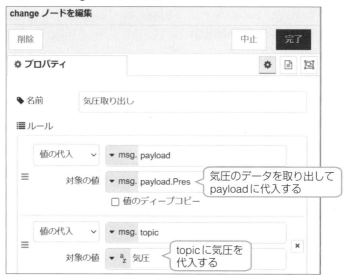

次がgaugeとchartノードの設定で図-11となります。gaugeノードはグループや
タブ、表示の名前と値の範囲と単位を入力します。chartノードの設定では縦軸の
値の範囲と線の色、凡例の表示を指定します。気圧は100を超えるのでY軸の値は0
から120としています。

●図-11　表示系ノードの設定

以上の設定でデプロイしてマイコンからのデータ受信を待ちます。しばらくデータを受信した結果のDashboardの表示が図-12となります。

●図-12　動作結果のデータ表示例

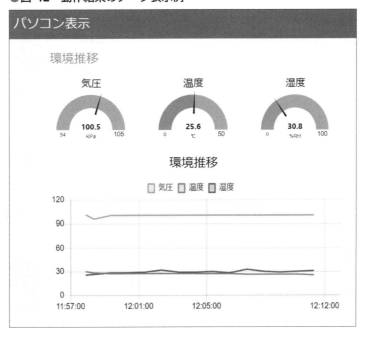

2-5 LoRaを使いたい

2-5-1 LoRa通信とは

1 LoRa通信の位置づけ

LoRaはLPWA（Low Power Wide Area）の1種で、米国のSematic社が策定した無線通信方式です。無線変調方式に特徴があり、微弱な信号でも通信ができ、低消費電力で長距離通信が可能となっています。

IoT用の無線規格を、筆者の独断で通信距離と消費電力で大雑把に分類すると、図-1のようになります。この中でLoRa通信を含めたLPWA規格は、消費電力と通信距離でかなり特徴のある位置づけになるかと思います。

●図-1 IoT向け無線規格の比較

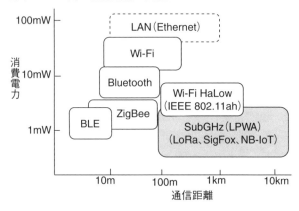

いずれの通信規格も、通信速度により通信距離が大きく変わります。LoRaは遠距離通信と低消費電力両方を可能にする代わり、通信速度※はあまり高速ではありません。

通信距離は見通しの良い環境であれば、数kmまで可能といわれていますが、通信速度とアンテナ高さなどにより大きく変動します。

国内では920MHz帯が使われているため、特定小電力無線局の扱いとなりますから、免許の取得が不要となっています。

※ 数10kbps以下となる

2 LoRa機器とLoRaWAN

LoRaWANは、LoRaの変調方式を採用したデバイスからゲートウェイまでの通信方式、制御方式を定めたプロトコル仕様のことで、図-2のような構成が基本構成となっています。この仕様はLoRaアライアンスが策定していてオープンソースとして公開されています。

LoRa通信が使われるのはEnd NodeとGateway間で、非常に多くのEnd Nodeを接続することを基本概念としています。しかもメーカが異なるEnd Nodeでも接続できることを目標としています。

● 図-2　LoRaWANの基本構成（LoRa Allianceより）

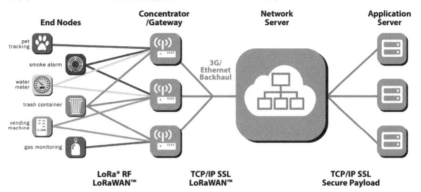

LoRaWANに対して、LoRaの変調方式の物理層だけを使ったデバイスを「LoRa通信機器」と呼んでいます。本書で使ったLoRaモジュールも、このLoRa通信機器に分類され、同じモジュール間での通信が基本となっています。

これらのモジュールの多くが、外部インターフェースがTTLのUARTとなっていて、マイコンなどに簡単に接続できるのが特徴です。コマンドにより多くの設定ができますが、単純なUART-LoRa変換器としても使えます。

3 無線通信とフレネルゾーン

無線通信で言われる通信可能距離というのは、多くが「見通し環境」ということになっています。無線電波が空間を飛ぶときには、図-3のように、ラグビーボール状に拡がって行くわけですが、この空間を「フレネルゾーン」と呼んでいます。

見通し通信とは、このフレネルゾーンの中に障害物が無いという条件となっています。フレネルゾーンの半径は図中の式で求めることができ、周波数と送受信間の距離で決まります。

ここで例えば、920MHz帯で距離とフレネルゾーンの関係を図で示すと、図-3のようになります。このフレネルゾーンが地上から邪魔されないようにするには、アンテナを半径以上の高さにする必要があるということになります。例えば500mの距離を確保するには、アンテナ高さが6.4m以上必要ということになります。

つまり、通信距離はアンテナの高さに大きく影響されるということです。LoRa通信でも、数kmの通信距離を確保するためには、15m以上の高さにアンテナを位置させなければならないことになります。さらにこの中に障害物が無いという条件が必要となります。

市街地でLoRaを使う場合には、15mの高さはビルの屋上同士でもない限り確保できませんから、数kmという通信距離はまず困難ということになります。

●図-3　アンテナと高さとフレネルゾーン

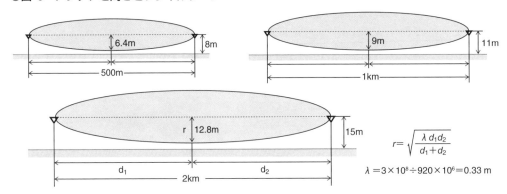

$$r = \sqrt{\frac{\lambda\, d_1 d_2}{d_1 + d_2}}$$

$$\lambda = 3 \times 10^8 \div 920 \times 10^6 = 0.33 \text{ m}$$

(注) フレネルゾーンが100%確保できている場合の通信距離

2-5-2　LoRaモジュールを使いたい

　　LoRa無線通信を簡単に使えるようにしたLoRaモジュールが市販されているので、これを使って試してみます。使ったLoRaモジュールは、クレアリンクテクノロジー社のE220-900T22S（JP）-EV1というLoRa通信用の評価ボードです。

1 例題の全体構成

　　ここではLoRa無線で可能な通信距離を試すことを目的として、図-1のように親機と子機とも小型のブレッドボードに実装し持ち歩きができるようにしました。制御は8ピンのPICマイコンで行います*。

　　図-1の構成で、送信側から一定間隔でカウント値を送信し、受信側ではそれを受信して液晶表示器に表示するという機能としました。これで受信側を持ち歩いてカウント値が正常にカウントするかどうかで無線通信が届いているかどうかを判定することにしました。

本項と次項は、送信側・受信側ともにCuriosity HPCボードを使わず必要な機材のみで構成している。書き込みにはPICkit4などのプログラマが必要となる

●図-1　例題の全体構成

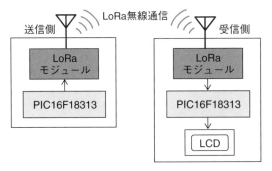

2 LoRaモジュールの外観と仕様

　今回使用したLoRaモジュールの外観と仕様は図-2のようになっています。M0とM1をGNDに接続したモード0の動作モードでは、トランスペアレントモードとなって、このLoRaモジュール同士でUARTからの送受信データが、そのままLoRa無線通信で送受信されます。したがってこの使い方では特に設定する項目はありませんので、簡単に使うことができます。

●図-2　LoRaモジュールの外観と仕様

仕様
- ・型番　　　：E220-900T22S（JP）-EV1
- ・通信規格　：LoRa 無線
- ・無線周波数：920MHz
- ・電源　　　：3.3V 〜 5.5V
- ・アンテナ　：SMA コネクタ
　　　　　　　　別途 LoRa アンテナ
- ・I/F　　　 ：UART 3.3V TTL
　　　　　　　　9600bps（デフォルト）

ピン	信号
1	M0（GND 接続）
2	M1（GND 接続）
3	RXD
4	TXD
5	AUX（Status）
6	VCC
7	GND

3 送信側ハードウェアの製作

　送信側の回路図*が図-3となります。8ピンのPICマイコンにLoRaモジュールを接続しただけとなります。電源は持ち歩きを考えて単3電池で供給することにしました。

回路図のICSPは
InCircuit Serial
Programmingの略で、
基板に実装しながら
プログラムを書き込
む方式。この端子に
PICkit4などを接続し
て書き込む

●図-3　LoRa無線送信側の回路図

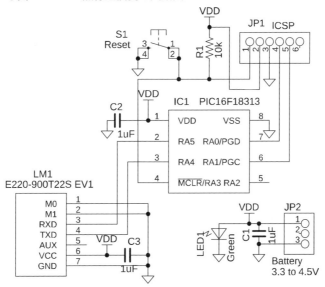

　この回路をブレッドボードで組み立てます。組み立て完了したところが図-4とな
ります。簡単な回路ですから問題なくできると思います。電源とGNDの渡り配線
を忘れないようにして下さい。電池接続用のヘッダピンには3ピンを使って、中の
ピンは空きとしています。

●図-4　LoRa無線送信側の組み立て完了した外観

4 送信側のプログラム作成

　PICマイコンのプログラムですから、C言語で作成します。MPLAB X IDE V6.15
とMCC*を使って作成します。MCCの設定では次の項目を設定します。プロジェク
ト名を「LoRaCenter」とし、デバイスをPIC16F18313として作成します。

　System Moduleの設定では、クロックとコンフィギュレーションの設定で、ここ
は内蔵クロック（HFINTOSC）の32MHzとしコンフィギュレーションはそのままと
します。

　次はEUSARTの設定で、速度は9600bpsですので設定はすべてデフォルトのまま
とし、唯一［Redirect STDIO to USART］にチェックを入れて標準入出力関数*が使
えるようにします。

　この設定をすると、XC8の標準がC99のままだと、コンパイルエラーになってし
まうので、図-5のようにプロジェクトのPropertyの設定でC90標準に変更します。
手順は次のようにします。

　Projectの「LoRaCenter」を選択後、［File］→［Project Properties（LoRaCenter）］→
［XC8 Global Options］→［C standardでC90選択］→［Apply］→［OK］とします。

　残りが入出力ピンの設定で、EUSARTのTXとRXピンの指定だけとなります。回
路図に合わせて、RXをRA4ピン、TXをRA5ピンに設定します。

　以上の設定で［generate］すればコードが生成されます。その生成された関数群
を使って作成したmain.cのプログラムがリスト-1となります。

MCC：MPLAB Code
Configuratorの 略で
コードの自動生成ツー
ル

printf文が使えるよう
にする

●図-5 C99からC90への変更

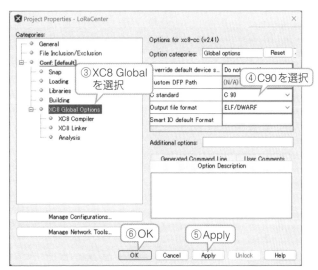

　非常に短いプログラムです。単純にカウントを含んだメッセージをprintf文で送信します。これで受信側の液晶表示器にはカウント値が表示されます。続いて1秒待ってから、¥nを送信します。これで受信側は液晶表示器の表示を消去します。こうすることで毎回いったん表示が消えてから新たなカウント値が1秒間表示されますから、受信側では確実に受信できているかどうかがわかります。

リスト 1　送信側のプログラム（LoraCenter.X）

```
1   /*****************************************
2    *  LoRa通信テスト　送信側
3    *   PIC16F18313
4    *****************************************/
5   #include "mcc_generated_files/mcc.h"
6   int Counter;
7   /***** メイン関数 *******************/
8   void main(void)
9   {
10      SYSTEM_Initialize();
11      /*** メインループ ******/
12      while (1)
13      {
14          printf("CNT=%d", Counter++);    // カウント値送信
15          __delay_ms(1000);
16          putch('¥n');                    // 更新コード送信
17      }
18  }
```

5 受信側のハードウェアの作成

　受信側の回路図が図-6となります。基本は送信側と同じで、液晶表示器を追加しただけになります。この液晶表示器の接続先と、プログラマとが同じピンですので、**プログラム書き込みが終了後、プログラマを外さないと液晶表示器の表示は出ませんので注意が必要です**。

●図-6 受信側の回路図

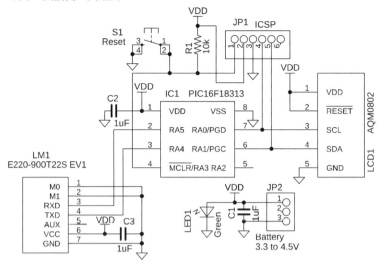

　組み立てが完了した受信側のブレッドボードが図-7となります。液晶表示器の下側に液晶表示器関連の配線があります。

●図-7　完成した受信側のブレッドボード

6 受信側のプログラム作成

　受信側も同じPICマイコンで作成しています。プロジェクト名を「LoRaTerminal」とし、デバイスをPIC16F18313として作成します。プロジェクトが生成されたらMCCを起動し次のように設定します。

　System Moduleの設定では、送信側と同じ内蔵クロック（HFINTOSC）の32MHzとし、コンフィギュレーション設定はそのままです。

　EUSARTの設定は、デフォルトのままで何も設定変更は必要ありません。したがってC標準の変更も必要ありません。

　液晶表示器用のMSSP1の設定はI2Cマスタとし、速度もデフォルトの100kHzのままとします。

　残る入出力ピンの設定は、EUSARTはRXをRA4ピン、TXをRA5ピンとし、MSSP1のSCLをRA0ピン、SDAをRA1ピンとします。

　以上の設定で［generate］し、生成された関数で作成した受信側のプログラムがリスト-2となります。EUSARTから1文字ずつ受信し、¥n以外であれば液晶表示器に表示し、¥nであれば表示を消去しています。

　液晶表示器の制御はライブラリにしているので、詳細は2-1-2項を参照して下さい。

リスト　2　受信側のプログラム（LoRaTerminal.X）

```
1    /**********************************************
2     *  LoRa  通信テスト  受信側
3     *   PIC16F18313 LCD ＋ LoRa
4     **********************************************/
5    #include "mcc_generated_files/mcc.h"
6    #include "mcc_generated_files/examples/i2c1_master_example.h"
7    // 変数定義
8    char rcv;
9    // 液晶表示器　コントラスト用定数
10   #define CONTRAST  0x18              // for 5.0V
11   //#define CONTRAST  0x25            // for 3.3V
12   //関数プロト
13   void lcd_data(char data);
14   void lcd_cmd(char cmd);
15   void lcd_init(void);
16   void lcd_str(char* ptr);
17   /***** メイン関数 ******************/
18   void main(void)
19   {
20       SYSTEM_Initialize();
21
22       lcd_init();                     // LCD初期化
23       lcd_str("LoRaTest");            // 表題表示
24       /****** メインループ ************/
25       while (1)
26       {
27           while(!EUSART_is_rx_ready());  // 受信レディ
28           rcv = EUSART_Read();           // 1バイト受信
29           if(rcv == '¥n')                // 更新コードの場合
30               lcd_cmd(0x01);             // LCD全消去
31           else                           // その他の場合
32               lcd_data(rcv);             // LCDに表示
33       }
34   }
```

7 動作結果

　以上の製作で送信機を2階の窓際に置き、受信機を手持ちでもって歩いたところ、ほぼ直線の見通しのある道路では、300mちょっとまでは確実に受信できますが、それ以上になると時々受信をミスる状態となりました。2-5-1項で説明したフレネルゾーンの関係とほぼ一致する距離となっています。結果的にLoRaで数kmの通信というのは、住宅地や市街地では相当アンテナが高い位置にないと無理という結果になります。

2-6 特定小電力無線を使いたい

2-6-1 特定小電力無線とは

電波法で無線局を開設する場合には、総務大臣の免許を受けなければならないと決められています。しかし、発射する電波が極めて弱い無線局や、一定の条件の無線設備だけを使用していて、無線局の目的、運用が特定されている無線局については、無線局の免許および登録は必要ないことになっています。

特定小電力無線は、この規定に当てはまる無線局の一つです。

特定小電力無線は、規格によって周波数帯、用途、通信の内容、送信時間が決められています。周波数は主に、315MHz帯、400MHz帯、920MHz帯になります。

用途には次のようなものが決められています。

① テレメーター用、テレコントロール用及びデータ伝送用
② 医療用テレメーター用
③ 体内植込型医療用データ伝送用及び体内植込型医療用遠隔計測用
④ 国際輸送用データ伝送用
⑤ 無線呼出用
⑥ ラジオマイク用
⑦ 補聴援助用ラジオマイク用
⑧ 無線電話用
⑨ 音声アシスト用無線電話用
⑩ 移動体識別用
⑪ ミリ波レーダー用
⑫ 移動体検知センサ用
⑬ 人・動物検知通報システム用

本書では、この特定小電力無線を使った無線モジュールで、実際の通信を試してみます。

2-6-2 特定小電力無線モジュールを使いたい

ここでは、一般に市販されている特定小電力無線モジュールを使ってみます。やはり例題で実際の通信が可能な距離を試してみます。

1 例題の全体構成

実際の例題として試した構成が図-1となります。こちらもLoRaの例題と同じように、送信側、受信側いずれも小型のブレッドボードに組み込んで、持ち歩きができるようにしました。また機能もほぼ同じ機能としました。

●図-1　例題の全体構成

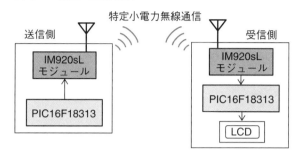

特定小電力無線通信

送信側

IM920sL
モジュール

PIC16F18313

受信側

IM920sL
モジュール

PIC16F18313

LCD

2 特定小電力無線モジュールの使い方

　ここで使用した特定小電力無線モジュールの外観と仕様は図-2のようになっています。電源は3.3Vが使えますし、ワイヤアンテナが実装されていますからそのままで使えます。外部インターフェースはUARTで19.2kbpsとなっています。

　本体は小型ですがコネクタが特殊なので、そのままでは実装が難しいため、一緒に発売されている図-2（b）のような変換基板を使います。この変換基板の足は0.1インチピッチになっているので、そのままブレッドボードに実装することができます。ピン番号の配置が特殊ですので、注意が必要です。

●図-2　特定小電力無線モジュールの外観と仕様

（a）IM920sL 本体の外観と仕様　　　（b）変換基板の外観と仕様

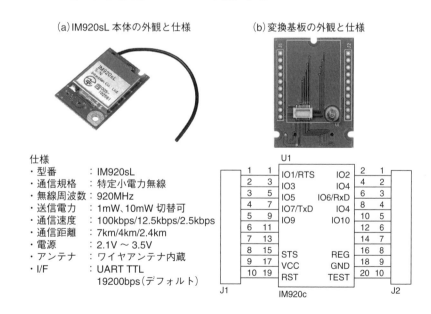

仕様
・型番　　　：IM920sL
・通信規格　：特定小電力無線
・無線周波数：920MHz
・送信電力　：1mW、10mW 切替可
・通信速度　：100kbps/12.5kbps/2.5kbps
・通信距離　：7km/4km/2.4km
・電源　　　：2.1V ～ 3.5V
・アンテナ　：ワイヤアンテナ内蔵
・I/F　　　　：UART TTL
　　　　　　　19200bps（デフォルト）

　変換基板に実装したときの外観とマイコンとの接続方法が図-3となります。マイコンとの接続は単純にTX、RXとRESETだけで問題なく使えます。電源とGNDは必須です。LEDは状態表示用ですからなくても問題ないですが、あれば通信状態がわかりやすくなります。

●**図-3　無線モジュールとマイコンとの接続方法**

(a)変換基板に実装した状態

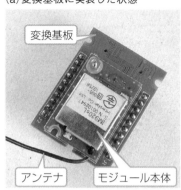

変換基板

アンテナ　　モジュール本体

(b)マイコンとの接続

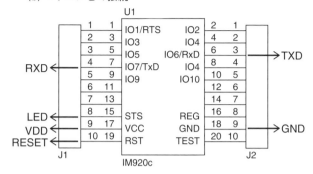

❶モジュールの初期設定

　この通信モジュールを使うには、コマンドでグループ番号とノード番号の初期設定をする必要があります。

　グループ番号とは通信を行うことができる範囲で、同じグループ番号の範囲でしか通信ができません。ノード番号は、グループの中でデバイスを特定する値です。

　この両者をあらかじめデバイスごとに決めて設定する必要があります。次の手順で設定します。

①ノード番号の設定

　別売りのUSBインターフェースボード（図-4）で通信モジュールをパソコンのUSBに接続し、TeraTermなどから次のコマンドを入力する。

```
ENWR¥r¥n        （フラッシュメモリ書き込み許可）
STNN xxxx¥r¥n   （xxxxには0x0001からノード番号を順番に設定する）
               ノード番号0001が親機となる
```

②グループ番号の設定

　親機デバイスを、USB経由でパソコンに接続して次のコマンドを入力すると、親機からグループ番号を連続送信する。リセットで通常の状態に戻る。

●**図-4　別売りUSBインターフェースボード**

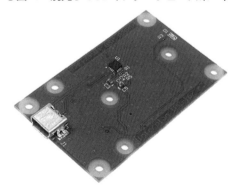

```
STGN¥r¥n
```

　この状態で子機をパソコンにUSBで接続し、次のコマンドを実行すれば、子機にグループ番号が自動的に設定される。

```
ENWR¥r¥n （フラッシュ書き込み許可）
STGN¥r¥n （GRNOREGDの応答で正常終了）
```

　以上で準備は完了です。

❷送受信コマンド

次に、実際に送受信をする場合のコマンドは次のようになります。

①**グローバル送信**　　相手を特定せずに送信する

　　TXDA [data]¥r¥n　　dataは1バイトから32バイト

②**ユニキャスト通信**　　相手を特定して送信する

　　TXDU [相手ノード番号]，[data] ¥r¥n　相手ノード番号は16進数4桁で指定

③**データ形式の設定**

　　DCIO¥r¥n　　16進数指定

　　ECIO¥r¥n　　ASCII文字列指定

④**受信データフォーマット**

受信データは次の形式で出力される

　　aa，bbbb，dd: 受信データ ¥r¥n

　　　　　　　aa　　は00固定

　　　　　　　bbbb　は送信元ノード番号

　　　　　　　dd　　はRSSI*値

RSSIはReceived
Signal Strength
Indicatorの略で、
電波の強度を表す

❸ 送信部のハードウェアの製作

送信部の回路図が図-5となります。LoRaで使ったのと同じ8ピンのPIC16F18313に、通信モジュールをUARTで接続しただけとなっています。電源は電池を使うことにし、3端子レギュレータで3.3Vとしています。LEDには抵抗入りのものを使って抵抗を省略しています。

●図-5　送信部の回路図

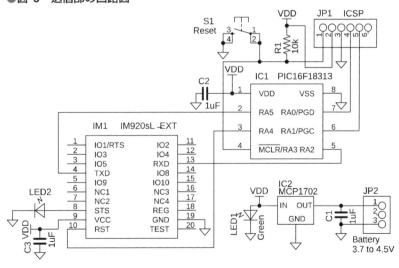

この回路図を元に作成したブレッドボードが図-6となります。通信モジュールの下側に、TX、RX、RESETの配線があります。**レギュレータの向きを間違えないように注意が必要です。**

●図-6　完成した送信側のブレッドボード

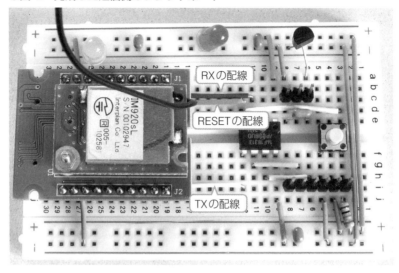

4 送信側のプログラム作成

　PICマイコンで作成しますから、MPLAB X IDE V6.15とMCCを使います。MCC
の設定は次のようにします。

　System Moduleでは、クロックは内蔵クロック（HFINTOSC）の32MHzとし、コ
ンフィギュレーション設定はデフォルトのままとします。

　EUSARTの設定は、通信速度を19200に設定し、さらに［Redirect STDIO to
UART］にチェックを入れます。

　またこれによりXC8のC標準をC99からC90に変更*します。変更手順はLoRaの
送信部と同じとなります。

C99ではコンパイルエ
ラーとなるため

　入出力ピンの設定は、EUSARTは、RXピンをRA4に、TXピンをRA2に設定します。
さらにRESETをRA4ピンに設定します。

　以上の設定で［generate］すればコードが自動生成されます。この生成された関
数を使って作成した送信側のプログラムがリスト-1となります。

　最初に通信モジュールの初期設定でフラッシュの書き込みを許可してからASCII
モードの設定をしています。メインループでは、カウンタの値を送信しているだけ
となります。

リスト 1　送信側のプログラム（RadioTX.X）

```
1  /*****************************************
2  * 920MHz 送受信    送信側
3  *   PIC16F18313 + IM920sL
4  *****************************************/
5  #include "mcc_generated_files/mcc.h"
6  #include <stdio.h>
7  // 変数定義
8  int Counter;
9  char Mesg[17];
```

```
10  /*** メイン関数 ***********/
11  void main(void)
12  {
13      SYSTEM_Initialize();
14      // モジュール初期設定
15      printf("ENWR¥r¥n");            // フラッシュ書き込み有効化
16      __delay_ms(10);
17      printf("ECIO¥r¥n");            // ASCIIモードに設定
18      __delay_ms(10);
19      /**** メインループp *****/
20      while (1)
21      {
22          // グローバルでカウンタ値送信
23          sprintf(Mesg, "TXDA %04d¥r¥n", Counter++);
24          printf(Mesg);
25          __delay_ms(1000);
26      }
27  }
```

5 受信側のハードウェアの製作

　受信側の回路図が図-7となります。送信側と同じ回路に液晶表示器を追加しただ
けとなります。この液晶表示器の接続先と、プログラマとが同じピンですので、プ
ログラム書き込み終了後、プログラマを外さないと液晶表示器の表示は出ませんの
で注意が必要です。

●図-7　受信側の回路図

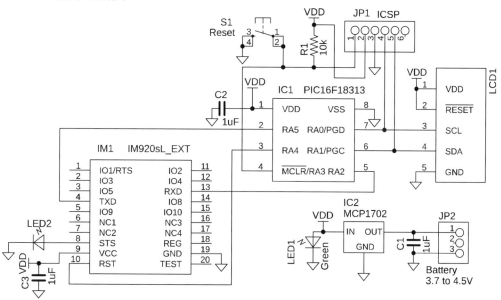

　この回路図を元に作成した受信側のブレッドボードが図-8となります。通信モ
ジュールと液晶表示器の下側に配線があります。3端子レギュレータの配置を間違
えないようにして下さい。

●図-8　完成した受信側のブレッドボード

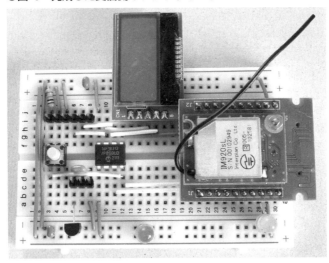

6 受信側のプログラム作成

　こちらもMCCを使います。設定は次のようにします。

　System Moduleの設定は、送信側と同じ内蔵クロック（HFINTOSC）の32MHzとし、コンフィギュレーション設定はそのままです。

　EUSARTの設定は、通信速度を19200にする以外はデフォルトのままで何も設定変更は必要ありません。したがってC標準の変更も必要ありません。MSSP1の設定は、液晶表示器用のI²Cマスタとし、速度もデフォルトの100kHzのままとします。

　入出力ピンの設定は、EUSARTはRXをRA4ピン、TXをRA2ピンとし、MSSP1のSCLをRA0ピン、SDAをRA1ピンとします。RESETピンをRA4としています。

　以上の設定で［generate］し、生成された関数で作成した受信側のプログラムがリスト-2となります。

　最初に液晶表示器の初期化をしてから、通信モジュールの設定コマンドを送信してASCII送受信モードにしています。

　メインループでは、1文字受信し、「:」を受信するまでは1行目に00と送信元のノード番号を表示します。そのあとは2行目にカウンタ値を表示します。改行コード受信で表示を消去します。これで次の表示は1行目の先頭からに戻ります。

　液晶表示器の制御はライブラリにしているので、詳細は2-1-2項を参照して下さい。

リスト 2　受信側のプログラム（RadioRX.X）

```
1   /********************************
2    *  920MHz　無線　受信側
3    *  PIC16F18313  +  IM920sL
4    ********************************/
5   #include "mcc_generated_files/mcc.h"
6   #include "mcc_generated_files/examples/i2c1_master_example.h"
7   // 変数定義
8   char rcv, Flag, rcvFlag, txFlag;
```

```
9     char Bload[] = "TXDA aaaa¥r¥n";      // 送信コマンド
10    int i;
11    void SendStr(char *str);             // 送信関数
12    // 液晶表示器　コントラスト用定数
13    //#define CONTRAST  0x18             // for 5.0V
14    #define CONTRAST  0x25               // for 3.3V
15    //関数プロト
16    void lcd_data(char data);
17    void lcd_cmd(char cmd);
18    void lcd_init(void);
19    void lcd_str(char* ptr);
20    /****** メイン関数　*****************/
21    void main(void)
22    {
23        SYSTEM_Initialize();
24        // 初期設定
25        lcd_init();                      // LCD初期化
26        lcd_str("StartRX");              // 開始メッセージ
27        // 通信モジュール設定
28        SendStr("ENWR¥r¥n");             // フラッシュ書き込み許可
29        __delay_ms(10);
30        SendStr("ECIO¥r¥n");             // ASCIIモード
31        __delay_ms(10);
32        /**** メインループ *****/
33        while (1)
34        {
35            while(!EUSART_is_rx_ready());
36            rcv = EUSART_Read();         // 1文字受信
37            if(rcv == ':'){              // :文字受信の場合
38                lcd_cmd(0xC0);           // 2行目指定
39            }
40            else if(rcv == '¥n'){        // 改行受信
41                lcd_cmd(0x02);           // LCD消去
42            }
43            else
44                lcd_data(rcv);           // 1文字LCD表示
45        }
46    }
47    /***************************
48     * 文字列送信実行関数
49     ***************************/
50    void SendStr(char *str){
51        while(*str != 0){
52            while(!EUSART_is_tx_ready());
53            EUSART_Write(*str++);
54        }
55    }
```

7 動作結果

　以上の製作で送信側を2階の窓際に置き、受信側を手持ちで持って歩いたところ、ほぼ直線の見通しのある道路では、300mちょっとまでは確実に受信できますが、それ以上になると時々受信をミスる状態となりました。2-5-1項で説明したフレネルゾーンの関係とほぼ一致する距離となっています。結果的に、特定小電力無線の場合も、LoRaと同じ周波数帯ですから、ほぼ同じ通信距離となりました。

2-7 EnOceanを使いたい

2-7-1 EnOceanとは

EnOceanとは、自然環境から得られるわずかなエネルギーで動作するエネルギーハーベスティングを実現する超低消費電力無線技術のことです。この技術は国際標準規格として承認されています。

この技術を使って製品を提供している会社が、ドイツにある「EnOcean GmbH」という企業です。この企業はシーメンス社の研究開発部門がもととなっていて、エネルギーハーベスティング技術を使った無線通信デバイスを提供しています。さらに2008年には、「EnOceanアライアンス」が設立されて、普及と国際標準規格化を推進しています。

1 EnOcean無線技術の概要

EnOcean無線は、日本では928MHz帯を使っていて、伝送速度は125kbps、通信到達距離は環境とデバイスに依存しますが、30mから300mとなっています。

その特徴は、極低消費電力の無線通信ができるということで、他の無線方式では実現が難しい電池レスで動作させることができます。これで配線、バッテリ、メンテナンスが必要無くなりますから、ビルや住宅の照明スイッチ、窓の開閉検知、空調の制御機器や各種センサなどに応用されています。

電池の代わりには、動作や振動、温度差、光などのエネルギーハーベスティング素子が使われており、実際にボタンなどを押す力を電気に変える発電素子や、わずかな光で発電する太陽電池などが使われています。

2 EnOcean通信プロトコルの概要

EnOcean通信で使われる通信プロトコルには次の2種類があります。

❶ EnOcean Radio Protocol（ERP）

EnOceanデバイス間で無線通信を行うために必要な通信プロトコルで、変調方式、使用周波数の取り決めや、機器のIDやデータを最小限の情報量で無線伝送するための規則を取り決めています。本書ではこの詳細は省略します。

❷ EnOcean Serial Protocol（ESP）

EnOceanデバイスとマイコンやパソコンなどとの間を接続するシリアル通信のためのプロトコルで、無線通信受信内容の記述フォーマットや、デバイスのIDを取得するためなどのコマンド群を定義しています。

3 EnOcean Serial Protocol（ESP）の詳細

EnOceanデバイスとマイコンなどと通信するときのプロトコルで、ESP2とESP3という2種類のバージョンが使われていますが、現在はESP3が推奨されています。

通信は標準的なRS232Cの非同期通信が使われているので、マイコンなどとの接続では、単純にUARTモジュールで接続ができます。パソコンも通常のCOMポート*として接続することができます。通信速度は57600bpsとなっています。

ESP3の通信の基本的な内容は図-1のようになっています。ヘッダ部で続く内容を指定しています。パケットタイプの項で図-1（b）のようにデータ部の内容を指定しています。実際に本書で使っているマルチセンサの場合、図-1（c）のようなパケットになっています。データ長が0x000Fですから15バイトのデータで、さらにオプションデータが2バイトあることになります。さらにパケットタイプが0x0AですのでERP2形式のデータ部ということになります。オプションデータには区別データと1バイトのRSSI値が含まれています。

> 通常はUSBシリアル変換器を使ってUSB経由で接続する

●図-1　ESP3のパケットのフォーマット

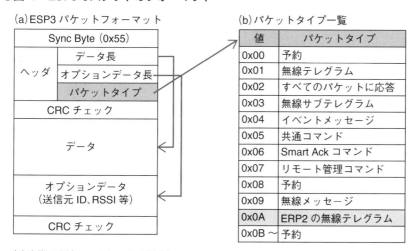

(a) ESP3 パケットフォーマット

(b) パケットタイプ一覧

値	パケットタイプ
0x00	予約
0x01	無線テレグラム
0x02	すべてのパケットに応答
0x03	無線サブテレグラム
0x04	イベントメッセージ
0x05	共通コマンド
0x06	Smart Ack コマンド
0x07	リモート管理コマンド
0x08	予約
0x09	無線メッセージ
0x0A	ERP2 の無線テレグラム
0x0B ～	予約

(c) 実際の例（マルチセンサの場合）

この中のERP2形式のデータ部の基本構成は、図-2（a）のようになっていますが、バイト数は省略されますし、他の点線部も省略されることがあります。

実際のマルチセンサの場合には、図-2（b）のようなパケットで、ヘッダ部は図-2（b）のような意味を示しています。このマルチセンサの例では、24という値（2進数では00100100）は、32ビットのIDで送り先IDは無し、拡張ヘッダ部も無しで、可変長のデータということを表しています。したがって、その後のデータは、図のように、32ビットの送り元IDとデータ部に分けられることになります。

●図-2 ERP形式のデータ部のフォーマット

(a) ESP2 の基本フォーマット

バイト数	ヘッダ	拡張ヘッダ	拡張タイプ	送信元 ID	送信先 ID	データ	オプション データ	CRC

（省略）

(b) 実際の例（マルチセンサの場合）

24 0414413B A49CC0DE03ACFAD7A013

ヘッダ 送り元 ID　　　　　　データ

(c) ヘッダ部の意味

Bit7-5	意味内容
000	24 ビット ID、送り先 ID なし
001	32 ビット ID、送り先 ID なし
010	32 ビット ID、32 ビット送り先 ID
011	48 ビット ID、送り先 ID なし

Bit4	意味内容
0	拡張ヘッダなし
1	拡張ヘッダあり

Bit3-0	意味内容
0000	RPSテレグラム
0001	1 バイトテレグラム
0010	4 バイトテレグラム
0011	Smart Acknowledge Signal
0100	可変長テレグラム
0101	汎用ティーチイン
0110	メーカ固有
0111	Secure Telegram
1000	暗号化テレグラム
1001	暗号化ティーチイン
0101	汎用プロファイル

・・・・・・・・・・・・・・・・・・
EEP：EnOcean
Equipment Profile で決
められている.

　このERP2のデータ部は、デバイスごとにフォーマット*が決められていて、EnOceanアライアンスの規格書に記載されています。

　マルチセンサの場合は、図-3のように決められていて、センサごとに決められたビット数のデータを詰め込んで一つのデータ列としていますから、これを分解する必要があります。実際には図-3の下側の例のように2進数にして指定ビットずつ取り出して数値化する必要があります。

　さらに取り出した数値を、図-3の表に記載されているように、実際のセンサのデータ値に変換する必要があります。この変換方法の詳細は実際の例題で説明します。

● 図-3　マルチセンサのデータ部の構成と値の範囲

Offset	Size	Data	Description	Valid Range		Scale	Unit	Trigger
0	10	temperature	Temperature	Enum:				
				0 … 1000:	-40 … 60℃			
				1001 … 1020:	Reserved			
				1021:	Out of range negative (<-40℃)			
				1022:	Out of range positive (>60℃)			
				1023:	Error			
10	8	humidity	Rel. Humidity	Enum:				
				0 … 200:	0 … 100%			
				254:	Supported + Invalid			
				255:	notSupported			
18	17	Illumination	Illumination	Enum:				
				0 … 100000:	0 … 100000 lx			
				131071:	Error			
35	2	Acceleration Status	Status of the sensor	Enum:				
				0:	Periodic Update			
				1:	Threshold 1 exceeded			
				2:	Threshold 2 exceeded			
37	10	Acceleration X	Absolute Acceleration on X axis	Enum:				
				0 … 1000:	-2.5 … 2.5 g			
				1021:	Out of range negative(<-2.5g)			
				1022:	Out of range positive(>2.5g)			
				1023:	Error			
47	10	Acceleration Y	Absolute Acceleration on Y axis	Enum:				
				0 … 1000:	-2.5 … 2.5 g			
				1021:	Out of range negative(<-2.5g)			
				1022:	Out of range positive(>2.5g)			
				1023:	Error			
57	10	Acceleration Z	Absolute Acceleration on Z axis	Enum:				
				0 … 1000:	-2.5 … 2.5 g			
				1021:	Out of range negative(<-2.5g)			
				1022:	Out of range positive(>2.5g)			
				1023:	Error			
67	1	Contact	Contact key	Enum:				
				0:	Open			
				1:	Closed			
68	4	Not Used (= 0)						

実際の例（マルチセンサの場合）：

```
A49CC0DE03ACFAD7A013  →
1010 0100 1001 1100 1100 0000 1101 1110 0000 0011 1010
1100 1111 1010 1101 0111 1010 0000 0001 0011
                    CRC 8bit
```

2-7-2 EnOceanを使いたい

　EnOcean GmbH社は、超低消費電力の無線技術EnOceanを使った一連の通信デバイスを提供しています。エネルギーハーベスティング無線センサは、自然環境から得られるわずかなエネルギーで動作し、無線通信でデータを送ることができます。

　本項では、このセンサ類の中から温湿度や照明などのデータを得られるマルチセンサを使ってみます。実際の例題で試してみます。

1 例題の全体構成

　作成した例題の全体構成は図-1としました。センサにはEnOceanマルチセンサ（STM550J）を使い、各種の環境データを取得します。これとパソコンを接続するのですが、EnOceanの無線をできるだけ簡単に受信するため、EnOceanが提供しているUSBドングルタイプの受信モジュール（USB 400J）を使いました。これでEnOceanの無線に関する送受信については特にハードウェアの製作が必要なくなります。

●図-1　例題の全体構成

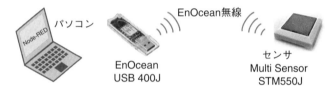

　EnOcean マルチセンサSTM550Jの仕様は図-2のようになっています。図のように太陽電池で動作するようになっていて、多くのセンサ情報を無線で出力することができます。無線通信の距離は20m以下ですから、離れたところの情報は取れませんが、近くても配線できないような場所には便利に使えます。太陽電池の感度が良く、室内照明でも十分継続使用ができます。ボタン電池もオプションで使えるようになっています。

　スイッチ機能は内部にリードリレーが実装されていて外部から磁石でオンオフを制御します。

●図-2　EnOcean マルチセンサの外観と仕様

仕様
・型番　　　　：EMSIJ STM550J
・通信規格　　：EnOcean 無線
・無線周波数　：928.350MHz
・通信距離　　：屋内　約20m
・データ　　　：温度、湿度、照度、振動、スイッチ
・温度　　　　：−20℃〜 60℃　±0.3K
・湿度　　　　：0%〜100%　±3%
・照度　　　　：0Lux〜65000Lux　±10%
・加速度　　　：±2g　±0.03g
・更新レート　：60 秒
・電源　　　　：ソーラー電池
・暗闇動作時間：満充電で約４日間
　　　　　　　　電池バックアップ可能（CR1632）

　EnOcean受信機として使ったUSB 400Jの外観と仕様が図-3となります。図中の
ブロック図のように、EnOceanのトランシーバモジュール（TCM410J）とFTDI社の
USBシリアル変換ICを組み合わせたもので、パソコンからはCOMポート*として扱
うことができます。

> 通信速度は57.6kbps

●図-3　EnOcean USB 400Jの外観と仕様

仕様
- 型番　　　　：USB400J
- 通信規格　　：EnOcean 無線
- 無線周波数　：928.350MHz
- 電源　　　　：USB TypeA コネクタより
- アンテナ　　：PCB アンテナ内蔵
- COM ポート：FTDI 社のドライバ対応
- 対象　　　　：EnOcean Equipment Profile
　　　　　　　　の全てに対応
　　　　　　　：信号強度情報サポート
- DolphinView により無線テレグラム内容を取得可能

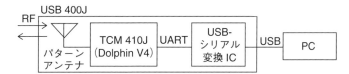

2 パソコン側のプログラム作成

　USB 400Jのおかげで、パソコンからは単純なCOMポートとして扱えますから取
り扱いが容易です。しかも、Node-REDを使うと、これを受信するEnOceanノード
が用意されているので、受信そのものは実に簡単にできます。

> インストール方法は
> 4-2節を参照

　まずNode-REDでEnOcean用のノードをパレットの管理を使ってインストール*
します。必要なノードは、「node-red-contrib-enocean」です。
　これをインストールすると、図-4のようなノードが追加されます。inputのノー
ド以外は特殊用途のようですので、ここでは使いません。inputノードで受信したデー
タは図のようにオブジェクトに展開されて出力されます。このdataの中にセンサの
各種データがバイナリ形式で含まれています。

●図-4　EnOceanのノード

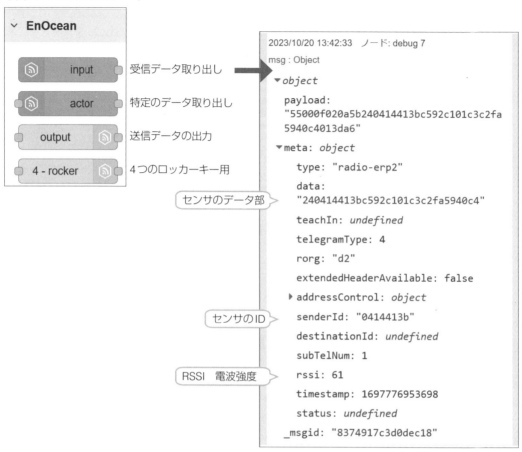

EnOcean
- input　受信データ取り出し
- actor　特定のデータ取り出し
- output　送信データの出力
- 4 - rocker　4つのロッカーキー用

```
2023/10/20 13:42:33    ノード: debug 7
msg : Object
▼object
  payload:
  "55000f020a5b240414413bc592c101c3c2fa
  5940c4013da6"
  ▼meta: object
    type: "radio-erp2"
    data:
    "240414413bc592c101c3c2fa5940c4"
    teachIn: undefined
    telegramType: 4
    rorg: "d2"
    extendedHeaderAvailable: false
    ▶ addressControl: object
    senderId: "0414413b"
    destinationId: undefined
    subTelNum: 1
    rssi: 61
    timestamp: 1697776953698
    status: undefined
  _msgid: "8374917c3d0dec18"
```

センサのデータ部

センサのID

RSSI　電波強度

　このdataのデータから各センサの情報を取り出す方法は図-5のようにします。2-7-1項の図-3のように、センサごとにビット数が決まっていて、それが詰め詰めで並んだ結果の16進数になっているので、16進数を0、1の2進数に展開し、最初からセンサごとに決められたビット数を取り込んで数値に変換します。その変換したデータを実際の値の範囲に変換します。16進数のデータは配列データとして格納されていますから、配列要素ごとにビット分解する必要があります。

●図-5　データから各センサ情報を取り出す

《各値の変換方法》
温度　　　　10ビットで0〜1000の値を−40℃〜60℃に割り当て
　　　10 1000 1100＝0x28C→652/1000*100−40＝25.2℃
湿度　　　　8ビットで0〜200の値を0%〜100%に割り当て
　　　0111 0101＝0x75→117/200*100＝58.5%RH
照度　　　　17ビットで0〜100000の値を0Lux〜100000Luxに割り当て
　　　0 0000 0110 1001 0111＝0x00697→1687lux
NC　　　　00
加速度　　　各10ビットで0〜1000の値を−2.5g〜+2.5gに割り当て
　　　X 01 1101 0110＝0x1D6→(470−500)*2.5/500＝−0.15g
　　　Y 01 1110 1111＝0x1EF→(496−500)*2.5/500＝−0.02g
　　　Z 10 1011 1111＝0x2BF→(703−500)*2.5/500＝1.015g
スイッチ　　1ビットを割り当て
SW　　　　0ならOff　　　1ならOn

　　　これでNode-REDを使ってセンサ情報を取り出すことができます。作成したフロー
が図-6となります。

●図-6　例題の全体フロー

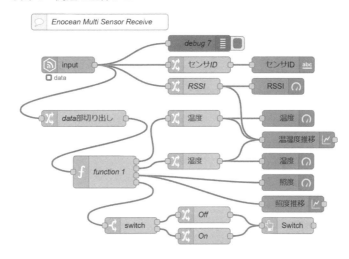

　　　EnOceanのinputノードで受信したデータから、独立のオブジェクトとして出力
されるsenderIdつまり送信元のセンサのIDと、受信電波強度のRSSIはそのままデー
タとしてグラフ表示します。dataの中に含まれる各センサのデータは、functionノー
ドでセンサごとに分離してから、各センサのデータとしてグラフ表示します。各ノー
ドの設定を説明します。

まずinputノードとセンサIDとRSSIは図-7のようにします。inputノードではCOM
ポート番号[*]を設定するだけです。センサIDではmetaデータ中のsenderIdを取り出
すだけです。RSSIは同じようにmetaデータ中のrssiを取り出し、さらに温湿度デー
タの折れ線グラフと一緒にするためtopicを設定しています。

●図-7　受信ノードとセンサID、RSSIノードの設定

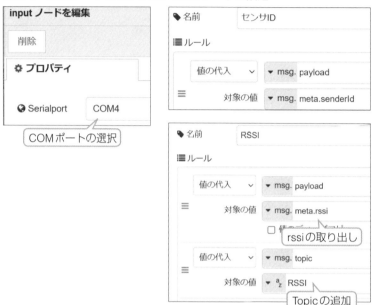

その各々のグラフ表示の設定が図-8となります。センサIDはテキスト表示とし、
RSSIはゲージ表示とします。RSSIのゲージ表示の値の範囲を指定するだけです。

●図-8　センサID表示とRSSIのゲージの設定

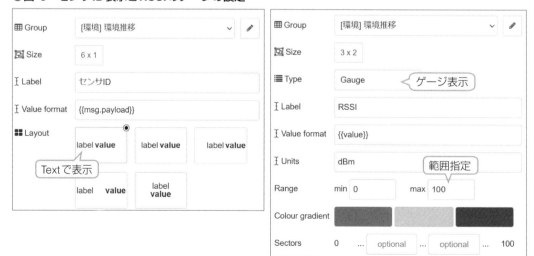

　次にdataを処理するfunctionノードの設定で、図-9のようにします。まず、設定欄で出力を4つとしておきます。コード欄では受け取ったdataを16進数の数値配列に変換します。そして受信したデータが0でない場合だけ分離処理を実行します。分離は配列ごとに図-5に合わせてデータを取り出し、ビットシフトとORで必要な部分を取り出して数値化します。取り出した数値を温度、湿度、照度、スイッチ4つの戻り値としてそれぞれの出力に分けて出力します。

●図-9　データ部切り出しとセンサデータ分離部の設定

　functionノードから出力されたデータをそれぞれにゲージと折れ線グラフで表示します。温度表示は図-10とします。changeノードでtopicを追加してからgaugeノードで0から50℃の範囲として表示します。

●図-10　温度データ取り出しとゲージ表示の設定

　次に湿度データも図-11のようにchangeノードのtopicとgaugeノードの設定をします。

●**図-11　湿度データ取り出しとゲージ表示の設定**

　温度と湿度は、chartノードで折れ線グラフとして表示しますが、そのchartノードの設定が図-12となります。このグラフにはRSSIも一緒に表示します。RSSIは本来は負の値なのですが、正の値として表示しますので、値が小さいほど電波強度が強いことになります。

●**図-12　温湿度推移グラフの設定**

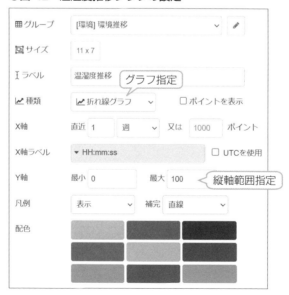

　次に照度は、値の範囲が広いので、単独で表示することにし、gaugeとchartの両方で表示します。

2

この照度は室内で使う前提の値の範囲としています。屋外で使う場合には、10000Luxを軽く超えてきますから値の範囲を変更する必要があります。

●図-13　照度グラフの設定

最後にスイッチの状態表示部で、状態をボタンの色で表示することにします。まずswitchノードでオンとオフを分離し、それぞれのchangeノードで色の値に変更してbuttonノードに渡します。buttonノードでは渡された色で背景色を設定しています。

●図-14　スイッチデータ関連設定

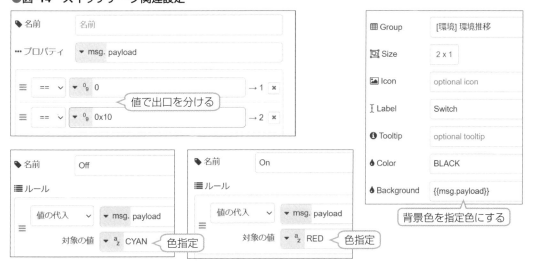

以上の設定で完成となります。実際に表示させたDashboardが図-15となります。室内の環境を測定した例です。照度は机上の明るさなので、照明のオンオフで極端に値が変化しています。

●図-15　Dashboardの表示例

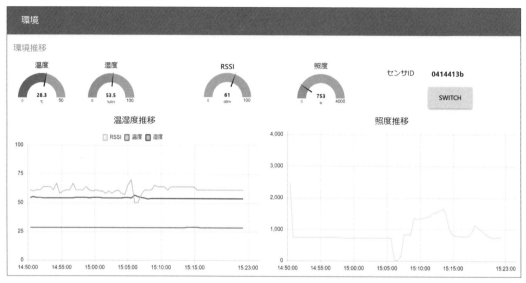

図-16がセンサを窓の外において外気を測定した例です。夜中から翌日の夕方までの推移で、温湿度も大きく変化していますし、照度は日の出とともに急激に上昇し、そのあとは雲の影響で大きく変化しています。ここでは照度の値の範囲を大きな値としています。

●図-16　外気の測定例

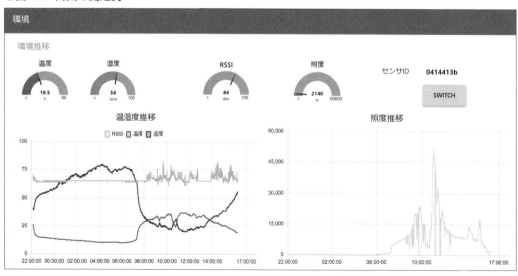

2-7-3　EnOceanのBLEマルチセンサを使いたい

　EnOceanには、BLEを使ったデバイスも販売されています。ここではEnOcean BLEのマルチセンサを例題で試してみます。

1 例題の全体構成

　例題として試した構成は、図-1のようにしました。センサとしてEnOcean BLEマルチセンサのSTM550Bを使います。このセンサからは一定周期で、BLEビーコンの通信でデータが送信されます。これを2-3節で使ったBLEモジュールを使って受信します。受信したデータはパソコンのCOMポートとして受信できますから、これをNode-REDで解析してグラフ表示することにします。

●図-1　例題の全体構成

パソコン

Node-RED

BLE ビーコン

BLE ボード
RNBD451

センサ
Multi Sensor
STM550B

2 EnOcean BLEマルチセンサ STM550Bの外観と仕様

　STM550Bの外観と仕様は図-2のようになっていて、EnOceanマルチセンサと外観は全く同じ*で、計測できる項目も同じとなっています。通信だけがBLEのビーコンとなっています。

ケースから取り出した本体の写真

●図-2　STM550Bの外観と仕様

仕様
- 型番　　　　　：STM550B
- 通信規格　　　：EnOcean BLE 無線
　　　　　　　　　Ch37、38、39Advertising Channel
- 無線周波数　　：2.4GHz
- 通信距離　　　：屋内約 10m 見通し 約 30m
- データ　　　　：温度、湿度、照度、振動、スイッチ
- 温度　　　　　：−20℃〜60℃　±0.3K
- 湿度　　　　　：0% 〜 100%　±3%
- 照度　　　　　：0Lux 〜 65000Lux　±10%
- 加速度　　　　：±2g　±0.03g
- 更新レート　　：60 秒
- 電源　　　　　：ソーラー電池
- 暗闇動作時間　：満充電で約 4 日間
　　　　　　　　　電池バックアップ可能（CR1632）

3 通信プロトコル

STM550Bの通信プロトコルは、EnOcean BLE Sensor Protocolとなっていて、STM550BのUser Manualによれば、図-3（a）のようなフォーマットとなっています。

ヘッダ部の次に送信元のIDがありますから、ここで相手がわかります。そのIDには0xE500というProduct Type IDがあるので、これで送信元のデバイスの確認ができます。その後にPayloadというデータ部があり、その中身は図-3（b）のようになっています。これが実際にBLEのビーコン送信データとして出力される部分となります。

ここで注意が必要なことは、複数バイトの場合の並び順が下位バイトから始まるということです。例えば0xDA03は、Manufacturer IDなのですが、本来は0x03DAという値です。センサデータ部も同じように複数バイトの場合は下位バイトから並んでいます。

●図-3　EnOcean BLEのデータフォーマット

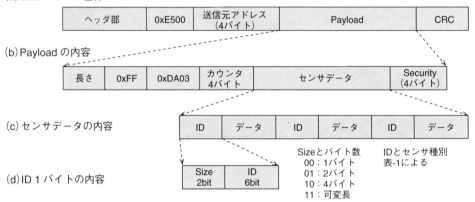

（a）BLE フレーム全体

| ヘッダ部 | 0xE500 | 送信元アドレス
（4バイト） | Payload | CRC |

（b）Payload の内容

| 長さ | 0xFF | 0xDA03 | カウンタ
4バイト | センサデータ | Security
（4バイト） |

（c）センサデータの内容

| ID | データ | ID | データ | ID | データ |

Sizeとバイト数
00：1バイト
01：2バイト
10：4バイト
11：可変長

IDとセンサ種別
表-1による

（d）ID 1 バイトの内容

| Size
2bit | ID
6bit |

（e）実際のマルチセンサのデータ

%E500 100004E8 ,01, -2D, 01, 00, Brcst:
　　　　送信元アドレス

1C FF DA03 4F000000 40B40A066D45C0018AFCF507A6230102C86ADD 5D18%
長さ　　　　　カウンタ　　　　　　　センサデータ　　　　　　　　　　Security

実際のセンサデータは、図-3（d）のようなIDが先頭に付いていて区別されています。このIDは1バイトなのですが、上位2ビットでデータのバイト数を示し、下位6ビットがセンサID部となっていて、その区別と値の範囲は表-1のようになっています。

例えば温度センサの場合、2バイトですから、IDは0x40となります。同じように、照度センサの場合も2バイトですから、0x45となります。さらに加速度センサの場合は、4バイトですから0x8Aということになります。

この加速度のデータは、表-1の下側にあるようにX、Y、Zの3軸が4バイトに詰め込まれた形式になっているので、実際の数値に変換する場合には、バイトの並び順と取り出し方に注意が必要です。

▼表-1　センサIDによるセンサ種別とデータ範囲

TYPE ID	Size	Content	Min Value	Max Value	Res	Encoding	Default Reporting
Data Telegrams							
0x00	2	Temperature	− 327.67℃	327.66℃	0.01℃	16 bit signed int	Enabled
0x01	2	Voltage	− 16383.5mV	16383 mV	0.5 mV	16 bit signed int	Adaptive
0x02	1	Energy Level	0%	100%	0.5 %	8 bit unsigned int (0… 200)	Adaptive
0x04	2	Illumination (Solar cell)	0 lx	65 533 lx	1 lx	16 bit unsigned int	Disabled
0x05	2	Illumination (Sensor)	0 lx	65 533 lx	1 lx	16 bit unsigned int	Enabled
0x06	1	Relative Humidity	0% r.h.	100% r.h.	0.5 %rh	8 bit unsigned int (0 … 200)	Enabled
0x0A	4	Acceleration Vector	下記図を参照				Enabled
0x23	1	Magnet Contact	0x01 = Open, 0x02 = Closed			Enumeration	Enabled
0x3C	1, 2, 4	Optional Data	User-defined data				Disabled
Commissioning Telegrams							
0x3E	22	Commissioning Info	16 byte AES key followed by 6 byte advertising address				LRN button

ACCELERATION_VECTOR										
Bit 31	Bit 30	Bit 29	…	Bit 20	Bit 19	…	Bit 10	Bit 9	…	Bit 0
STATUS		Z_VECTOR			Y_VECTOR			X_VECTOR		

STATUS	Interpretation
0b00	Acceleration value out of bound
0b01	Periodic update
0b10	Acceleration wake
0b11	Sensor disabled

VECTOR	Decimal value	Interpretation
0b00:0000:0000	0	− 5.12g
0b10:0000:0000	512	0 g
0b11:1111:1111	1023	+ 5.11g

　実際のマルチセンサの受信データからセンサデータを求める方法は、図-4のようにします。

　例えば、例題の受信データ中のセンサデータ部の最初にある0x40は温度センサの場合ですから、続く2バイト（0xB40A）を取り出し、バイト順を逆にして0x0AB4とし、これを10進数の2740にします。

　表-1から温度センサは0.01℃単位となっていますから、10進数値2740に0.01を乗ずる、つまり100で割れば温度データが求まり27.4℃となります。

　湿度センサは1バイトですから、0x6Dを10進数109とし、表-1から湿度は0.5%単位ですから2で割って54.5%が湿度の値となります。

加速度センサは一番複雑ですから、変換には注意が必要です。

●図-4　実際のセンサデータの求め方

%E500 100004E8,01,-2D,01,00,Brcst:
1CFFDA034F00000040B40A066D45C0018AFCF507A6230102C86ADD5D18%

Length | TYP | ID | Counter | Temperature | Humi | Illumi | Accel | Open | Energy | Secutity

《変換方法》

1. 温度　0x40
   Data/100 DegC　0xB40A → 0x0AB4/100 → 2740/100 → 27.4DegC
2. 湿度　0x06
   Data/2 %　　　0x6D/2 → 109/2 → 54.5%
3. 照度　0x45
   Data lx　　　　0xC001 → 0x01C0 → 448 lx
4. 加速度　0x8A
   　　　　　　　0xFCF507A6 → 0xA607F5FC
   Data & 0xC0000000 → 0x1 → Repeat
   Data & 0x3FF00000 → 0x260 → 608 → (608-512)/100 → -0.96g　Z
   Data & 0x000FFC00 → 0x7F4 → 0x1F1 → 497 → (497-512)/100 → -0.15g　Y
   Data & 0x000003FF → 0x1FC → 508 → (508-512)/100 → +0.04g　X
5. エネルギ0x02
   Data / 2 %　　　0xC8/2 → 100%

以上でEnOcean BLEのマルチセンサが使えることになります。

4 Node-REDのフロー作成

EnOcean BLEマルチセンサの使い方がわかったので、Node-REDで受信するフローを作成します。データはCOMポート※で受信しますから、Node-REDのserial portを使います。作成したフローの全体が図-5となります。

COMポート番号は読者の環境に合わせて変更が必要

●図-5　例題の全体フロー

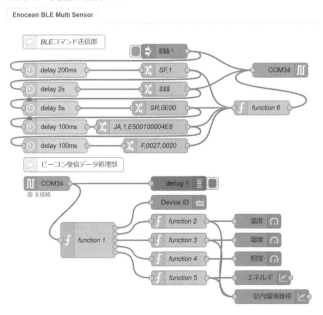

上側はBLEモジュールに送信するコマンドで、これでBLEビーコンの受信待ちとなります。JAコマンドで相手のマルチセンサのアドレス*を指定していますから、ここは読者の環境に合わせる必要があります。このアドレスを指定することで、多くのビーコンの中から特定の相手だけを受信するようになります。この中のfunction6ノードは改行コードを追加しているだけです。$$$コマンドだけ改行が不要なので、function6ノードを通さないようにしています。コマンドごとにBLEモジュール内での処理時間と応答があるので、それぞれに遅延を加えています。

下側が、ビーコンの受信とそのデータ処理部となります。受信データ形式は図-4と同じになりますから、まずfunction1ノードでセンサごとのデータに分離して次のfunction2からfunction5ノードに渡しています。このfunctionノードで実際のセンサ値に変換してから表示ノードに渡しています。

それぞれのノードの設定を説明します。コマンド送信部の設定は単純なので省略し、下側のデータ受信処理部の詳細を説明します。

まずSerial Nodeの設定で図-6のようにします。COMポート番号の設定、通信速度の設定*、受信を「文字列で区切る」にして「¥n」を指定します。あとはデフォルトのままで大丈夫です。COMポート番号は読者の環境に合わせて下さい。

*センサモジュールにアドレスが印刷表示されている

*通信速度は115.2kbps

●図-6　serial portの設定

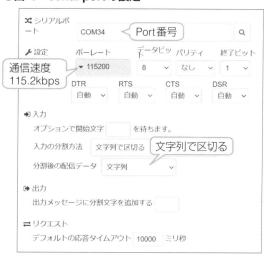

次が受信したデータを分離する部分で、図-7となります。function1ノードの出力を5系統にし、受信文字列の文字位置と文字数で各センサの部分を分離して次のノードに渡します。センサID部はそのままの文字列でよいですから、テキストとして表示するようにします。

●図-7　functionノードとID表示部の設定

次は温度の部分で図-8のようにします。function2ノードで、渡された文字列の順序を逆転してから数値に変換し、さらに図-4の変換式に基づいて温度の値を求めています。その結果とtopicを次の表示ノードに渡しています。

gaugeノードでは0から50の値の範囲で表示するようにし、さらにchartノードでは縦軸を0から100の折れ線グラフで表示します。このchartには温度と湿度とエネルギーを一緒に表示するようにしています。

●図-8　温度の変換とgaugeとchartの設定

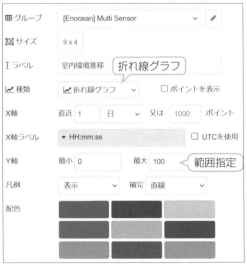

次は湿度と照度の変換部で図-9となります。温度と同じようにfunction3、function4ノードで文字列から数値に変換し、さらに実際の値に変換しています。それぞれをgaugeノードで表示しています。

●図-9　湿度と照度の変換とgaugeの設定

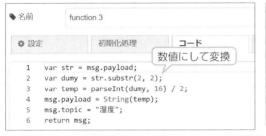

最後はエネルギー[*]の設定で図10となります。ここも他と同じ処理をしています。

内蔵のバッテリ代用コンデンサの充電量

●図-10　エネルギーの変換とgaugeの設定

　これらの設定の結果のDashboardの表示例が図-11となります。全体のレイアウトはDashboardのレイアウト*設定で行います。

・・・・・・・・・・・・・・・・・・
4-1-2項参照

●図-11　実際の表示例

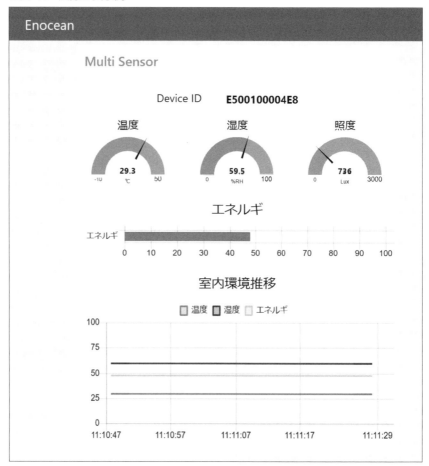

第3章

エッジの製作

3-1 エッジと外部インターフェースの種類

3-1-1 エッジデバイスと外部インターフェースの種類

エッジデバイスとセンサやアクチュエータなどの外部デバイスと接続するためのインターフェースには、次のような種類があります。

1 GPIO入出力

汎用のデジタル入出力ピンを使う方法で、単純なオンオフの入力や出力に使います。入力、出力いずれの場合にも、相手のデバイスの電圧や電流の大きさによって、MOSFETトランジスタやリレーなどを追加することがあります。商用電源の制御の場合にはSSR（Solid State Relay）を使うこともあります。

また、特殊なシリアル通信で、マイコンなどの内蔵モジュールでは制御できないような場合に、プログラムでシーケンスを実行することで接続することもあります。

2 アナログ入力

センサや、可変抵抗などのアナログ電圧を入力する場合に使います。マイコンなどの内部ではA/Dコンバータで電圧をデジタル数値に変換することでプログラム処理ができるようにします。

また音声や振動センサなどの瞬時変化を検出したい場合には、アナログコンパレータを使って、変化をオン、オフのデジタル値として扱えるようにすることができます。

3 UARTインターフェース

基本的な非同期通信で送受信する場合に使います。電気的なレベルはTTL*インターフェースとなっていることが大部分です。

パソコンやラズパイと接続する場合には、USBシリアル変換器を使ってUSBインターフェースとして使います。

0 〜 0.8VをLow、2V
〜5VをHighとする

4 I²Cインターフェース

I²C（Inter-Integrated Circuit）通信で接続する方法で、多くのセンサやメモリIC、液晶表示器などの接続に使います。比較的低速度の通信ですが、2線で多数のデバイスを接続できるためよく使われています。

マイコンなどにはこれを制御する内蔵モジュールがありますから、比較的容易に接続可能ですが、通信途中の状態が多いため、制御プログラムは結構複雑になります。

I²Cを使う場合に注意が必要なことは、終端抵抗の値の選択で、通常は数kΩとします。この抵抗値が大きいと、波形がなまって矩形波ではなくなってしまうため、通信エラーが起きてしまいます。

5 SPIインターフェース

SPI（Serial Peripheral Interface）通信で接続する方法で、比較的高速な通信ができるため、大容量メモリICや、フルカラーグラフィック表示器などの接続に使われます。

マイコンなどにはこれを制御する内蔵モジュールがありますから、比較的容易に接続できます。高速動作なので、これに対応するプログラムとする必要があります。

SPIを使うときに注意が必要なことは、互いのモードを合わせることです。 モードには0から3の4種類がありますから、相手デバイスに合わせる必要があります。

6 PWMインターフェース

DCモータやRCサーボモータ、LEDの調光制御などには、PWM（Pulse Width Modulation パルス幅変調制御）が使われます。各々の制御には適した周期とパルス幅がありますから、これに合わせた制御が必要です。

マイコンなどにはPWM信号を出力できるモジュールが内蔵されていますから、簡単に制御できますが、**可能なパルス幅の分解能が制限されているものもあるので注意が必要です。**

3-1-2　GPIOインターフェースの使い方

GPIOつまりデジタルのオンオフによるインターフェースで、入力と出力いずれもあります。

1 単純なデジタル出力

例えばLEDの点滅制御などが最も簡単なデジタル出力の例で、図-1のようにマイコンやArduinoなどのピンに直接接続して制御することができます。LEDには制限された電流を流す必要がありますから、図のように電流制限抵抗を挿入する必要があります。最近はこの抵抗を内蔵したLED*があり、直接ピンに接続できるようになっています。

5V、12V、3〜12Vと電源電圧に応じたLEDが用意されている。光っていることがわかればよい使い方では高い電圧用でも低い電圧で使える

●**図-1　LEDの制御回路例**

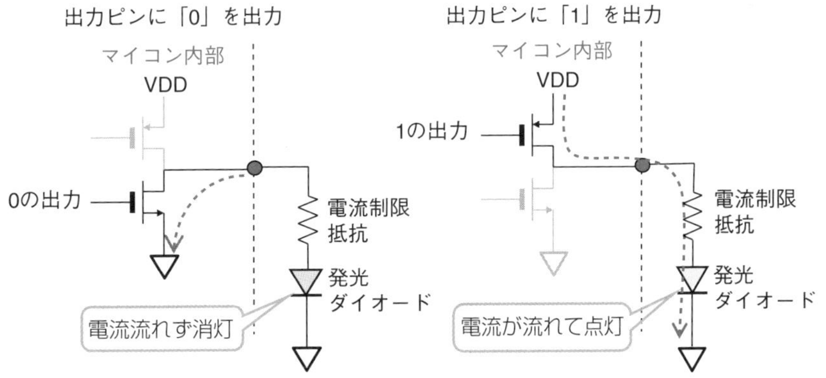

169

このようなデジタル出力制御で注意が必要なことは、ピンで制御する電圧と電流の値です。**電圧はマイコンなどの電源電圧と同じになりますから、多くは3.3Vか5Vとなります。これ以上の電圧の場合には、間にMOSFETトランジスタやドライバICなどを挿入する必要があります。**

またピンで直接制御できる電流は多くの場合、数mAから数10mAまでです。これを超える電流の場合も間にドライバを追加する必要があります。

トランジスタを挿入する場合の回路構成は図-2のようにします。最近はMOSFETトランジスタを使うことが多く、オン抵抗が非常に小さいので、小型のトランジスタでも大電流を制御することができ、発熱も少ないので放熱対策も簡単です。**高電圧を制御する場合には、トランジスタの耐電圧に注意が必要です。**

図のMOSFETでは耐圧が60Vですから、1/3の20Vまで、耐電流が5Aですから1/3の約2A程度までは余裕で使うことができます。例えば、1A流してもオン抵抗が70mΩですから発熱は$I^2R=1×1×0.07=0.07W$となり、ほとんど発熱しないことになります。ゲートの10kΩの抵抗はマイコンなどがハイインピーダンス※出力状態のときにトランジスタをオフとする役割をします。

> マイコンなどがリセット状態のときになり、出力設定が実行されるまで継続する

●図-2 MOSFETトランジスタの回路例

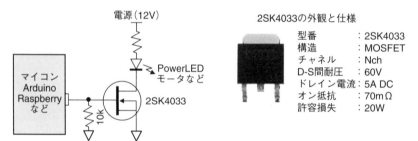

電源（12V）

PowerLED
モータなど

2SK4033

マイコン
Arduino
Raspberry
など

10k

2SK4033の外観と仕様

型番　　　：2SK4033
構造　　　：MOSFET
チャネル　：Nch
D-S間耐圧：60V
ドレイン電流：5A DC
オン抵抗　：70mΩ
許容損失　：20W

2 単純なデジタル入力

例えばスイッチの入力などは最も単純なデジタル入力です。このスイッチの入力は図-3のような回路構成で接続します。

●図-3 スイッチの入力回路例

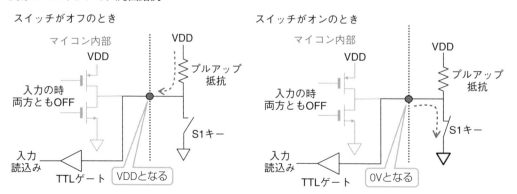

スイッチがオフのとき

マイコン内部
VDD

入力の時
両方ともOFF

入力
読込み

TTLゲート

VDDとなる

VDD

プルアップ
抵抗

S1キー

スイッチがオンのとき

マイコン内部
VDD

入力の時
両方ともOFF

入力
読込み

TTLゲート

0Vとなる

VDD

プルアップ
抵抗

S1キー

プルアップ抵抗は数kΩから10kΩ*を使います。スイッチがオフのときは、ピンは電源電圧となりますから、入力すると「1」となり、スイッチがオンのときはピンの電圧が0Vとなりますから、入力すると「0」となります。

スイッチ入力で難しいのは、「チャッタリング」とか「バウンシング」と呼ばれる現象への対策です。これはスイッチを押したとき、機械的なスイッチの場合には、図-4のようにオンした瞬間とオフした瞬間に、短時間に何度かオンオフを繰り返してしまうという現象です。時間的には数msecから数十msecなのですが、マイコンなどからみると、この時間でも何度もオンオフが入力されたとみなされてしまいます。

この対策はプログラムで行う*必要があります。スイッチ入力のチェックを一定間隔*で行うか、オン、オフの変化を検出したら、一定時間待ってから再度オンかオフかを判定して確認するという方法を使います。

プルアップ抵抗は値が大きいとノイズなどの影響を受ける。大型のスイッチほど抵抗値を小さくする。プルアップ抵抗を内蔵しているマイコンが多い

ハードウェア回路でも可能だが結構複雑な回路になってしまう

タイマの割り込みなどで100msec周期とかにスイッチのチェックを行う

●図-4　チャッタリングの影響と対策

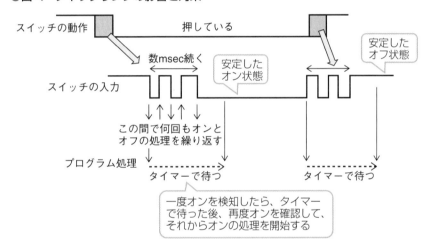

3 パルス入力

例えば、人感センサなどの場合、図-5のように物の動きを検知したとき一定時間のパルスが出力されます。これをマイコン等で検出するには、常時入力ピンをスキャンする方法もありますが、他のことができなくなりますから、多くの場合、「状態変化割り込み」という方法を使います。これはオンとオフの変化があったエッジでプログラムに割り込み信号を出力する方法です。これなら、常時スキャンする必要がなく、短時間のパルスにも反応しますから、パルスを見逃すこともありません。

●図-5　人感センサの外観と仕様

型番　　　：VZシリーズ
メーカ　　：Panasonic社
電源　　　：DC3V～6V
消費電流　：170～300µA
出力　　　：デジタル
検出距離　：5m

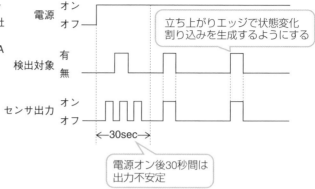

立ち上がりエッジで状態変化
割り込みを生成するようにする

←30sec→

電源オン後30秒間は
出力不安定

4 AC電源のオンオフ制御

　商用電源のAC100Vをマイコン等でオンオフ制御する場合には、図-6（a）のような「メカニカルリレー」を使うこともできますが、オンオフ時に火花が出てノイズ源になりますから、多くの場合、図-6（b）のような「ソリッドステートリレー（SSR）」を使います。このリレーにはゼロクロススイッチ機能があって、交流の電圧が0Vのときにオンオフ制御をするようになっているので、ノイズが発生しませんし、半導体スイッチなので、寿命も長くなります。

●図-6　メカニカルリレーとSSRの外観と仕様

（a）メカニカルリレーの外観と仕様

型番　　　：952-4C-24DN
コイル電圧：24V
コイル電流：37mA
コイル抵抗：650Ω
接点構成　：4回路C接点
接点容量　：5A/30VDC
　　　　　　5A/250VAC
接点抵抗　：100mΩ
動作時間　：25ms

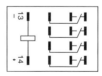

（b）ソリッドステートリレー（SSR）の外観と仕様

型番　　　　：SSR-25DA
入力電圧　　：5V～32V
　　　　　　　3.5V以下でオフ
入力側電流　：7.5mA@12V
制御電圧　　：24V～380VAC
制御電流　　：25A（要放熱）
ゼロクロス　：対応
入力耐電圧　：2kV

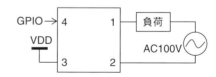

3-1-3　アナログインターフェースの使い方

　センサにはアナログ出力のものがあります。直接アナログ電圧を出力するものと、電気抵抗や電流が変化するものとがあります。

　これらをマイコン等に入力するには、ADコンバータを内蔵したものを使う必要があります。**多くのエッジデバイスにはアナログ入力機能がありますが、Raspberry Piだけはアナログ入力機能が無いので注意して下さい。**

　実際のアナログ出力センサの使い方を例で説明します。

１ 加速度センサ

　加速度センサにはアナログ電圧出力のものと、I²C/SPIのデジタルシリアルインターフェースのものがあります。

　図-1はアナログ出力の加速度センサ例の外観と仕様となっています。2種類ありますが、いずれも加速度0のとき1.65Vの出力となっています。つまり電源電圧3.3Vの1/2となっています。これで加速度の方向により、電圧が上下に振れるようになっています。

　したがって、AD変換した結果から中央値（10ビットADなら511）を引き算すれば加速度の方向と強さを測ることができます。この加速度センサは重力加速度による加速度で、傾きに比例した値が計測できるので、傾きを検出するセンサとしてよく使われます。

●図-1　アナログ出力の加速度センサ

（a）加速度センサ例1

型番　　：KXTC9-2050
メーカ　：Kionix 社
電源　　：3.3V
出力　　：アナログ 0g で
　　　　　1.65V、660mV/g
　　　　　X、Y、Z の 3 軸独立
計測範囲：±2g
　　　　（秋月電子通商で基板化）

No	記号	機能
1	V+	電源　3.3V
2	NC	
3	ST	テスト（Low に固定）
4	EN	High で動作
5	X	感度：660mV/g
6	Y	
7	Z	0g 出力：1.65V
8	GND	GND

（b）加速度センサ例2

型番　　：ADXL335
メーカ　：アナログデバイセズ
電源　　：DC1.8V ～ 3.6V
出力　　：アナログ 0g で
　　　　　1.65V、300mmV/g
　　　　　X、Y、Z の 3 軸独立
計測範囲：±3g
　　　　（秋月電子通商で基板化）

No	記号	機能
1	VDD	電源　3.3V
2	ST	テスト（Low で通常）
3	GND	GND
4	GND	GND
5	Z	感度：300mV/g
6	Y	
7	X	0g 出力：1.65V
8	GND	GND

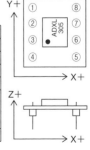

2 土壌センサ

土壌の中の水分濃度を測ることができるセンサで、図-2のような外観と仕様になっています。

●図-2　土壌センサの外観と仕様

電源電圧：3.3V ～ 5V
出力電圧：0V ～ 4.2V@5V
消費電流：35mA@5V

およその電圧範囲（@5V）
乾燥時：0V ～ 1.5V
湿潤時：1.5V ～ 3.5V
水中時：3.5V ～ 4.2V

No	記号	機能
1	V+	電源
2	GND	グランド
3	OUT	出力

仕様によれば水分濃度により電圧値が変化することになります。したがって直接マイコン等のアナログ入力ピンに接続して電圧変化として検出できますから、絶対値の計測はできませんが、相対値として水分が多いか少ないかの判定には問題なく使うことができます。

3 圧力センサ

圧力センサはいくつかの大きさや形がありますが、例えば、図-3のような外観と仕様になっています。

●図-3　圧力センサの外観と仕様

圧力センサ
型番　：FSR402
　　　　（インターリンク製）
圧力　：0.2N ～ 20N
感度　：数十 g
出力　：抵抗出力
　　　　2kΩ ～ 1MΩ
再現性：±5%
個体差：Max±25%

圧力センサ
型番　：FSR406
　　　　（インターリンク製）
圧力　：0.2N ～ 20N
感度　：数十 g
出力　：抵抗出力
　　　　2kΩ ～ 1MΩ
再現性：±5%
個体差：Max±25%

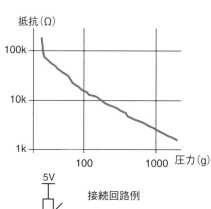

この仕様によれば、圧力により抵抗値が変化するようになっていますから、図-3右下のような回路で電圧に変換することができます。この場合も絶対値を計測することはできませんが、相対値で強いか弱いかを検出することはできます。

この電圧変化を検出する方法には2通りの方法があります。一つは通常のアナログ電圧としてADコンバータで計測する方法で、もう一つは図-4のようにアナログコンパレータで瞬時変化を検出する方法です。

前者の方法では短時間の変化を検出するためには常時AD変換を繰り返す必要があり、他のことができなくなってしまいますし、極短時間の変化は見逃すことがあります。しかし、後者の方法を使えば、変化があったとき一定の値以上*になったら割り込みを発生させることができますから、常時スキャンをする必要が無くなりますし、短時間の変化も見逃すことがありません。

比較値の設定で検出閾値を変えることができる

●図-4　アナログコンパレータを使う方法

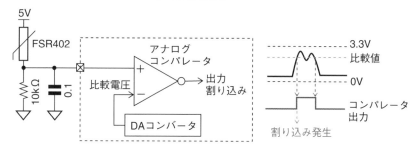

4 音センサ

Micro Electro Mechanical Systems の略。半導体の微細加工技術を応用して極小のばねや振り子、鏡などの機械素子を組み込んだ超小型の機械システム

最近のマイクはMEMS*構造で半導体化されており、図-5のような外観と仕様となっています。このように基板化され、さらにアンプも内蔵されたものとなっていますから、出力を直接マイコン等のアナログ入力ピンに接続することができます。

●図-5　MEMSマイクの外観と仕様

MEMS マイクロホン
型番　：SPU0414HR5H-SB
感度　：－22dB
電源　：DC1.5V ～ 3.6V
消費電流：1mA
出力インピーダンス：400Ω
オフセット電圧　：0.93V
（秋月電子通商）

No	記号	機能
1	VDD	電源
2	OUT	信号出力
3	GAIN	ゲイン調整
4	GND	グランド

ジャンパ接続でゲインが 20dBとなる

このマイクで音をマイコン等に入力するには、2通りの方法があります。一つはADコンバータを使って一定間隔で連続的にAD変換して音の波形そのものを入力する方法と、図-4と同じようにアナログコンパレータを使って、一定の大きさ以上の音を検知して割り込みを発生するようにする方法です。

前者は音の周波数とか、振幅変化を解析するような場合に使いますが、後者は単にある大きさ以上の音が発生したかどうか検出するときに使います。

5 明るさセンサ

最近の半導体による明るさセンサには、図-6のような外観と仕様のものがあります。照度に比例した電流が流れるようになっていますから、明るさを計測することができます。

● 図-6 明るさセンサの外観と仕様

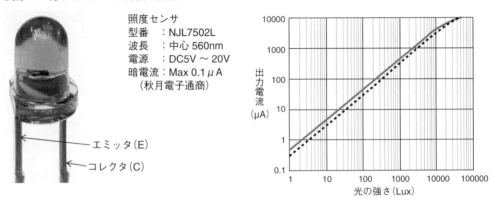

照度センサ
型番 ：NJL7502L
波長 ：中心 560nm
電源 ：DC5V 〜 20V
暗電流：Max 0.1 μA
　　　（秋月電子通商）

エミッタ（E）
コレクタ（C）

このセンサをマイコン等で使うには、図-7のように接続して電流を電圧に変換します。これでアナログ電圧入力として直接マイコン等に接続することができます。センサ自体が明るさに比例した電流出力となっていますから、精度はあまり良くはないですが、明るさを絶対値で計測することもできます。

● 図-7 明るさセンサの接続回路

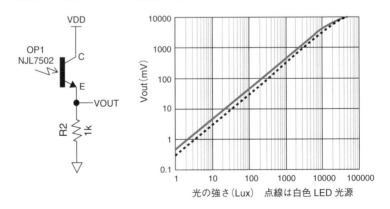

3-1-4　UARTインターフェースの使い方

センサやアクチュエータの中にはUARTで通信するものもあります。代表的なもので説明します。

1 GPSセンサ

緯度経度の位置情報や、正確な時間を入手できるセンサで、意外と簡単に使うことができます。最近は日本が打ち上げた準天頂衛星「みちびき」を使うものもあって、高精度な位置情報を入手できます。

実際のセンサは図-1のような外観と仕様になっています。このセンサは準天頂衛星には対応していません。

●図-1　GPSセンサの外観と仕様

型番　　　：GPS-54D
I/F　　　：UART（9600bps）
電源　　　：DC3.1V 〜 3.6V
消費電流　：75mA
感度　　　：−142dBm
　　　　　　NMEA-0183 準拠
測位までの時間：70 秒
　　　　　　　　（コールド）

No	記号	機能	No	機能
1	RX	電源	5	VCC
2	GND	GND	6	NC
3	TX	送信	7	NC
4	BATT	受信	8	NC

GPSデータそのものはUARTインターフェースで、1秒間隔で送信出力されています。その代表的なフォーマットは図-2のようになっていて、これから、表-1のように正確な時刻と緯度経度、高度などが入手できます。

●図-2　GPSの送信フォーマット

$GPGGA,hhmmss.sss,ddmm.mmmm,N/S,dddmm.mmmm,E/W,v,ss,dd.d,hhhhh.h,M,
gggg.g,M,,XXXX.X,0000*hh\<CR>\<LF>

▼表-1　$GPGGAの内容一覧

項　目	内　容	例
hhmmss.sss	協定世界時（UTC）での時刻。日本標準時は協定世界時より9時間進んでいる	093521.356 UTC 時刻9時35分21秒356 日本時刻18時35分21秒356
ddmm.mmmm	緯度　dd度mm.mmmm分 分は60進数なのでGoogleマップなどには度＋（分÷60）として10進数にする	3541.6070 緯度　　35度41.6070分 10進　35.69345度
N/S	N：北緯　か　S：南緯	
dddmm.mmmm	経度　ddd度mm.mmmm分 分は60進数なのでGoogleマップなどには度＋（分÷60）として10進数にする	13944.1348 経度　　139度44.1348分 10進　139.73558度
E/W	E：東経　か　W：西経か	
v	位置特定の品質 0=特定不可　1=標準測位　2=GPSモード	

項　目	内　容	例
ss	受信できている衛星数	8個以上だと高精度な測位可能
dd.d	水平精度低下率	
hhhhh.h	アンテナの海抜高さ	
M	単位メートル	
gggg.g	ジオイド高さ	
M	単位メートル	
xxx.x	DGPS関連（不使用）	
0000	差動基準地点ID	
*hh	チェックサム	
<CR><LF>	終わり	

2 無線モジュール

　Wi-FiやBluetoothの無線モジュールは、図-3、図-4のような外観と仕様となっています。大部分がUARTインターフェースで、マイコン等から制御できるようになっています。これらの実際の使い方は第2章で説明しています。

●図-3　Wi-Fiモジュールの外観と仕様

型番　　　：ESP-WROOM-02（32ビットMCU内蔵）
仕様　　　：IEEE802.11 b/g/n　2.4G
電源　　　：3.0V～3.6V　平均80mA
モード　　：Station/softAP/softAP＋Station
セキュリティ：WPA/WPA2
暗号化　　：WEP/TKIP/AES
I/F　　　：UART 115.2kbps
その他　　：GPIO
　　　　　　（スイッチサイエンス社で基板実装）

No	信号名
1	GND
2	IO0
3	IO2
4	EN
5	RST
6	TXD
7	RXD
8	3V3

型番　　　：ESP-WROOM-32（32ビットデュアルコア）
仕様　　　：IEEE802.11 b/g/n　2.4G
　　　　　　Bluetooth Classic、BLE 4.2（デュアル）
電源　　　：2.2V～3.6V　平均80mA
モード　　：Station/softAP/softAP＋Station
セキュリティ：WPA/WPA2・WPS
暗号化　　：AES/RSA/ECC/SHA
I/F　　　：UART 115.2kbps
その他　　：GPIO、I2C、SPI、ADC、etc
　　　　　　（スイッチサイエンス社で基板実装）

●図-4　Bluetoothモジュールの外観と仕様

USBモジュールの仕様
　型番：RN42XVP-I/RM（Microchip製）
　仕様：Bluetooth V2.1＋EDR
　　　　SPP、HID
　電源：3.0V〜3.6V
　　　　送信時30mA
　I/F　：UART　115.2kbps

USBモジュールの仕様
　型番：RN4020-XB（Microchip製）
　　　　（秋月電子通商で基板化）
　仕様：Bluetooth Low Energy（BLE）
　　　　Bluetooth v4.1対応
　電源：本体1.8V〜3.6V　送信時16mA
　　　　基板　3.3V/5V
　I/F　：UART　115.2kbps

3-1-5　I^2C/SPIインターフェースの使い方

　最近のセンサやアクチュエータはI^2CかSPIというシリアル通信で接続するものが非常に多くなっています。ここでは実際のセンサなどでI^2C、SPIで接続するものを説明します。

■1　複合センサ　BME280

　ボッシュ社製の有名なセンサで、図-1のような外観と仕様となっています。I^2CとSPI両方に対応しています。

　気圧、温度、湿度が計測できるセンサで、それほど高精度ではないのですが、三つのデータを1個のセンサで入手できるので便利に使えます。

●図-1　BMS280センサの外観と仕様

ボッシュ社製
型番：BME280
I/F　：I2C または SPI
温度：−40℃〜85℃ ±1℃
湿度：0 〜 100% ±3%
気圧：300 〜 1100hPa±1hPa
電源：1.7V 〜 3.6V
補正演算が必要
（秋月電子通商にて基板化
したもの AE-BME280）

J1、J2、J3 を接続

AE -BME280　J3 J1 J2

VDD GND CSB SDI SDO SCK
　1　　2　　3　　4　　5　　6
　　　　　　　　　　　　└ SCL
VDD GND　　　　　　　　SDA

ジャンパは下記
J1、J2：I2C プルアップ有効化
J3：I2C（接続）と SPI（開放）切り替え

ピン配置

No	信号名
1	VDD
2	GND
3	CSB（無接続）
4	SDI（SDA）
5	SDO（ADR）
6	SCK（SCL）

I2C アドレス
　0 x76（ADR＝GND）
　0 x77（ADR＝VDD）

　このセンサは計測ごとに較正演算が必要で、初期化のときに較正用のデータを読み込み、その値で較正演算をします。このため、計測データの構成は結構複雑で、多くのデータを読み出す必要があります。また32ビットの演算になるので結構大

きな演算プログラムになってしまいます。しかし、Arduino、MicroPython、C言語いずれもすでに完成されたライブラリがあるので、使うのは簡単です。温湿度ですから高速で計測する必要がないので、大部分I²C通信で使われます。

2 高精度温湿度センサ

±0.1℃という高精度な温度計測ができるセンサで、その外観と仕様が図-2となります。湿度も±1.5%と半導体センサの中でも高精度となっています。

● 図-2 高精度温湿度センサの外観と仕様

型番	: AE-SHT35
制御IC	: SHT35 SENSIRION社
電源	: DC2.4V〜5.5V
	0.8mA（測定時）
通信方式	: I2C（Max 1MHz）
アドレス	: 0x45（ADR Open）
	0x44（ADR GND）
	プルアップ抵抗内蔵
測定温度	: −40℃〜125℃±0.1℃
測定湿度	: 0%〜100%±1.5%
分解能	: 16ビット
ピンピッチ	: 2.54mm
販売	: 秋月電子通商

No	信号名
1	VDD
2	SDA
3	SCL
4	ADR
5	GND

こちらはI²Cだけのインターフェースとなっていて、図-3のような使い方で、最初に測定コマンドを送信してから結果のデータを読み出します。測定値から実際の温湿度に変換するのも、図中のような簡単な式で変換できるので使いやすくなっています。

● 図-3 温湿度センサのI²C通信フォーマット

（a）測定コマンド送信

| S | アドレス+W | ACK | 0x2C | ACK | 0x06 | ACK | P |

0x2C06のコマンドで、繰り返し精度レベルは高
クロックストレッチ有効となる

（b）測定データ読み出し

| S | アドレス+R | ACK | 計測中 | 温度上位 | ACK | 温度下位 | ACK | CRC | ACK | 湿度上位 | ACK | 湿度下位 | ACK | CRC | NAK | P |

クロックストレッチ

（c）変換式　　T＝温度上位×256＋温度下位　　　　RH＝湿度上位×256＋湿度下位
　　　　　　　温度＝(T×175)÷65535−45　　　　　湿度＝(RH×100)÷65535

3 気圧センサ

大気圧を計測できるセンサで、図-4のようなものがあります。いずれも同じメーカ製なので使い方は一緒でI²Cインターフェースとなっています。いずれもICを基板に実装したものとなっています。

こちらのセンサは初期化でレジスタ0x20に0x90を書き込んで計測モードを設定し、そのあとは、毎回レジスタ0x28から3バイトのデータを読み出せば24ビットの気圧のデータが読み出せます。読み出した値を4096で割り算すれば実際のhPa単位の気圧データとなります。

●図-4　気圧センサの外観と仕様

型番　　　：AE-LPS25HB
制御IC　：STマイクロ社
電源　　　：DC1.7 ～ 3.6V
　　　　　　2mA（測定時）
通信方式：I2C/SPI（選択可能）
アドレス：0x5D（ADR VDD）
　　　　　　0x5C（ADR GND）
測定気圧：260 ～ 1260hPa
測定精度：±0.1hPa（@25℃）
　　　　　　±1hPa（0 ～ 80℃）
分解能　：24ビット
販売　　　：秋月電子通商

No	信号名	備考
1	VDD	電源
2	SCL	I2Cクロック
3	SDA	I2Cデータ
4	ADR	I2Cアドレス切替
5	CS	HighでI2C選択
6	NC	なし
7	INT	割り込み
8	GND	グランド

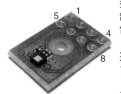

型番　　　：LPS22HB
制御IC　：STマイクロ社
電源　　　：DC1.7 ～ 3.6V
　　　　　　12μA（測定時）
通信方式：I2C/SPI（選択可能）
アドレス：0x5D（SA0 VDD）
　　　　　　0x5C（SA0 GND）
測定気圧：260 ～ 1260hPa
測定精度：±0.1hPa（@25℃）
分解能　：24ビット
販売　　　：ストロベリーリナックス

No	信号名	備考
1	GND	グランド
2	SDA	I2C データ
3	SCL	I2Cクロック
4	VDD	電源
5	SDO（SA0）	I2Cアドレス切替
6	INT	割り込み
7	CS	HighでI2C選択
8	VDD I/O	I/O電源

4 CO_2センサ

　CO_2センサとして使えるセンサに図-5のようなCCS811というセンサがあります。これもセンサを基板に実装した構成となっています。実際には揮発性有機化合物の検出センサなので純粋なCO_2センサではないのですが、実用的には扱えます。

　こちらもI^2Cインターフェースで、制御手順は次のようにします。

①開始コマンド　0xF4を送信する

②測定モードを設定するため、0x01レジスタに0x10を書き込む。これにより
　1秒間隔で測定が実行される

③レジスタ0x02から8バイトのデータを読み出す

Total Volatile Organic Compoundsの略。総揮発性有機化合物の濃度

　最初の2バイトがCO_2の値となり、次の2バイトがTVOC値[*]、次の1バイトがStatusとなります。Statusの最下位ビットがErrorの状態を表し、1だとセンサ計測にエラーがあることになります。

●図-5　CO_2 センサ

型番　　　：AMS 社 CCS811 搭載
　　　　　　揮発性有機化合物センサ
電源　　　：DC1.8V ～ 3.3V
　　　　　　26mA（測定時）
通信方式　：I2C（Typ100kHz Max400kHz）
アドレス　：0x5B（ADD＝VDD）
　　　　　　0x5A（ADD＝GND）
　　　　　　プルアップ抵抗内蔵
CO2 濃度　：400 ～ 8192ppm
測定 TOVC：0 ～ 1187ppb
分解能　　：16 ビット
ピンピッチ：2.54mm
入手先　　：アマゾン

No	信号名	備考
1	VCC	電源
2	GND	グランド
3	SCL	I2C クロック
4	SDA	I2C データ
5	WAK	High で Idle
6	INT	割り込み出力
7	RST	Lowでリセット
8	ADD	I2C アドレス切替

3-1-6　I²C/SPIインターフェースの表示器の使い方

　　Arduinoやマイコンなどでよく使われる表示器には液晶表示器や有機EL表示器（OLED）があります。ここでは本書で使ったこれらの表示器の使い方をまとめて説明します。

■1 I²Cインターフェースの液晶表示器

　　I²C接続の液晶表示器でよく使われるものには、図-1、図-2、図-3のような外観と仕様のものがあります。いずれも内蔵のコントローラが互換性のあるものですので、全く同じプログラムで動作させることができます。
　　図-1の液晶表示器は小型で8文字2行の表示となります。基板の裏面にジャンパがあり、これでI²Cのプルアップ抵抗を有効化できます。

●図-1　液晶表示器の外観と仕様

型番　　　：AE-AQM0802
制御IC　　：ST7032
電源　　　：DC3.1V～3.5V
　　　　　　Max 1mA
通信方式　：I2C（Max 100kHz）
アドレス　：0x3E
プルアップ：ジャンパで可　10kΩ
表示文字種：英数字記号　256文字
ピンピッチ：変換基板により
　　　　　　2.54mm
販売　　　：秋月電子通商

裏面配置

No	信号名
1	VDD
2	RESET
3	SCL
4	SDA
5	GND

　　図-2の液晶表示器は大型で、16文字2行の表示となっています。**ガラスがむき出しになっているので割らないように注意が必要です。**また、ピンピッチの変換基板が別になっていてはんだ付けが必要です。液晶表示器のピンが細くて狭ピッチですので、基板挿入の際には注意して下さい。さらに基板にはジャンパがあり、こちらもI²Cのプルアップ抵抗を有効化できるようになっています。

●図-2 液晶表示器の外観と仕様

型番 ：AE-AQM1602A
電源 ：3.1V ～ 5.5V 1mA
表示 ：16 文字 ×2 行
　　　　英数字カナ記号
バックライト：無
制御 ：I2C アドレス 0x3E
サイズ：66×27.7×2.0mm

NO	信号名
1	+V
2	SCL
3	SDA
4	GND

プルアップ抵抗有効化
のジャンパ

　図-3の液晶表示器は16文字2行の文字表示と、最上段にアイコン表示ができるようになっています。こちらはI²Cのプルアップ抵抗は内蔵されていませんので、単独で使う場合には、抵抗の追加が必要です。

●図-3 液晶表示器の外観と仕様

型番 ：SB1602B
電源電圧 ：2.7V ～ 3.6V
温度範囲 ：−20 ～ 70℃
I2C クロック ：最大 400kHz
I2C アドレス ：0x3E
バックライト ：なし
コントラスト ：ソフトウェア制御
表示内容 ：英数字カナ記号 256 種
　　　　　　アイコン 9 種
　　　　　　16 文字 ×2 行
リセット ：リセット回路内蔵
販売 ：ストロベリーリナックス

No	信号名	備考
1	RST	リセット
2	SCL	I2C クロック
3	SDA	I2C データ
4	VSS	グランド
5	VDD	電源 3.3V
6	CAP+	
7	CAP−	
8	VOUT	未使用
9	A	
10	K	

　マイコン側から液晶表示器に出力するデータのフォーマットは、図-4のようになっています。

　最初にアドレスを送信したあと、データを送りますが、データは制御バイトとデータバイトのペアで送信するようにします。制御バイトは上位2ビットだけが有効ビットです。最上位ビットは、この送信ペアが継続か最終かの区別ビットで、「0」のときは最終データペア送信で、「1」のときはさらに別のデータペア送信が継続することを意味しています。本書では常に0として使います。

　次のRビットはデータの区別ビットで、続くデータバイトがコマンド（0の場合）か表示データ（1の場合）かを区別します。コマンドデータの場合は、多くの制御を実行させることができます。表示データの場合は、液晶表示器に表示する文字データとなります。

●図-4　送信データフォーマット

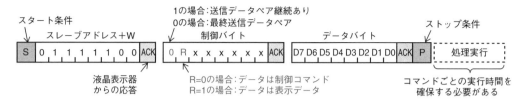

どの液晶表示器も、制御コマンドを送信することで多くの制御を行うことができます。この制御コマンドには大きく分けて標準制御コマンドと拡張制御コマンドとがあります。標準制御コマンドには、表-1のような種類があり、基本的な表示制御を実行します。

拡張制御コマンドには2種類ありISビットで選択します。ISビットが「0」のときの拡張制御コマンドには表-2（a）のようなコマンドがあり、ISビットが「1」のときの拡張制御コマンドには表-2（b）のようなコマンドがあります。

拡張制御コマンドは、電源やコントラストなど初期設定に必要なコマンドと、図-3の液晶表示器のアイコン選択をするためのコマンドがあります。コマンドごとに処理するために必要な実行時間がありますが、プログラムでは、このコマンド実行終了まで次の送信を待つ必要があります。

▼表-1　標準制御コマンド一覧

コマンド種別	DBx								データ内容説明	実行時間
	7	6	5	4	3	2	1	0		
全消去	0	0	0	0	0	0	0	1	全消去しカーソルはホーム位置へ	1.08msec
カーソルホーム	0	0	0	0	0	0	1	*	カーソルをホーム位置へ、表示変化なし	
書き込みモード	0	0	0	0	0	1	I/D	S	メモリへの書込方法と表示方法の指定　I/D：メモリ書込で表示アドレスを＋1(1)または－1(0)する。　S：表示全体シフトする(1)　しない(0)	26.3μsec
表示制御	0	0	0	0	1	D	C	B	表示やブリンクのオンオフ制御　D：1で表示オン　0でオフ　C：1カーソルオン　0でオフ　B：1ブリンクオン　0でオフ	
機能制御	0	0	1	DL	N	DH	0	IS	動作モード指定で最初に設定　DL：1で8ビット0で4ビット　N：1で1/6　0で1/8デューティ　DH：倍高指定　1で倍高　0で標準　IS：拡張コマンド選択（表2参照）	
表示メモリアドレス	1	DDRAMアドレス							表示用メモリ（DDRAM）アドレス指定　この後のデータ入出力はDDRAMが対象　表示位置とアドレスとの関係は下記　　行　　DDRAMメモリアドレス　1行目　0x00 〜 0x13　2行目　0x40 〜 0x53	

▼表-2　拡張制御コマンド一覧

（a）拡張制御コマンド（IS＝0の場合）

コマンド種別	DBx								データ内容説明
	7	6	5	4	3	2	1	0	
カーソルシフト	0	0	0	1	S/C	R/L	*	*	カーソルと表示の動作指定 S/C：1で表示もシフト　0でカーソルのみシフト R/L：1で右、0で左シフト
文字アドレス	0	1	CGRAMアドレス						文字メモリアクセス用アドレス指定（6ビット） この後のデータ入出力はCGRAMが対象となる

（b）拡張制御コマンド一覧（IS＝1の場合）

コマンド種別	DBx								データ内容説明
	7	6	5	4	3	2	1	0	
バイアスと内蔵クロック周波数設定	0	0	0	1	BS	F2	F1	F0	バイアス設定 　BS：1で1/4バイアス　0で1/5バイアス クロック周波数設定 　F<2:0>＝　100：380kHz　110：540kHz　111：700kHz
電源、コントラスト定	0	1	0	1	IO	BO	C5	C4	アイコン制御　IO：1で表示オン　0で表示オフ 電源制御　BO：1でブースタオン　0でオフ コントラスト制御の上位ビット 　　コントラスト設定コマンドとC<5:0>で制御
フォロワ制御	0	1	1	0	FO	R<2:0>			フォロワ制御　FO：1でフォロワオン　0でオフ フォロワアンプ制御 　R<2:0>　LCD用VO電圧の制御
アイコン指定	0	1	0	0	AC<3:0>				アイコンの選択（図-6参照）
コントラスト設定	0	1	1	1	C<3:0>				コントラスト設定 　C5、C4と組み合わせてC<5:0>で設定する

　　　表示データとしてASCIIコードを送信すると1文字表示しますが、そのASCIIコードと文字の対応は図-5のようになっています。通常のASCIIコードで文字が定義されていない箇所には、記号や特殊文字が割り振られています。

　　　図-3の液晶表示器では、上側の部分にアイコンを表示することができます。このアイコンを表示する場合には、表示するアイコンのオンオフを制御するデータのアドレスとデータビットで指定します。16個のアドレスごとに5ビットの制御データでオンオフができるようになっているので、最大5×16=80個のアイコンの制御が可能です。しかし、本書で使っている液晶表示器は13個のアイコンだけとなっています。アイコン制御データの位置と実際の表示アイコンとの対応は、図-6のようになっています。

　　　この制御コマンドを使ってアイコンを表示、消去する手順は次のようにします。

　　①機能制御コマンドでISビットを1にして送信
　　②アイコンアドレスを送信
　　③アイコン制御ビットを設定して送信
　　　（ビットを1とすれば表示、0とすれば消去）
　　④ISビットを0に戻して機能制御コマンド送信

●図-5 液晶表示器の文字メモリ内容

b7-b4 / b3-b0	0000	0001	0010	0011	0100	0101	0110	0111	1000	1001	1010	1011	1100	1101	1110	1111
0000																
0001																
0010																
0011																
0100																
0101																
0110																
0111																
1000																
1001																
1010																
1011																
1100																
1101																
1110																
1111																

●図-6 アイコンのアドレス制御ビットと表示内容

ICON address	ICON RAM bits				
	D4	D3	D2	D1	D0
00H	S1	S2	S3	S4	S5
01H	S6	S7	S8	S9	S10
02H	S11	S12	S13	S14	S15
03H	S16	S17	S18	S19	S20
04H	S21	S22	S23	S24	S25
05H	S26	S27	S28	S29	S30
06H	S31	S32	S33	S34	S35
07H	S36	S37	S38	S39	S40
08H	S41	S42	S43	S44	S45
09H	S46	S47	S48	S49	S50
0AH	S51	S52	S53	S54	S55
0BH	S56	S57	S58	S59	S60
0CH	S61	S62	S63	S64	S65
0DH	S66	S67	S68	S69	S70
0EH	S71	S72	S73	S74	S75
0FH	S76	S77	S78	S79	S80

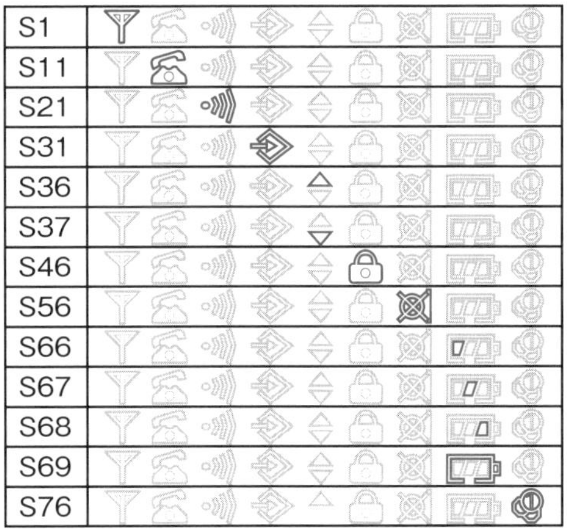

2 I²C接続の有機EL表示器

I²C接続の有機EL表示器があります。その外観と仕様は図-7のようになっています。図のように表示は白だけのモノクロ表示で、128×64ドットのグラフィック表示となっているので、これに文字を表示させるのはフォントが必要になりますし、ドットごとの制御になるので結構複雑な制御が必要になります。

しかし、ここに使われているコントローラSSD1306は、ArduinoやMicroPythonでは、ライブラリが用意されているので、簡単に使うことができます。

●図-7 有機EL表示器の外観と仕様

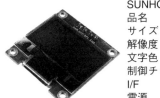

SUNHOKEY社製
品名　　　：有機ELディスプレイ
サイズ　　：0.96インチ
解像度　　：128×64ドット
文字色　　：白
制御チップ：SSD1306
I/F　　　：I2C アドレス 0x3C
電源　　　：3.3～5.5V

No	信号名
1	GND
2	VCC
3	SCL
4	SDA

3 SPI接続の有機EL表示器

本書では、SPIインターフェースで接続するフルカラーグラフィックの有機EL表示器も使っています。その有機EL表示器の外観と仕様が図-8となります。

この表示器もArduinoやMicroPythonのライブラリがあるので容易に使うことができます。

● 図-8　SPI接続の有機EL表示器の外観と仕様

有機ELの仕様
型番　　：QT095B
制御IC：SSD1331
電源　　：3.3V〜5.0V
表示　　：96×64ドットRGB
　　　　　フルカラー65536色
I/F　　：4線SPI　Max 6MHz
サイズ：27.3×30.7×11.3mm
　　　　（販売：秋月電子通商）

No	信号名	機能
1	GND	0V
2	VDD	3.3V〜5V
3	SCLK	Clock
4	SDIN	Data In
5	RES	Reset
6	D/C	Data/Command
7	CS	Chip Select

3-1-7　PWMインターフェースの使い方

実際にモノを動かす際に、変化を連続的に制御したいということが頻繁に出てきます。このような場合に使うのが「PWM[*]制御」となります。

Pulse Width Modulation
の略。パルス幅変調と
呼ばれる

1 PWM制御とは

PWM制御とは、図-1のような周期一定でHigh（またはLow）のパルス幅が可変となっているPWMパルスと呼ばれるパルスで制御することです。

例えば、Highの区間だけ電流が流れ、Lowの期間は電流が流れないとすると、Highのパルス幅が短いときは平均電流が小さくなり、Highのパルス幅が大きいときは平均電流が大きくなります。

このようなPWMパルスでは、Highの期間÷周期の期間の割合をデューティ比と呼び、0%から100%の範囲となります。これで0%から100%までステップ的に平均電流を可変することができます。この可変するステップはデューティ分解能が高いほど細かくできることになります。例えば、デューティ分解能が10ビットとすると0から1023のステップで可変できますし、16ビットであれば0から65535のステップで制御できることになります。

● 図-1　PWMパルスの基本構成

① デューティ比小

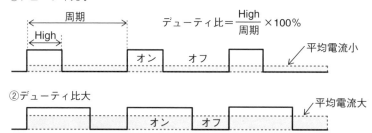

$$デューティ比 = \frac{High}{周期} \times 100\%$$

② デューティ比大

2 LEDの調光制御

PWM制御を最も簡単に使えるのがLEDの明るさの制御です。LEDが発光する明るさは、ほぼ電流に比例しています。したがって、図-2のような接続とすれば、LEDの明るさをマイコンからPWM制御により連続的に制御することができます。この

周期が数100Hz以上であれば、眼で見たときはほぼ連続点灯として見えますから、明るさが連続的に変化しているように見えます。

　PowerLEDのように大電流が必要な場合には、図-2（b）のようにMOSFETトランジスタを追加します。PWM制御の場合は、オンオフの繰り返しですから、MOSFETのような大電流のオンオフができるトランジスタが適しています。オン抵抗が非常に小さいので発熱もなく小型のMOSFETが使えます。

●図-2　LEDのPWM制御回路

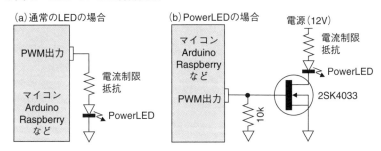

③ DCブラシモータのPWM制御

　DCブラシモータは、流す電流に比例して速度が変わります。したがって、この場合もPWM制御でモータの回転数を制御することができます。

　DCブラシモータの制御の場合には、図-3のようなフルブリッジ（Hブリッジとも呼ばれる）が使われ、この回路では、モータに流れる電流の向きも変えられますから、モータの回転方向も変えることができます。

　フルブリッジの使い方は、4個のMOSFETトランジスタの対角の2個をオンにすると、モータに電流が流れてモータが回転します。さらに下側のトランジスタをPWM制御すれば回転数も変えられます。異なる対角をオンにすれば逆方向に電流が流れますから、モータは逆転します。

●図-3　フルブリッジによるDCモータの制御回路

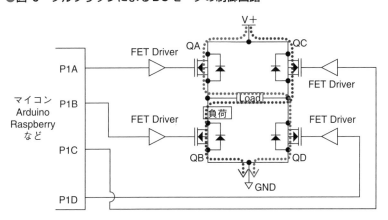

●**図-3 フルブリッジによるDCモータの制御回路(つづき)**

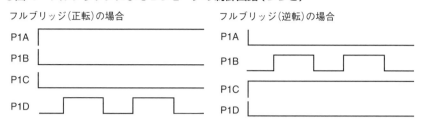

フルブリッジ(正転)の場合 フルブリッジ(逆転)の場合

市販のDCブラシモータの例としては図-4のようなものが容易に入手できます。動かす対象の重量に応じて必要なトルクを確保できるモータを選択します。多くの場合はギヤを組み合わせてトルクを大きくして使います。表中の小型のモータでしたら、図-3の回路のFET Driverは不要で、マイコン等から直接MOSFETをオンオフ制御することができます。

●**図-4 市販のDCブラシモータの例**

型番	重量 g	電圧 V	適正電圧 V	無負荷回転数 r/min	適正負荷時		
					適正負荷 mN·m	回転数 r/min	電流 A
FA-130RA	18	1.5 ～ 3.0	1.5	8600	0.39	6500	0.5
RE-140RA	21		1.5	7200	0.49	4700	0.56
RE-260RA	30		3.0	10900	0.98	7500	0.7
RE-280RA	44		3.0	8700	1.47	5800	0.65
RS-380PH	75	4.5 ～ 9.6	7.2	15100	9.8	13400	2.9
RS-540SH	159		7.2	15800	19.6	14400	6.1

FA-130RA　　　　　　　RE-140RA　　　　　　　RE-280RA

4 RCサーボモータの制御

　RCサーボ（ラジコン制御用サーボモータ）は、一定の角度で停止するようになっているサーボモータで、0度から120度または180度まで回転することができます。

　市販の小型のRCサーボモータSG90の仕様は図-5のようになっています。図のようにパルス幅と動作角度が明記されていて、仕様通りに動作します。

● 図-5　小型RCサーボモータの外観と仕様

型番	：SG90
PWM周期	：20ms
デューティ	：0.5ms ～ 2.4ms
制御角	：± 約90°（180°）
トルク	：1.8kgf・cm
動作速度	：0.1秒/60度
動作電圧	：4.8V ～ 5V
消費電流	：約140mA（無負荷時）約1200mA（ストール時）
制御電圧	：3.3V ～ 5V
温度範囲	：0℃ ～ 55℃
外形寸法	：22.2×11.8×31mm
重量	：9g

橙：制御信号
赤：電源
茶：グランド

　大型のRCサーボ例の外観と仕様は図-6のようになっていて、大きなトルクがあります。パルス幅の仕様が明記されていないのですが、0.54msから2.4msでほぼ180度の動作が確認できました。

● 図-6　大型RCサーボモータの外観と仕様

コネクタピン配置
黄（PWM）
赤（5V）
茶（GND）

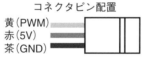

型番	：MG996R
PWM周期	：20ms
デューティ	：0.5ms ～ 2.4ms
制御角	：± 約90°（180°）
トルク	：9.4kgf・cm
動作速度	：0.19秒/60度
動作電圧	：4.8V ～ 6.6V
動作電流	：170mA（無負荷時）1400mA（ストール時）
制御電圧	：3.3V ～ 5V
温度範囲	：0℃ ～ 55℃
外形寸法	：40.7×19.7×42.9mm
重量	：55g

　これらのRCサーボを動かすために必要な制御パルスは図-7のような仕様になっています。図のように周期が50Hz（20mses）のPWMパルスなのですが、オンのパルス幅が0.54msから2.4msとなっていて、制御幅が約2msecしかありません。

　つまり制御範囲が周期の1/10となっているので、デューティ分解能が大きなPWMパルスでないと細かな角度制御ができません。例えば10ビット分解能の場合1023分解能ですから制御範囲は約100ステップとなり、180度を1度単位では動かせないことになります。

●図-7 RCサーボの制御パルスの仕様

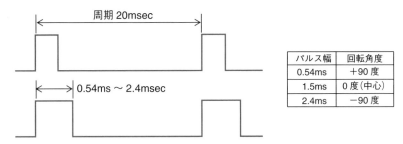

パルス幅	回転角度
0.54ms	＋90度
1.5ms	0度（中心）
2.4ms	－90度

　RCサーボを使う場合に注意が必要なことは、**電源が5Vで動作時にかなりの大電流が必要となることです**。また、強制的に止めたときのストール時には10倍以上の電流が流れてしまいます。したがって、小型のRCサーボでも意外と電流が流れますから、マイコンボードやArduinoからの直接電源供給は避けたほうがよく、ACアダプタなどの別電源からRCサーボ用に供給したほうがよいと思われます。

3-2 Arduinoを使いたい

3-2-1　Arduino UNO R3で液晶表示器を使いたい

本項では、Arduino UNO R3にI²C通信で使う液晶表示器を接続する方法を、例題で説明します。最近では多くの液晶表示器がI²C接続となっており、内蔵のコントローラも互換品が多く、同じプログラムで動かすことができます。

1 例題の全体構成

例題は図-1のような接続構成として、一定間隔で液晶表示器にメッセージを表示するようにします。メッセージの内容にカウンタ値を入れてカウントアップするようにします。

Arduino UNO R3の拡張ボードとしてブレッドボードを使い、図-1のように液晶表示器をI²Cラインに接続して制御するものとします。

●図-1　例題の全体構成

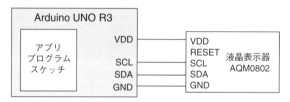

2 ハードウェアの製作

液晶表示器にはちょっと小型のものを使いました。使用した液晶表示器の外観と仕様は、3-1-6項の図-1となります。変換基板の組み立てが必要です。また、液晶表示器のI²Cラインのプルアップ抵抗*を有効化するジャンパをはんだで接続しておく必要があります。表示制御コマンドの詳細は3-1-6項を参照して下さい。

ハードウェアの組み立てはブレッドボードですが、図-2のように配線数は少ないので簡単にできると思います。ArduinoのI²Cの端子はSCLとSDAと記入された、コネクタの端にあるピンに決められていますから、そのまま使います。

電源はArduinoの3.3VとGNDを使い、ブレッドボードの赤と青のラインを使って供給します。液晶表示器のRESETピンはオープンのままとします。

I²CのSDAとSCLラインは数kΩの抵抗で電源に接続する必要がある

●図-2 ハードウェアの組み立て

3 プログラムの製作

プログラム製作はArduino IDE V2.2.1を使ってスケッチで作成します。液晶表示器用ライブラリの追加が必要です。

液晶表示器用ライブラリは、図-3のようにしてインストールします。Arduino IDEのメインメニューから、[Tools]→[Manage Libraries]で開く右側の窓で、検索窓を使って必要なライブラリを検索します。

検索は「AQM0802」で行います。見つかったライブラリから「ST7032_asukiaaa」のほうをインストールします。

●図-3 液晶表示器用ライブラリのインストール

このライブラリだけで例題のスケッチが作成可能です。I²Cを使いますが標準で組みこまれているWireライブラリで使うことができます。

作成したスケッチはリスト-1となります。最初に各ライブラリをインクルードしています。続いて液晶表示器とセンサのインスタンス※を生成して使えるようにしています。

初期設定の最初に液晶表示器の初期設定を行います。文字数と行数指定とコントラスト指定です。コントラストは多少調整が必要※になるかもしれません。濃い文字で背景が消えている状態になるよう適当な値に調整して下さい。液晶表示器が正常に動作していれば、ここで「*Start!*※」と表示されます。

メインループでは、カウンタの数値を文字列に変換して液晶表示器に文字として表示させます。これにはprint文を使います。

> ・・・・・・・・・・
> 使う場合の実体の生成
> と呼称を決める
>
> ・・・・・・・・・・
> 電源電圧と個体により
> 異なる。数値が大きい
> ほど濃くなる
>
> ・・・・・・・・・・
> これが表示されれば液
> 晶表示器が正常動作し
> ている

リスト　1　例題のスケッチ（LCD_Only.ino）

```
1   //*******************************
2   //  Arduino で液晶表示器を使う
3   //  AQM0802    LCD_Only
4   //*******************************
5   #include <Wire.h>            // I2C用
6   #include <ST7032_asukiaaa.h>
7   // インスタンス生成
8   ST7032_asukiaaa lcd;         // 液晶表示器
9   // 変数定義
10  int Counter;
11
12  //***** 初期設定 *******
13  void setup() {
14    // LCD setting
15    lcd.begin(8, 2);           // 8文字2行
16    lcd.setContrast(30);       // コントラスト設定
17    lcd.print("*Start!*");     // 開始文字表示
18  }
19
20  //****** メインループ *****
21  void loop() {
22    // 表示編集と出力
23    lcd.setCursor(0, 1);       // 2行目指定
24    lcd.print("CNT=");
25    lcd.print(Counter++);      // カウンタ値
26    delay(100);                // 0.1秒間隔
27  }
```

4 動作結果

これで実行した結果の液晶表示器の表示例が図-4となります。

●図-4　実行結果の液晶表示器の表示例

3-2-2　Arduino UNO R3でI^2C接続のセンサを使いたい

Arduino UNO R3にI^2C通信で使うセンサを接続する方法を説明します。最近では多くのセンサがI^2C接続となっており、同じラインで複数のセンサが接続でき、アドレスで区別して使えるので便利に使えます。これを実際の例題で説明します。

1 例題の全体構成

例題は図-1のように、すべてI^2C接続のセンサと液晶表示器を同じI^2Cラインに接続する構成として、一定間隔でセンサの温度、湿度、気圧、CO_2濃度を読み出し、液晶表示器に表示するという機能とします。いずれのセンサも高精度のものなので全体として高精度の計測ができます。

● 図-1　例題の全体構成

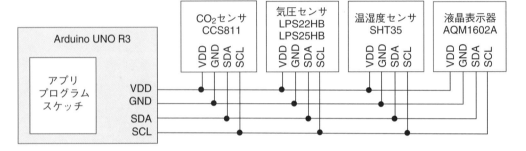

2 ハードウェアの製作

液晶表示器の外観と仕様は3-1-6の図-2となります。変換基板と本体のキットになっているので、変換基板の組み立てが必要です。また、センサか液晶表示器のいずれかのI^2Cラインのプルアップ抵抗[*]を有効化するジャンパをはんだで接続しておく必要があります。表示制御コマンドの詳細は3-1-6項を参照して下さい。

> I^2CのSDAとSCLラインは数kΩの抵抗で電源に接続する必要がある

温湿度センサ「SHT35」を使いましたが、このセンサの外観と仕様は、3-1-5項の図-2のようになっています。このセンサは高精度で温度と湿度が計測できます。このI^2Cの通信の詳細はここでは省略しますので、データシートで確認して下さい。

気圧センサ「LPS22HB」、または「LPS25HB」の外観と仕様は、3-1-5項の図-4のようになっています。こちらも高精度な気圧計測ができます。いずれを使っても同じように動作します。

次がCO_2センサで、外観と仕様は3-1-5項の図-5となります。このセンサは反応が早く敏感に反応します。もともと揮発性有機化合物に反応[*]するので、純粋なCO_2濃度ではないですが、室内の空気の汚れ具合を計測するという意味では都合が良いかもしれません。

> こちらはTVOCの計測値で濃度が測れる

以上の部品を図-2の回路図のように接続します。ArduinoのI^2Cの端子はSCLとSDAと記入された、コネクタの端にあるピンに決められていますから、そのまま使います。電源はArduinoの3.3VとGNDを使い、ブレッドボードの赤と青のラインを使って供給します。

●図-2 例題の回路図

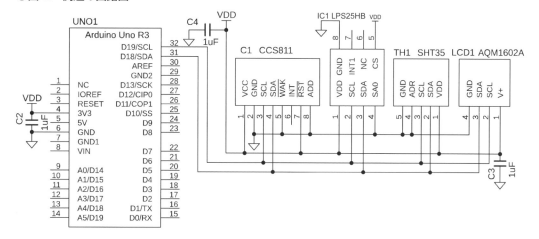

ハードウェアの組み立てはブレッドボードで行います。配線完了したブレッドボードが図-3となりますが、図では液晶表示器は外しています。

図のように配線はI²Cと電源とGNDの配線だけですので難しくはないと思います。センサと液晶表示器間のI²C配線は短いジャンパ線で接続しています。

ブレッドボードの両端にある縦のラインは電源とグランド用として使いますが、両端の間を接続して電源とグランドが接続されるように※する必要があります。

※
電源渡りの配線

●図-3 ハードウェアの組み立て

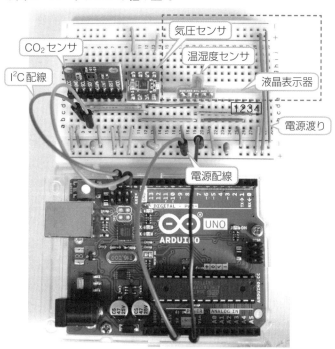

3
エッジの製作

3 プログラムの製作

プログラム製作はArduino IDE V2.2.1を使ってスケッチで作成します。液晶表示器、各種センサのいずれもライブラリの追加が必要です。

液晶表示器用ライブラリは、3-2-1項で使ったライブラリ「ST7032_asukiaaa」で、本項の液晶表示器も使えます。

温湿度センサのライブラリは、図-4の手順でインストールします。使うライブラリは、「Adafruit SHT31 Library」です。このライブラリでSHT3xシリーズがすべて使えます。

● 図-4　温湿度センサ用ライブラリのインストール

次は、気圧センサのライブラリで図-4と同様にして、本項では「LPS25」で検索し、表示された中から「LPS by Pololu」を使います。LPS22HBでも問題なく使えます。

次は、CO_2センサ用ライブラリで「CCS811」で検索[*]すると表示される中から、「Adafruit CCS811 Library」をインストールします。

実装しているセンサの型名で検索

いずれのライブラリも、「More info」をクリックして表示される解説サイトで紹介されているGitHubのサイトを開くと、「example.ino」があるのでそれを見れば使い方がわかります。

以上のライブラリを元に作成したスケッチはリスト-1となります。最初に各ライブラリをインクルードしています。続いて液晶表示器、各センサのインスタンス[*]を生成して使えるようにしています。

使う場合の実体の生成と呼称を決める

初期設定の最初に液晶表示器の初期設定を行います。文字数と行数指定とコントラスト指定です。コントラストは多少調整が必要[*]になるかも知れません。濃い文字で背景が消えている状態になるよう適当な値に調整して下さい。

電源電圧と個体により異なる。数値が大きいほど濃くなる

続いてセンサの初期設定です。いずれも初期化用の関数が用意されているので、それを呼びだし、応答が正常に返って初期化が完了するまで待つようにしています。

メインループでは、3種類のセンサごとに値を読み出しては、文字に編集して液

晶表示器に表示しています。

　CO_2センサはレディーを確認し、さらに正常に読み出しができた場合だけ液晶表示器に表示するようにしています。センサの値が正常値になるまでに20分程度の時間を要するようです。

　それぞれの数値を液晶表示器に文字として表示させるのですが、ここで少し面倒なことがあります。C言語ではsprintfという関数で簡単に数値を文字列に変換できるのですが、Arduinoではsprintfでは浮動小数が扱えません。

・・・・・・・・・・・・・・・
Arduino用の関数の一つ

　代わりにdtostrf*という関数があるのですが複数の変数をまとめて変換できず、さらにそれぞれが単独の文字列になってしまうため、他の文字列とつながった文字列として生成することができません。やむを得ないので、print関数を使って部分ごとに文字列を出力するようにしました。

　液晶表示器の表示位置指定は、setCurosor関数でできます。液晶表示器に「°」という文字が用意されているのですが、プログラムでは直接記述できませんから、16進数（0xDF*）の拡張文字として「¥xDF*」で指定して出力しています。

・・・・・・・・・・・・・・・
スケッチでは¥文字は逆スラッシュになる

リスト　1　例題のスケッチ（I2C_Sensors.ino）

```
1   //********************************
2   // Arduino でI2C接続のセンサを使う
3   //   I2C_Sensors
4   // 温湿度センサ   SHT31
5   // 気圧センサ     LPS25HB
6   // CO2センサ      CCS811
7   // 液晶表示器     AQM1602
8   //********************************
9   #include <Wire.h>            // I2C用
10  #include "ST7032_asukiaaa.h"
11  #include "Adafruit_SHT31.h"
12  #include "LPS.h"
13  #include "Adafruit_CCS811.h"
14  // インスタンス生成
15  ST7032_asukiaaa lcd;          // 液晶表示器
16  Adafruit_SHT31 sht31 = Adafruit_SHT31();
17  LPS ps;
18  Adafruit_CCS811 ccs;
19  // 変数定義
20  float temp, humi, pres, co2;
21
22  //***** 初期設定 *******
23  void setup() {
24    Serial.begin(9600);
25    // LCD setting
26    lcd.begin(16, 2);          // 16文字2行
27    lcd.setContrast(30);       // コントラスト設定
28    // SHT31センサ接続
29    if(!sht31.begin(0x44)){
30      Serial.println("Couldn't find sht31");
31      while(1);
32    }
33    // 気圧センサ接続
34    if(!ps.init()){
35      Serial.println("Failed to autodetect pressure sensor.");
```

```
36      while(1);
37    }
38    ps.enableDefault();
39    // CO2センサ接続
40    if(!ccs.begin()){
41      Serial.println("Failed to start sensor");
42      while(1);
43    }
44    while(!ccs.available());
45  }
46
47  //****** メインループ *****
48  void loop() {
49    // 温湿度センサから読み出し
50    temp = sht31.readTemperature();
51    humi = sht31.readHumidity();
52    // 温湿度表示編集と出力
53    lcd.setCursor(0, 0);        // 1行目指定
54    lcd.print(temp, 1);         // 温度表示
55    lcd.print("¥xDF");          // °C表示
56    lcd.print("C");
57    lcd.print("   ");
58    lcd.print(humi, 1);         // 湿度表示
59    lcd.print("%RH  ");
60
61    // 気圧センサから読み出し
62    pres = ps.readPressureMillibars();
63    // 気圧編集と表示
64    lcd.setCursor(0, 1);        // 2行目指定
65    lcd.print(pres, 0);         // 気圧表示
66    lcd.print("hPa  ");
67
68    // CO2センサから読み出し
69    if(ccs.available()){
70      if(!ccs.readData()){      // 読み出し
71        co2 = ccs.geteCO2();    // CO2取り出し
72        lcd.print(co2, 0);      // CO2表示
73        lcd.print("ppm  ");
74      }
75    }
76    else{
77      Serial.println("Error");
78    }
79    delay(3000);                // 3秒間隔
80  }
```

4 動作結果

これで実行した結果の液晶表示器の表示例が図-5となります。

●図-5　実行結果の液晶表示器の表示例

3-2-3　Arduino UNO R3でアナログ出力のセンサを使いたい

Arduinoのアナログ入力端子を使って、アナログ出力のセンサを接続する方法を説明します。Arduinoには、10ビットのADコンバータ*が内蔵されていて、アナログ信号を入力できるピン*がいくつか用意されています。このピンを直接使って、アナログ信号を入力する方法を例題で説明します。

Arduino UNO R4では
12ビット

A0からA5の6ピンが
使える

1 例題の全体構成

例題の構成を図-1のようにしました。単純な可変抵抗と、3軸のアナログ出力タイプの加速度センサをアナログピンに入力し、液晶表示器を表示に使うことにします。液晶表示器はI²C通信ですので、SCLとSDAラインをプルアップする必要があります。またリセットピン（RST）もプルアップする必要があります。

●図-1　例題の全体構成

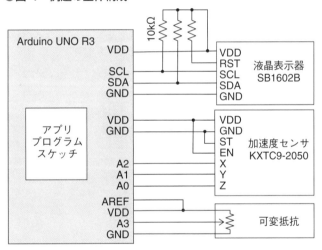

2 ハードウェアの製作

使った加速度センサは、3-1-3項の図-1のような仕様で、X、Y、Zそれぞれの軸ごとに加速度に比例したアナログ電圧を出力します。しかも加速度が0のときに3.3Vの2分の1、つまり中央値となるようになっているので、プラスマイナス両方*の測定ができます。

加速度の方向により中
央値からプラスマイナ
スの両方向の電圧が出
力される

ここで使った液晶表示器は、3-1-6項の図-3に示すもので、16文字2行の外にアイコン表示ができるものです。制御は他の液晶表示器と全く同じ手順で制御できますので、便利に使えます。

これらの部品の接続は、図-2の回路図のようにします。

電源は3.3VだけなのでArduinoから取り出します。I²Cも決められたピンがありますからそこに接続します。加速度センサのX、Y、Zの出力は、ArduinoのA2、A1、

A0端子に接続し、可変抵抗はA3の端子に接続します。これらがアナログピンとなっています。

また、Arduinoのアナログ入力ピンは、デフォルト状態では0Vから5Vの範囲の入力となっていますから、これを0Vから3.3Vの範囲に変更するため、AREF端子に3.3Vを接続します。そして、プログラムで「analogReference(EXTERNAL);」というコマンドを実行します。これで内蔵のADコンバータが0Vから3.3Vの範囲を0から1023[*]の値でAD変換してくれます。

10ビットのADコンバータなので最大が1023となる

●図-2 例題の回路図

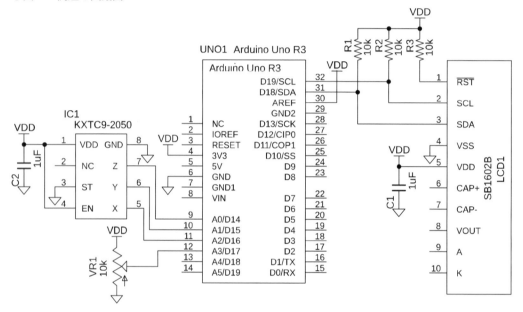

部品をブレッドボードに実装し、回路図に従ってジャンパ線でArduinoに接続します。組み立てが完了した状態が図-3のようになります。

I²Cとリファレンス[*]の接続はブレッドボードを動かしやすいように[*]長めのジャンパ線を使っています。

ここで注意することがあります。**AREFピンを3.3Vに接続するのは、スケッチを書き込んで動作を開始した後**で接続するということです。また、接続した状態で、「analogReference(DEFAULT);」に設定すると、**Arduinoのマイコン内部で故障が起き**[*]、正常にアナログ入力ができなくなるので注意して下さい。

AD変換の電圧範囲を決める信号

ブレッドボードを傾ける必要があるため

故障するとマイコンそのものを交換する必要がある

●図-3　組み立てが完了した例題の外観

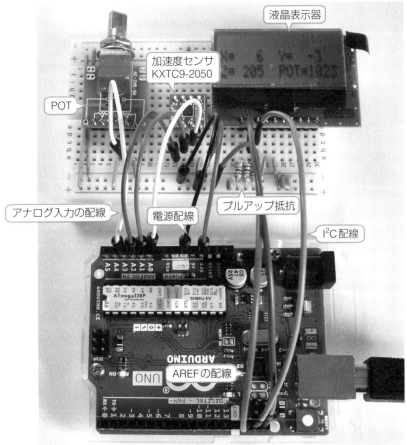

3 プログラムの製作

　プログラム製作はArduino IDE V2.2.1を使ってスケッチで作成します。液晶表示器用のライブラリが必要ですが、前項と同じライブラリで「ST7032_asukiaaa」を使います。

　加速度センサはアナログピンを直接入力するだけなので、特にライブラリは必要としません。作成したスケッチ全体がリスト-1となります。

　初期設定では液晶表示器の初期化と、アナログリファレンスの設定をしています。この設定で0Vから3.3Vの範囲としています。

　メインループでは、加速度センサの3軸のAD変換結果を読み出し、中央値が0となるように511を引き算しています。その後、それぞれを液晶表示器に、3桁の整数値として表示出力するように、sprintf関数で文字列に変換してから表示しています。可変抵抗はAD変換結果そのままとしているので、4桁の整数値として表示しています。

リスト　1　例題のスケッチ（Analog_Sensor.ino）

```
1   //**********************************
2   //  Arduinoでアナログ入力しLCD表示
3   //    Analog_Sensor
4   //    KXTC9-2050    SB1602B
5   //**********************************
6   #include <Wire.h>              // I2C用
7   #include <ST7032_asukiaaa.h>
8   // インスタンス生成
9   ST7032_asukiaaa lcd;           // 液晶表示器
10  // 変数宣言
11  int x, y, z, pot;
12  char Line1[17], Line2[17];
13
14  //***** 初期設定 *****
15  void setup() {
16    // LCD初期化
17    lcd.begin(16, 2);            // 16文字2行
18    lcd.setContrast(40);         // コントラスト設定
19    analogReference(EXTERNAL);   // ADCリファレンス設定
20  }
21  //******* メインループ *******
22  void loop() {
23    // 加速度センサ入力
24    x = analogRead(A2) - 511;    // X軸入力
25    y = analogRead(A1) - 511;    // Y軸入力
26    z = analogRead(A0) - 511;    // Z軸入力
27    pot = analogRead(A3);        // POT入力
28    // 液晶表示器に編集し表示出力
29    lcd.setCursor(0, 0);         // 1行目指定
30    sprintf(Line1, "X= %3d   Y= %3d   ",x, y);
31    lcd.print(Line1);            // 表示実行
32    lcd.setCursor(0, 1);         // 2行目指定
33    sprintf(Line2, "Z= %3d   POT=%4d",z, pot);
34    lcd.print(Line2);            // 表示実行
35
36    delay(1000);                 // 1秒間隔
37  }
```

4 動作結果

　実行結果は、ブレッドボードを傾けると、重力加速度に対する加速度として、3軸の値が変化します。傾き角度に応じて値が連続的に変化し、およそ、±200前後が最大値となります。実際の表示器結果が図-4のようになります。可変抵抗は最大値の状態で1023となっています。

●図-4　実際の動作時の表示例

3-2-4　Arduino UNO R3でRCサーボモータを使いたい

扉の開閉や、指針の角度制御をするような場合、RCサーボモータがよく使われます。このRCサーボモータをArduino UNO R3で使う方法を説明します。

RCサーボモータは基本的にPWMパルスのパルス幅に比例した角度に回転します。しかし、このPWMパルスがやや特殊で、長い周期の10%程度しか使いません。さらに複数のRCサーボを同時動作させる必要があることが多く、Arduinoのプログラム制御では無理があります。しかし、Arduinoには、「Servoライブラリ*」というライブラリが標準で用意されていて、これらの課題をすべて解決してくれます。本項ではこのライブラリを使ってRCサーボモータを動かします。

ATMegaチップ内蔵のタイマを使ってパルスを生成している

1 例題の全体構成

実際の例題として図-1のような構成で、3台のRCサーボモータを一定間隔で角度を変えながらいったりきたりするプログラムを作成して試してみます。

例題で接続するRCサーボモータは3台としていますが、実際にはArduinoの全ポートを使うことができますので、多数のRCサーボを使うことができます。しかし。このような場合、RCサーボモータを動かすためには、5Vで大きな電流容量が必要になるため、Arduinoから直接5Vを供給*するには無理があります。このため、例題のようにACアダプタなどのRCサーボモータ用電源*を必要とします。

最大500mAまで

電源電圧は5Vとなる

●図-1　例題の構成

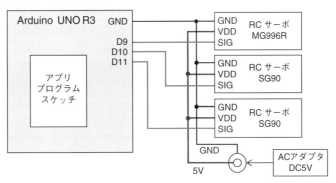

2 ハードウェアの製作

本項で使用した大型のRCサーボモータMG996Rの外観と仕様は3-1-7項を参照して下さい。非常にトルクが大きく重いものを動かすことができます。

これらのRCサーボモータをブレッドボード経由で接続します。組み立て配線が完了した状態が図-2となります。ブレッドボードにDCジャックを実装し、ここにACアダプタを接続してDC5Vを供給しています。そしてそれぞれのRCサーボモータの電源は、この5Vから供給しています。ArduinoのGNDと接続するのを忘れないようにする必要があります。

●図-2　例題の組み立て完了後の外観

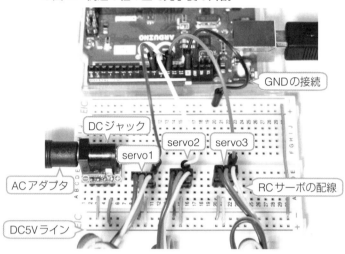

3 プログラムの製作

　例題のプログラムをArduino IDE V2.2.1で作成しますが、「Servo」ライブラリは標準でArduino SDKに組み込まれているので、「Servo.h」をインクルードするだけで使えるようになります。

　このライブラリを使って作成したスケッチがリスト-1となります。最初に3台のRCサーボモータのインスタンスを生成*し名前を決めます。次に初期設定では、各RCサーボモータを接続するピンと、パルス幅の可変範囲を指定します。今回は3台とも同じパルス幅*としました。

　メインループでは、servo1は0度から180度まで順に角度を増加させ、180度になったら0度に戻しています。servo2とservo3は逆の動作で180度から0度に角度を小さくしています。この制御を50msec間隔で実行しています。50msecで十分な間隔で瞬間停止しながら順次角度が動いていきます。

　RCサーボモータの電源をArduinoの電源と完全に分離していますから、電流の瞬時変動などで不安定な動作をすることも無く、安心して使うことができます。

・・・・・・・・・・・・・・・・
実体の生成と名前の定義
・・・・・・・・・・・・・・・・
通 常は540usecから2400usecの範囲

リスト　1　例題のスケッチ（RC_Servo.ino）

```
1   //********************************
2   // IoT  RC Servoの制御
3   //   RC3台　一定間隔で角度制御
4   //   RC_Servo
5   //********************************
6   #include <Servo.h>
7   // 3台のRCサーボのインスタンス生成
8   Servo servo1;
9   Servo servo2;
10  Servo servo3;
11  //変数定義
12  int Duty1, Duty2;
13  //***** 初期設定 *****
```

```
14  void setup() {
15    // サーボ出力ピンとパルス幅設定
16    servo1.attach(9, 500, 2400);
17    servo2.attach(10, 500, 2400);
18    servo3.attach(11, 500 ,2400);
19    Duty1 = 0;            // 角度初期値
20    Duty2 = 180;
21  }
22  //**** メインループ *********
23  void loop() {
24    servo1.write(Duty1);  // サーボ1制御
25    if(Duty1 < 180){      // Max でない場合
26      Duty1 += 1;         // +1する
27    }
28    else{                 // Max の場合
29      Duty1 = 0;          // 0に戻す
30    }
31    servo2.write(Duty2);  // サーボ2の制御
32    servo3.write(Duty2);  // サーボ3の制御
33    if(Duty2 > 0){        // Min より第の場合
34      Duty2 -= 1;         // -1する
35    }
36    else{                 // Min の場合
37      Duty2 = 180;        // Max に戻す
38    }
39
40    delay(50);            // 50msec周期
41  }
```

3-2-5　Seeeduino XIAOを使いたい

1 XIAOの概要

　超小型のArduino互換マイコンであるSeeed Studio社のSeeeduino XIAOを使ってIoTエッジデバイスを製作してみます。小型なのですがARM Cortex M0+という32ビットマイコンが搭載されていますから、結構高性能なデバイスです。このXIAOシリーズには多くの後継機があるのですが、本項では最初に発売されたXIAOを使ってみます。その外観と仕様は図-1のようになっています。

●図-1　Seeeduino XIAO の外観と仕様

CPU　　　：SAMD21G18
　　　　　　ARM Cortex M0+
メモリ　　：Flash：256KB
　　　　　　SRAM：32KB
クロック：48MHz
ピン数　　：14
開発環境：Arduino IDE
電源　　　：USB type C より
　　　　　　5V 供給。5V と 3.3V
　　　　　　出力ピンあり
基板寸法：20mm×17.5mm
内蔵周辺：I/O×11、PWM×11、
　　　　　　DAC×1、I2C、UART、SPI

2 例題の全体構成

実際に製作した例題の全体構成は図-2のようにしてみました。I^2Cで気圧、温湿度が計測できる複合センサと有機EL表示器（OLED）を接続しています。

● 図-2　例題の全体構成

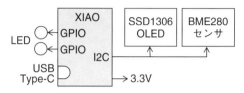

3 ハードウェアの製作

ここで使った有機EL表示器の外観と仕様は、3-1-6項の図-7のようになっています。I^2Cインターフェースで接続できるモノクロ（白）のグラフィック表示で、128×64ドットの表示となっています。

また、本項で使った複合センサは他の章でもつかっているボッシュ社製のもので、3-1-5項の図-1のように、気圧、温度、湿度が測定できます。計測したデータに補正演算が必要なのですが、この辺りはArduinoのライブラリがすべてやってくれますので、簡単に使うことができます。

本項ではI^2Cのプルアップ抵抗は、センサ基板に実装されているものを使うので、基板上のJ1、J2、J3のジャンパをすべて接続して使います。

これらをXIAOに接続して使いますが、その回路図は図-3のようにしました。XIAOのI^2C用のピンは決まっているので、ここに接続します。LEDは抵抗入りのものを使って直接XIAOのピンに接続しています。電源はXIAOの3.3V出力をそのまま使います。

● 図-3　例題の回路図

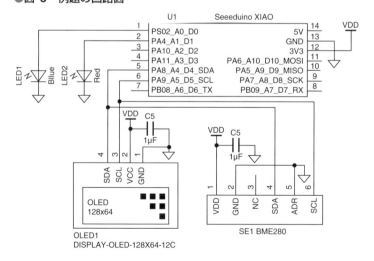

これらをブレッドボードに組み立てた外観が図-4となります。配線は電源とI²C だけなので簡単です。LEDは目印用でプログラムの動作確認用です。

●図-4　例題の組み立て完了した外観

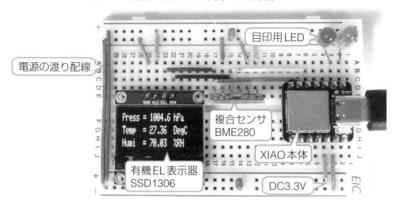

4 プログラムの製作

プログラムはArduino IDE V2.2.1を使ってスケッチで作成します。まず、XIAOの ボードを追加する必要があります。

Arduino IDEで [File] → [Preferences] として開く図-5のダイアログのURLの中に、 次のURLを入力します。

https://files.seeedstudio.com/arduino/package_seeeduino_boards_index.json

URL欄が見つからない場合、Preferencesのダイアログにマウスを置くと右側に スクロールバーが現れるので、スクロールすると表示されます。もし他のURLが入 力済みの場合は、URL欄の右側のアイコンをクリックすれば、URLを1行ずつ追加 できる窓が開きます。改行して追加します。

●図-5　XIAOのボード用URLを入力

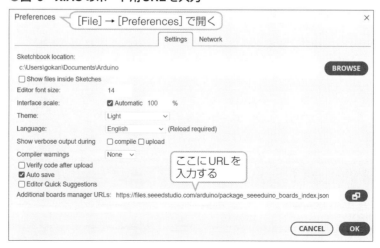

次に図-6の手順で、［Tool］→［Board:"?????"］をクリック→［Board Manager］として Board Managerを開きます。Board Managerの最上段の検索窓に「Seeeduino」と入力します。これで表示される候補の中から「Seeed SAMD Boards*」を指定してインストールします。これで、XIAOのボードに関するライブラリが追加されます。

Seeeduino XIAOは
SAMD Boardと呼ばれ
る

●図-6 Board ManagerでXIAOを追加する

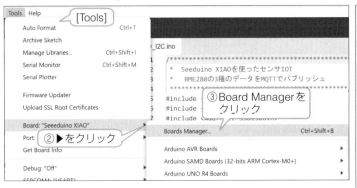
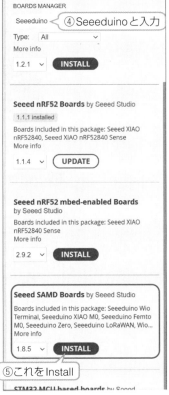

実際に使う際には、XIAOをUSBコネクタでパソコンに接続してから、図-7の手順で［Tools］からBoard ManagerでXIAOを選択します。

この操作は最初だけで、2回目以降はXIAOをパソコンに接続してから、図-8のようにボードの選択窓の下矢印をクリックすると、接続されているボードがCOMポート番号と一緒に表示されますから、それを選択するだけとなります。

こうしてXIAOボードが選択できたら、スケッチプログラムを作成していきます。作成する前に有機EL表示器のライブラリと、複合センサのライブラリを追加する必要があります。いずれもArduino用のライブラリが用意されているので簡単に使えます。

●図-7　XIAOボードの選択

●図-8　XIAOの選択

　有機EL表示器のライブラリ追加は図-9の手順で行います。まず[Tools]から[Manage Library]を選択します。これで開く[Library Manager]の検索窓に「SSD1306」と入力します。これで表示される候補から「Adafruit SSD1306」を選択してインストールします。[INSTALL ALL]で関連ライブラリもインストールします。

●図-9　有機EL表示器のライブラリの追加

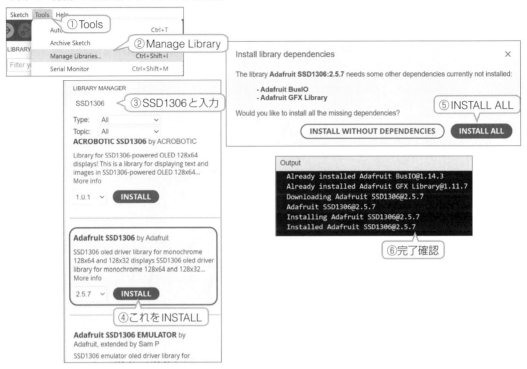

　　同じ要領でBME280用ライブラリもインストールします。このライブラリには
「SparkFun BME280」を選択します。これでスケッチの作成が進められます。

　　作成した例題のスケッチがリスト-1となります。
　　最初にライブラリのインクルードとインスタンスの生成をして名前を決めていま
す。
　　有機EL表示器（OLED）のインスタンス時に名前と同時に表示サイズも指定してい
ます。今回使用した有機EL表示器は128×64ドットの表示ができるのですが、この
設定だと文字が非常に小さくなってしまうので、128×32ドットと半分の設定にし
ています。これで倍サイズの文字となります。
　　setupでは、センサのI^2Cアドレスの指定と初期化、目印LEDのピン指定、OLED
のI^2Cアドレスと電源の設定をしています。
　　loopでは、目印LEDをオンにし、OLEDの表示設定をしてから、気圧、温度、湿
度の順にデータを読み出しては、文字列としてOLEDに表示出力しています。最後
に目印LEDをオフにして2秒の待ちを挿入しています。
　　ここで文字表示位置の座標指定の方法ですが、setCursor(x, y)関数で文字の左上
角のXとY座標で指定しています。Xはいずれも0なので左端で、Yで行間を確保する
ようにしています。

リスト　1　例題のスケッチ（XAIO_I2C.ino）

```
1    /***********************************************
2     *  Seeeduino XIAO を使った例題
3     *   BME280 の3種のデータを OLED に表示
4     ***********************************************/
5    #include <Wire.h>
6    #include <SparkFunBME280.h>
7    #include <Adafruit_SSD1306.h>
8    // インスタンス生成
9    Adafruit_SSD1306 display(128, 32, &Wire, -1);
10   BME280 sensor;
11   /***** 設定関数 **********/
12   void setup(){
13     Wire.begin();
14     sensor.settings.I2CAddress = 0x76;     // BME の I2C アドレス指定
15     sensor.beginI2C();                     // BME の初期化
16     pinMode(2, OUTPUT);                    // 目印 LED
17     pinMode(3, OUTPUT);
18     // OLED の電源電圧と I2C アドレス設定
19     display.begin(SSD1306_SWITCHCAPVCC, 0x3C);
20   }
21     /***** メインループ ******************/
22   void loop(){
23     digitalWrite(2, LOW);
24     digitalWrite(3, HIGH);                 // 目印オン
25     // OLED 描画条件指定
26     display.clearDisplay();                // 表示クリア
27     display.setTextSize(1);                // 出力する文字の大きさ
28     display.setTextColor(WHITE);           // 出力する文字の色
29     // センサデータ OLED 表示
30     display.setCursor(0, 0);               // 表示開始位置をホームにセット
31     display.print("Press = ");             // 気圧の表示
32     display.print(sensor.readFloatPressure() / 100.0, 1);
33     display.println(" hPa");               // 気圧の単位表示
34     display.setCursor(0, 11);              // 2行目指定
35     display.print("Temp  = ");             // 温度の表示
36     display.print(sensor.readTempC(), 2);
37     display.println("  DegC");             // 温度の単位表示
38     display.setCursor(0, 22);              // 3行目
39     display.print("Humi  = ");             // 湿度の表示
40     display.print(sensor.readFloatHumidity(), 2);
41     display.println("  %RH");              // 湿度の単位表示
42     display.display();                     // 表示実行
43     digitalWrite(3, LOW);                  // 目印オフ
44     delay(2000);                           // 2秒間隔
45   }
```

5 動作結果

　プログラムをダウンロードして実行すると、OLEDに図-10のように、各行に気圧、温度、湿度が単位付きで表示されます。

●図-10　動作結果のOLEDの表示例

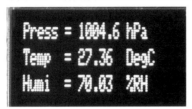

3-2-6　XIAOでカラーOLEDを使いたい

　Seeeduino XIAOにSPIインターフェースのフルカラーグラフィック有機EL表示器（OLED）を接続してみます。例題で実際に動かしてみます。

1 例題の全体構成

　実際に製作した例題の全体構成を図-1のようにしました。I²CでBME280のセンサを接続、SPIで有機EL表示器を接続し、センサの気圧、温度、湿度をOLEDに表示します。

●図-1　例題の全体構成

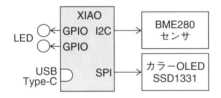

2 ハードウェアの製作

　ここで使った有機EL表示器の外観と仕様は、3-1-6項の図-8のようになっています。SPIインターフェースで接続できるフルカラーのグラフィック表示で、128×64ドットの表示となっています。

　また、本項で使った複合センサは他の章でもつかっているボッシュ社製のもので、3-1-5項の図-1のように、気圧、温度、湿度が測定できます。計測したデータに補正演算が必要なのですが、この辺りはArduinoのライブラリがすべてやってくれますので、簡単に使うことができます。

　本項ではI²Cのプルアップ抵抗をこのセンサ基板に実装されているものを使うので、基板上のJ1、J2、J3のジャンパをすべて接続して使います。

　これらをXIAOに接続して使いますが、その回路図は図-2のようにしました。XIAOのI²C用とSPI用のピンは決まっているので、ここに接続します。表示器のCS、RST、DCピンは任意のピンが使えます。

　LEDは抵抗入りのものを使って直接XIAOのピンの空いているピンに接続しています。電源はすべて3.3Vですので、XIAOの3.3V出力をそのまま使います。

●図-2　例題の回路図

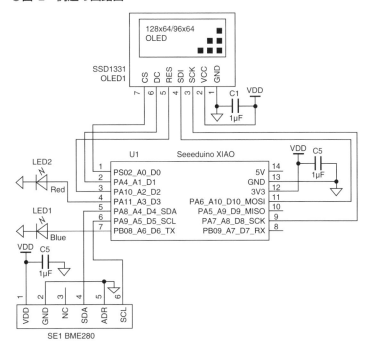

これらをブレッドボードで組み立てた外観が図-3となります。

●図-3　組み立て完了したブレッドボードの外観

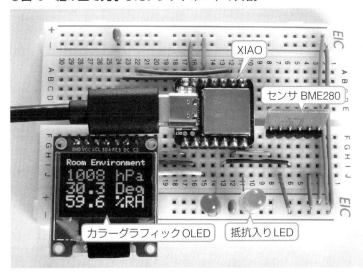

また、有機EL表示器を外して配線がわかるようにした図が図-4となります。
OLED周りの配線がやや複雑ですので、注意が必要です。

●図-4　OLEDを外したブレッドボードの外観

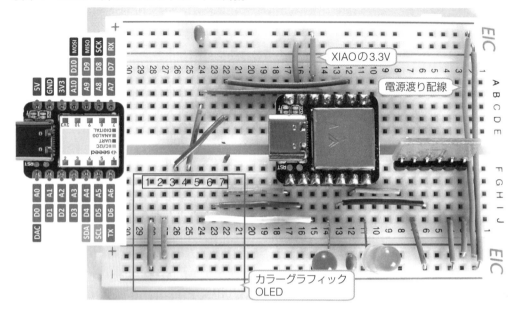

3 プログラムの製作

プログラムはArduino IDE V2.2.1を使ってスケッチで作成します。前項と同じXIAOですので、XAIOのボードの追加は同じ手順です。

BME280用ライブラリも同じですから、［Manage Libraries］で、「SparkFun BME280」を追加します。さらに、新規にSSD1331のカラーOLEDのライブラリを追加します。やはり［Manage Libraries］で「Adafruit SSD1331 OLED Driver Library」を追加インストールします。

これでスケッチの作成が開始できます。作成したスケッチがリスト-1とリスト-2となります。

リスト-1は宣言部で必要なライブラリのインクルードと色の定義とインスタンスの生成を行っています。OLEDのインスタンス生成でCS、RST、DCピンのピン番号を指定しています。色指定は16進数の標準色の設定になります。

リスト　1　例題のスケッチ（XIAO_SPI_OLED.ino）宣言部

```
1  /**********************************************
2   *  Seeeduino XIAOを使った例題
3   *   BME280の3種のデータをカラーOLEDに表示
4   **********************************************/
5  #include <Wire.h>
6  #include <SparkFunBME280.h>
7  #include <SPI.h>
8  #include <Adafruit_SSD1331.h>
9  // 画面色の定義
10 #define BLACK    0x0000
11 #define BLUE     0x001F
12 #define RED      0xF800
```

```
13  #define GREEN    0x07E0
14  #define CYAN     0x07FF
15  #define MAGENTA  0xF81F
16  #define YELLOW   0xFFE0
17  #define WHITE    0xFFFF
18  // インスタンス生成
19  Adafruit_SSD1331 display = Adafruit_SSD1331(&SPI, 0, 1, 2);
20  BME280 sensor;
21
```

リスト-2が初期化部とメインループ部になります。初期化部では、センサの初期化とOLEDの初期化を実行しています。

メインループでは、まず画面消去してからホーム位置に見出しを小さな文字で表示し、続いて、センサの三つのデータを大きい文字で色を変えて順に表示しています。表示の横が8文字で制限されるので数値と単位のみの表示とし、改行で次の行へ移動しています。

リスト　2　例題のスケッチ　メイン部

```
22  //**** 初期設定 ******
23  void setup() {
24    Wire.begin();
25    sensor.settings.I2CAddress = 0x76;      // BMEのI2Cアドレス指定
26    sensor.beginI2C();                      // BMEの初期化
27    pinMode(3, OUTPUT);                     // 目印LED
28    pinMode(6, OUTPUT);
29    //OLEDの初期化
30    display.begin();
31    display.fillScreen(BLACK);              // 全画面消去
32    display.setRotation(3);                 // 画面向きの指定
33  }
34  //**** メインループ *************
35  void loop() {
36    digitalWrite(3, LOW);
37    digitalWrite(6, HIGH);                  // 目印オン
38    // 画面消去と見出し表示
39    display.fillScreen(BLACK);              // 全画面消去
40    display.setCursor(0, 0);                // ホーム指定
41    display.setTextColor(WHITE);            // 白
42    display.setTextSize(1);                 // 文字サイズ小
43    display.println("Room Environment");    // 見出し表示
44    // センサデータOLED表示
45    display.setTextSize(2);                 // 文字サイズ大
46    display.setCursor(0, 12);               // 表示開始位置を指定
47    display.setTextColor(GREEN);            // 緑
48    display.print(sensor.readFloatPressure() / 100.0, 0);
49    display.println(" hPa");                // 気圧の単位表示
50    display.setTextColor(MAGENTA);          // マゼンタ
51    display.print(sensor.readTempC(), 1);
52    display.println(" Deg");                // 温度の単位表示
53    display.setTextColor(CYAN);             // シアン
54    display.print(sensor.readFloatHumidity(), 1);
55    display.println(" %RH");                // 湿度の単位表示
56    digitalWrite(6, LOW);                   // 目印オフ
57    delay(2000);                            // 2秒間隔
58  }
```

4 実行結果

プログラムの実行結果の表示が、図-5の表示となります。

●**図-5　動作結果のOLEDの表示例**

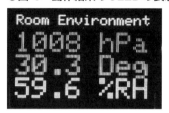

3-3　M5Stackを使いたい

3-3-1　M5Stack Core2でセンサを使いたい

M5Stack Core2（以下M5Core2と略す）にI^2Cでセンサを接続して液晶表示器で表示してみます。

1 例題の構成

M5Core2とセンサを接続した例題として、図-3のような構成で二つのGroveシリーズのセンサをI^2Cで接続し、液晶表示器に表示してみます。さらに、拡張I/Oユニットも接続してフルカラー LEDの制御をします。

M5Core2にはGroveコネクタが1系統しかありませんから、拡張ボードを使って最大5個までのGroveシリーズのデバイスを接続できるようにしました。これに、CO_2センサと環境センサ、拡張I/Oユニットを接続して、気圧、温度、湿度、CO_2濃度を計測し、液晶表示器に表示し、さらにCO_2濃度でフルカラー LEDの色を変えることにします。

●**図-1　例題の接続構成**

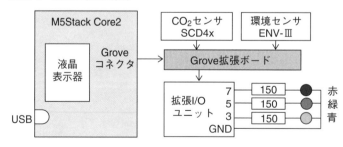

3

エッジの製作

ここで今回使用したセンサの外観と仕様は図-2のようになっています。いずれもGroveシリーズでGroveコネクタに接続できるようになっています。

環境センサは、気圧、温度、湿度が高精度で計測できます。CO_2センサは、CO_2濃度、温度、湿度が計測できますが、こちらの温度と湿度はあまり高精度ではないので、ここでは使っていません。

●図-2 センサの外観と仕様

(a) 環境センサ ENV Ⅲ の外観と仕様

型番	： ENV Ⅲ SENSOR
温湿度センサ	： SHT30
温度	： −40 〜 120℃
温度精度	： ±0.2℃ (0 〜 60℃)
湿度	： 10 〜 90%RH
湿度精度	： ±2%
気圧センサ	： QMP6988
気圧	： 300 〜 1100jPa
気圧精度	： ±3.9Pa
接続	： Grove コネクタ I2C インターフェース
I2C アドレス	： SHT30：0x44
QMP6988	： 0x70

(b) CO2 センサの外観と仕様

型番	： CO2 SCD40
CO2	： 400 〜 5000ppm
CO2 精度	： ±5%
温度	： −10 〜 60℃
湿度	： 0 〜 95%RH
接続	： Grove コネクタ I2C インターフェース
I2C アドレス	： 0x62

CO_2濃度の状態表示用のフルカラー LEDを取り付けるため、図-3のM5Stack拡張I/Oユニットを使いました。このユニットはGroveコネクタでI^2C接続して8チャネルのI/Oを増設でき、それぞれを、デジタルI/O、アナログ入力、PWM制御、RGB LED制御*の4通りに設定できます。

* テープLEDに使われているもので、シリアル通信で制御する

●図-3 M5Stack拡張I/Oユニットの外観と仕様

型番：	EXT.I/O2
拡張 I/O 数	： 8 チャネル
I/O 種類	： デジタル I/O ADC 入力 PWM 制御 RGB LED 制御
入出力レベル	： 3.3VMax 25mA
接続	： Grove コネクタ I2C インターフェース
I2C アドレス	： 設定が可能 デフォルト 0x45

ピン配置
印刷面側

1	3	5	7	G
1	2	4	6	V

V は 5V

2 例題のハードウェアの製作

実際に接続した状態が図-4となります。コネクタで接続するだけですから簡単に構成できます。プログラムを書き込んでしまえば、M5Core2のバッテリで動作させられますので、USBケーブルの接続は不要となります。

● 図-4　例題の実際の構成

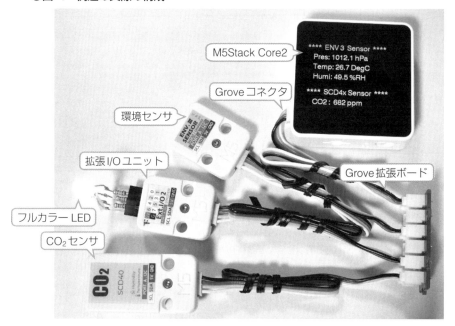

ここでフルカラーLEDだけが工作が必要になります。図-5のように汎用拡張I/Oユニットのコネクタにヘッダピンソケット*を使って直接接続しています。

抵抗のリード線をコネクタのコンタクトに直接圧着している

● 図-5　フルカラー LED の組み立て方

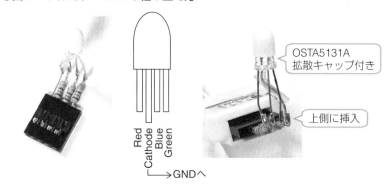

3 例題のプログラムの製作

この例題のプログラム作成はArduino IDE V2.2.1でスケッチとして作成します。Arduino IDEを起動したらライブラリの追加を行います。

必要なライブラリは次の三つとなります。

Arduino IDEでバージョンを指定してインストールする

① SparkFun SCD4x Arduino Library

② M5Unit-ENV　Ver0.07　（最新版では正常動作しないので注意*）

③ M5Unit-EXTIO2 by M5Stack

拡張I/Oユニットのライブラリでは、表-1のような関数が用意されています。ここでは主要な関数のみとしています。

▼表-1　拡張I/Oユニットの制御関数

関数名	関数の書式と機能
begin	《機能》初期化 《書式》begin(TwoWire *wire, uint8_t sda, uint8_t scl, uint8_t addr) 　　　Wire：I2C指定　sda：SDAピン　SCL：SCLピン　addr：I2Cアドレス ＜例＞ extio.begin(&Wire, 21, 22, 0x45))　//extioはインスタンス
setAllPinMode	《機能》8ピンすべてのモード設定 《書式》setAllPinMode(extio_io_mode_t mode) 　　　mode：DIGITAL_INPUT_MODE、　DIGITAL_OUTPUT_MODE 　　　RGB_LED_MODE、ADC_INPUT_MODE、SERVO_CTL_MODE
setPinMode	《機能》指定ピンのモードを設定する 《書式》setPinMode(uint8_t pin, extio_io_mode_t mode) 　　　pin：0 〜 7　mode：上欄のいずれか
setDigitalOutput	《機能》指定ピンにHIGH/LOWを出力 《書式》setDigitalOutput(uint8_t pin, uint8_t state) 　　　pin：0 〜 7　state：HIGH、LOW
getDigitalInput	《機能》指定ピンの状態入力 《書式》getDigitalInput(uint8_t pin) 　　　戻り値は0か1　pin：0 〜 7
getAnalogInput	《機能》アナログ値の入力 《書式》getAnalogInput(uint8_t pin, extio_anolog_read_mode_t bit) 　　　戻り値：バイナリ　pin：0 〜 7　bit：10か12（分解能）
setServoAngle	《機能》RCサーボを角度指定で制御 《書式》setServoAngle(uint8_t pin, uint8_t angle) 　　　pin：0 〜 7　angle：0 〜 180
setServoPulse	《機能》RCサーボをPWMパルス幅で制御 《書式》setServoPulse(uint8_t pin, uint16_t pulse) 　　　pin：0 〜 7　pulse：540 〜 2400（RCサーボの標準値）

作成したスケッチがリスト-1、リスト-2となります。

リスト-1の宣言部では必要なライブラリのインクルードとインスタンス生成をしています。インスタンス生成ではCO_2センサのSCD4xと環境センサ内蔵の温湿度センサSHT3Xと気圧センサQMP6988、さらに拡張ユニットを定義しています。

初期設定部では、環境センサの接続確認とQMP6988センサ、拡張ユニットの初期化を行い、最後に液晶表示器の初期設定を実行しています。液晶表示器の表示文字は大きめのサイズ[*]としています。

26ポイントのサイズ

リスト　1　例題のスケッチ（M5Core2_CO2_ENV.ino）　宣言部と初期化部

```
1  /*********************************
2  * M5Core2の例題　センサの接続例
3  * Groveセンサを2種類接続し
4  * 液晶表示器に表示
5  * CO2濃度でLED色表示
6  *********************************/
7  #include <M5Core2.h>
```

```
 8   #include "SparkFun_SCD4x_Arduino_Library.h"
 9   #include "M5_ENV.h"
10   #include "M5_EXTIO2.h"
11   // インスタンス生成
12   SCD4x mySensor;
13   SHT3X sht30;
14   QMP6988 qmp6988;
15   M5_EXTIO2 extio;
16   //変数定義
17   float pres, temp, humi;
18   uint16_t coto;
19   //** 初期設定 **********
20   void setup() {
21     Serial.begin(9600);
22     M5.begin(true, false, true, true);      //LCD,SD,UART,I2C
23     // センサ接続確認と初期化
24     if (mySensor.begin() == false){
25       Serial.println(F("Sensor not detected. Freezing..."));
26       while (1);
27     }
28     extio.begin(&Wire, 21, 22, 0x45);       // 拡張IO
29     extio.setAllPinMode(DIGITAL_OUTPUT_MODE);
30     qmp6988.init();
31     // LCD初期化
32     M5.Lcd.fillScreen(BLACK);
33     M5.Lcd.setTextFont(4);                  //26pxサイズ指定
34   }
```

リスト-2のメインループでは、計測の実行と液晶表示器の表示を実行しています。最初に気圧と温湿度を測定し、液晶表示器の上側に表示しています。続いてCO_2の計測を実行し、ppm値の大きさによってフルカラー LEDの色を赤、黄、青に設定して表示しています。最後にCO_2濃度を液晶表示器の下側に表示しています。

この例題ではCO_2濃度でフルカラー LEDの色を変えていますが、このLEDの代わりに、ソリッドステートリレー[*]（SSR）を接続すれば、AC100Vのオンオフができますから、換気扇などを制御することができます。

半導体を使ったリレーでAC100Vの大電流を制御できる。ゼロクロススイッチとなっているのでノイズの発生が少ない。3-1-2項参照

リスト 2 例題のスケッチ メインループ部

```
36   //*** メインループ **********
37   void loop() {
38     // ENV3制御
39     pres = qmp6988.calcPressure()/100;      // hPa単位化
40     if(sht30.get() == 0){
41       temp = sht30.cTemp;
42       humi = sht30.humidity;
43     }
44     M5.Lcd.setCursor(0, 0);
45     M5.lcd.setTextColor(GREEN, BLACK);
46     M5.lcd.printf("****  ENV 3  Sensor  ****");
47     M5.lcd.setTextColor(YELLOW, BLACK);
48     M5.Lcd.setCursor(20, 35);
49     M5.lcd.printf("Pres: %4.1f hPa", pres);
50     M5.lcd.setCursor(20, 70);
51     M5.lcd.printf("Temp: %2.1f DegC", temp);
52     M5.lcd.setCursor(20, 105);
```

```
53    M5.lcd.printf("Humi: %2.1f %%RH", humi);
54    //SCD4x CO2 sensor 制御
55    if (mySensor.readMeasurement()){        // データ有効の場合
56      coto = mySensor.getCO2();
57      // LED の表示
58      if(coto > 2500){
59        extio.setDigitalOutput(7, LOW);    // Green
60        extio.setDigitalOutput(5, LOW);    // Blue
61        extio.setDigitalOutput(3, HIGH);   // Red
62      }
63      else if(coto > 1500){
64        extio.setDigitalOutput(7, HIGH);   // Green
65        extio.setDigitalOutput(5, LOW);    // Blue
66        extio.setDigitalOutput(3, HIGH);   // Red
67      }
68      else{
69        extio.setDigitalOutput(7, LOW);    // Green
70        extio.setDigitalOutput(5, HIGH);   // Blue
71        extio.setDigitalOutput(3, LOW);    // Red
72      }
73      // 液晶表示器の表示
74      M5.lcd.setTextColor(CYAN, BLACK);
75      M5.Lcd.setCursor(0, 160);
76      M5.lcd.printf("****  SCD4x Sensor  ****");
77      M5.lcd.setTextColor(YELLOW, BLACK);
78      M5.Lcd.setCursor(20, 195);
79      M5.Lcd.printf("CO2 : %4d ppm ", coto);
80    }
81    delay(2000); //2秒間隔
82  }
```

４ 動作結果

このプログラムで表示される内容が図-6となります。

●図-6実際の表示例

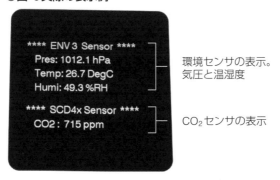

環境センサの表示。
気圧と温湿度

CO_2 センサの表示

3-3-2 M5Core2でWi-Fiを使いたい

M5Core2にはWi-FiとBluetoothの無線機能が実装されています。ここでは、そのWi-Fiを使ってパソコンに環境情報を送信してみます。パソコン側はNode-REDで構成します。

■1 例題の構成

3-3-1項と同じM5Stackの構成で、図-1のようにWi-Fiを使ってパソコンと接続します。パソコン側からのコマンドに応答する形でセンサ情報を送信するものとします。

プログラム製作は、M5Core2側はArduino IDEで、パソコン側はNode-REDで作成します。したがってパソコン側はラズパイでもタブレットでも同じように使うことができます。

● 図-1 例題の接続構成

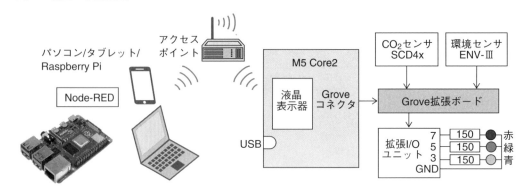

ハードウェアの組み立ては前項と全く同じものですので、説明は省略しプログラムの説明だけとします。

■2 M5Core2のプログラムの製作

Arduino IDE V2.2.1を使ってスケッチで作成します。ライブラリは前項と同じようにセンサのライブラリを追加します。Wi-Fi関連は標準でArduino IDEに組み込まれているので、特にライブラリの追加は必要ありません。

ここではWi-Fiの受信を常時有効とし、さらに2秒ごとに液晶表示器の表示を実行させる必要がありますから、タイマの割り込みを使ってセンサの液晶表示器の表示を実行します。

しかしここで問題があります。タイマの割り込み処理内でセンサの制御や液晶表示器の表示制御を実行すると、M5Core2の動作が異常となりますので、割り込み処理ではフラグをセットするだけとし、メインループ内でこのフラグをチェックすることで、メインループ内でセンサの制御と液晶表示器の表示制御を実行します。

作成したスケッチがリスト-1、リスト-2、リスト-3、リスト-4となります。

　リスト-1は宣言部とタイマ割り込み処理部で、最初に各ライブラリをインクルードしています。必要なのは、CO_2センサ（ここではSCD4x）、ENVセンサ、拡張I/OとWi-Fiとなります。インクルードしたらそれぞれのインスタンスを生成しています。ENVセンサにはSHT30とQMP6988という2種のセンサが実装されていますから、それぞれのインスタンス生成をする必要があります。

　さらに2秒周期の割り込みを生成するためのハードウェアタイマのインスタンス生成と、Wi-Fiのサーバのインスタンス生成もしています。M5Core2をWi-Fiのサーバとして動作させることにします。

　そのあとは各種変数の定義をしています。変数定義の最後でアクセスポイントのSSIDとパスワードの設定をしていますが、ここは読者の環境に合わせて変更して下さい。

　最後がタイマの割り込み処理で、ここではFlag変数に1を代入しているだけです。このFlag変数をメインループでチェックして1になっていたら必要な処理を実行するようにします。

リスト　1　例題のスケッチ（M5Core2_WiFI.ino）　宣言部とタイマ割り込み処理部

```
1   /***************************************
2    * M5Stack Core2 の例題
3    *  室内環境をWi-Fiで送信
4    *  GROBEの環境センサとCO2センサを使用
5    *  拡張I/OでLED制御
6   ***************************************/
7   #include <M5Core2.h>
8   #include "SparkFun_SCD4x_Arduino_Library.h"
9   #include "M5_ENV.h"
10  #include "M5_EXTIO2.h"
11  #include <WiFi.h>
12  // インスタンス生成
13  SCD4x mySensor;
14  SHT3X sht30;
15  QMP6988 qmp6988;
16  M5_EXTIO2 extio;
17  hw_timer_t *timer1 = NULL;      // 割り込み用タイマ
18  WiFiServer server(2000);
19  //変数定義
20  char currentLine[10];           // Wi-Fi受信バッファ
21  char c;
22  int i, Flag, coto;
23  char Env[64], state;            // Wi-Fisousin バッファ
24  float pres, temp1, temp, humi;
25  // アクセスポイント定数
26  const char* ssid = "Buffalo-G-????";
27  const char* password = "7tb7ksh?????";
28
29  /************************
30   * タイマ割り込み処理
31   ************************/
32  void Disp(void){
33    Flag = 1;                     // フラグセットのみ
34  }
```

次のリスト-2は初期設定部です。まずM5Core2の初期化のあと、ハードウェアタイマの初期設定を行っています。M5Core2のシステムクロックが80MHzですので、まずタイマ1を0.1msecの周期タイマとし、その後Alarmとして2秒周期の割り込みが発生するようにしています。さらに割り込みで「Disp」という関数、つまりタイマ割り込み処理関数を呼び出すようにしています。

次にCO_2センサの初期化をし、エラーになったらセンサ接続エラーとして永久待ちとしています。正常なら、拡張I/Oユニットと気圧センサの初期化後、液晶表示器の初期化をしています。液晶表示器の表示には大きな文字を使う設定としています。

このあとはWi-Fiの設定で、アクセスポイントとの接続を実行しています。接続できるまで待ち、接続完了したらシリアルモニタ[*]にアクセスポイントから付与されたIPアドレスを出力しています。このIPアドレスをNode-REDで使うことになります。最後にサーバ動作を開始させて、クライアント（ここではパソコンやラズパイのNode-RED）からの接続を待ちます。

Arduino IDEで Ctrl + SHIFT + M でシリアルモニタの窓が開く

リスト 2　例題のスケッチ　初期設定部

```
36  //***** 初期設定 ***********
37  void setup() {
38    M5.begin(true, false, true, true);        // LCD,SD,UART,I2C
39
40    // インターバル割り込みタイマ設定
41    timer1 = timerBegin(0, 8000, true);       // 0.1ms period
42    timerAttachInterrupt(timer1, &Disp, true);
43    timerAlarmWrite(timer1, 20000, true);     // 2sec周期
44    timerAlarmEnable(timer1);                 // 割り込み許可
45    // センサ初期化
46    if (mySensor.begin() == false){
47      Serial.println(F("Sensor not detected. Freezing..."));
48      while (1);
49    }
50    extio.begin(&Wire, 21, 22, 0x45);         // 拡張IO初期化
51    qmp6988.init();
52    // LCD初期化
53    M5.lcd.fillScreen(BLACK);
54    M5.Lcd.setTextFont(4);                    //26pxサイズ指定
55    // Wi-Fi接続処理開始
56    WiFi.mode(WIFI_STA);
57    Serial.println();
58    Serial.println();
59    Serial.print("Connecting to ");
60    Serial.println(ssid);
61    // APと接続
62    WiFi.begin(ssid, password);               // 接続実行
63    while (WiFi.status() != WL_CONNECTED) {    // 接続待ち
64      delay(500);                             // 0.5秒間隔
65      Serial.print(".");
66    }
67    // IPアドレス表示
68    Serial.println("");
69    Serial.println("WiFi connected.");        // 接続メッセージ
70    Serial.println("IP address: ");           // 見出し
71    Serial.println(WiFi.localIP());           // IPアドレス
72    // サーバ開始
```

```
73    server.begin();
74  }
```

リスト-3がメインループの前半部になります。最初にFlag変数をチェックして1になっていたらセンサ情報の液晶表示器への表示を実行します。先に気圧と温度と湿度を取得して液晶表示器の上側に表示しています。

次にCO_2濃度を取得し、濃度に応じてフルカラーLEDの色の制御をしています。2000ppmより高いなら赤色、1000ppmより高いなら黄色、それ以下なら青色としています。

リスト　3　例題のスケッチ　メインループの前半部

```
75  //*** メインループ **********
76  void loop() {
77    // 2秒ごとに液晶表示器に表示実行（タイマ割り込み）
78    if(Flag == 1){
79      Flag = 0;
80      // ENV3制御
81      pres = qmp6988.calcPressure()/100;      // hPa単位化
82      if(sht30.get() == 0){
83        temp = sht30.cTemp;
84        humi = sht30.humidity;
85      }
86      // 液晶表示器の表示実行
87      M5.Lcd.setCursor(0, 0);
88      M5.lcd.setTextColor(GREEN, BLACK);       // 文字緑
89      M5.lcd.printf("**** ENV 3 Sensor ****");
90      M5.lcd.setTextColor(YELLOW, BLACK);      // 文字黄
91      M5.Lcd.setCursor(20, 35);
92      M5.lcd.printf("Pres: %4.1f hPa", pres);
93      M5.lcd.setCursor(20, 70);
94      M5.lcd.printf("Temp: %2.1f DegC", temp);
95      M5.lcd.setCursor(20, 105);
96      M5.lcd.printf("Humi: %2.1f %%RH", humi);
97      //SCD4x CO2 sensor制御
98      if (mySensor.readMeasurement()){         // データ有効の場合
99        coto = mySensor.getCO2();
100       // LEDの表示
101       extio.setAllPinMode(DIGITAL_OUTPUT_MODE);
102       if(coto > 2000){
103         extio.setDigitalOutput(7, LOW);      // Green
104         extio.setDigitalOutput(5, LOW);      // Blue
105         extio.setDigitalOutput(3, HIGH);     // Red
106         state = 3;
107       }
108       else if(coto > 1000){
109         extio.setDigitalOutput(7, HIGH);     // Green
110         extio.setDigitalOutput(5, LOW);      // Blue
111         extio.setDigitalOutput(3, HIGH);     // Red
112         state = 2;
113       }
114       else{
115         extio.setDigitalOutput(7, LOW);      // Green
116         extio.setDigitalOutput(5, HIGH);     // Blue
117         extio.setDigitalOutput(3, LOW);      // Red
118         state = 1;
119       }
```

リスト-4がメインループの後半部です。

まずリスト-3の続きで、CO_2濃度を液晶表示器の下側に表示しています。次はクライアントからのコマンド受信とその処理部で、文字列の「STE」を受信したとき計測データを返送します。気圧、温湿度、CO_2の計測値と、CO_2濃度の段階値を返送しています。

送信完了でクライアントとの接続を切断していますが、アクセスポイントとの接続はそのままとしています。

リスト　4　例題のスケッチ　メインループの後半部

```
120     // 液晶表示器の表示
121     M5.lcd.setTextColor(CYAN, BLACK);
122     M5.Lcd.setCursor(0, 160);
123     M5.lcd.printf("****  SCD4x Sensor  ****");
124     M5.lcd.setTextColor(YELLOW, BLACK);
125     M5.Lcd.setCursor(20, 195);
126     M5.Lcd.printf("CO2 : %4d ppm ", coto);
127   }
128 }
129   //*** PCからの接続待ち ****
130 WiFiClient client = server.available();    // PCのインスタンス生成
131 // PCからのコマンド受信
132 while(client) {                            // 接続中繰り返し
133   i = 0;
134   do{
135     while(!client.available());            // 受信レディー待ち
136     c = client.read();                     // 1バイト受信
137 //  Serial.write(c);                       // モニタへ出力
138     currentLine[i++] = c;                  // バッファへ格納
139   }while(c != 'E');                        // 文字E受信で終了
140   // コマンド処理　JSON形式でデータ返送
141   if(currentLine[1] == 'T'){
142     sprintf(Env, "{\"Pres\":%4.0f, \"Temp\":%2.1f, \"Humi\":%2.1f,\"CO2\":%4d, ↩
       \"LED\":%d}",pres, temp ,humi, coto, state);
143     client.write(Env, strlen(Env));
144     client.stop();
145   }
146 }
147 }
```

以上でM5Core2側のスケッチ作成は終了です。これをM5Core2に書き込めば動作を開始し、シリアルモニタにIPアドレスが表示されて、液晶表示器に計測値が表示されれば正常に動作しています。

このあとはクライアントからの接続待ちとなりますが、液晶表示器への2秒間隔の表示は常に繰り返されます。

3 パソコン側のNode-REDの製作

パソコンやラズパイで動作させるNode-REDのフローを作成します。ここではパソコンで作成するほうがやりやすいので、パソコンで作成するものとします。まず、コマンドプロンプトでNode-REDを起動します。パソコンでNode-REDが使えるようにする手順は第4章を参照して下さい。

Node-REDを起動したら、Chromeブラウザで「Localhost:1880」とURL欄に入力すればNode-REDの編集画面が開きます。

ここで作成した例題の全体フローが図-2となります。全体の流れは、30秒ごとにtcp requestノードを起動して計測要求コマンド「STE」を送信します。これで返送される応答もtcp requestノードで受信しpayloadとして出力されますから、その後の処理はjsonノードでオブジェクトに変換します。そのオブジェクトからchangeノードで項目ごとにデータを取り出し、gaugeとchart*でグラフとして表示します。さらにCO_2濃度レベルでCO_2危険度のボタンの背景色を設定しています。

gaugeはメータ様の表示、chartは折れ線グラフ

●図-2　例題の全体フロー図

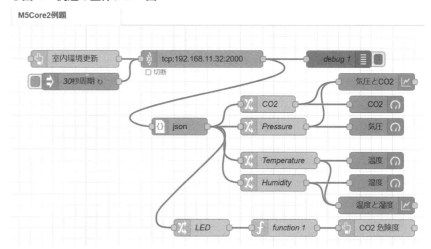

それぞれのノードの設定内容を説明します。

まずtcp requestの部分が図-3となります。tcp requestノードではM5Core2のIPアドレスとポート番号*を設定し、データ形式を文字列としています。これだけの設定だけでTCP通信によりM5Core2にコマンドを送信し、応答を受信したらメッセージ出力しますから、便利なノードとなっています。

ここでは2000としている

このtcp requestノードを二つの方法でトリガします。一つはボタンクリックで、もう一つは30秒ごとの繰り返しです。いずれもトリガとして「STE*」という文字列を送っています。このトリガでtcp requestノードがM5Core2にコマンドとして送信し、返送の受信待ちとなります。

計測要求コマンドとなっている

●図-3　Wi-Fiの設定

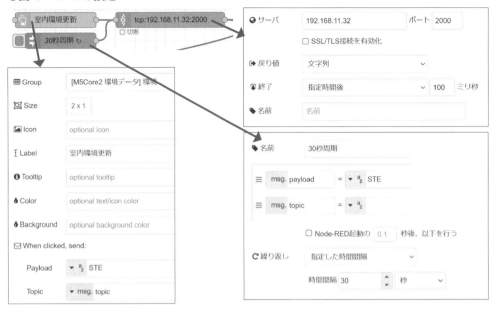

次は受信したデータの処理で、最初は図-4でデータを分離します。まずjsonノードで受信したJSONフォーマットのテキストをNode-REDのオブジェクトに変換します。その後changeノードでデータごとにJSONキーを使って分離して取り出しています。

●図-4　データの分離部の設定

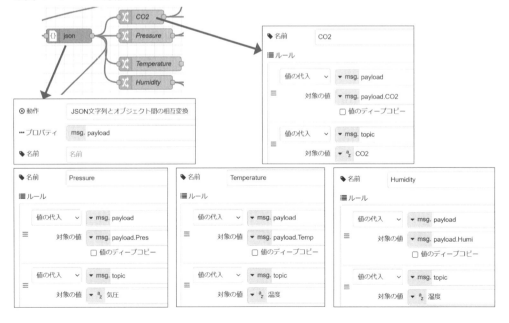

例えばCO_2濃度のデータは、JSONキーがCO2となっていますから、changeノードでは、「msg.payload.CO2」として取り出すことができます。さらにtopicにデータを区別するためにCO2を追加します。これはchartに複数の折れ線グラフを表示するために必要となるもので、異なるtopicのデータを同じグラフ内に別の線グラフとして表示してくれます。

次がグラフ表示する部分で、図-5がCO_2と気圧を表示する部分です。

気圧とCO_2は値の範囲が温湿度と比べて桁が違いますから、独立のグラフとして表示しています。CO_2のgaugeでは範囲を400から3000として3段階で色を変えています。気圧は940から1040の範囲としてこちらも3段階で色を変えています。

chartでは、縦軸を400から2400として折れ線グラフとして表示しています。

●図-5　CO_2と気圧表示部のノード設定

次の図-6が温度と湿度を表示する部分のノードの設定です。いずれもgaugeの範囲は0から100としています。chartの縦軸も0から100としています。gaugeの表示は3段階で色が変わるように設定しています。

●図-6 温度と湿度の表示部のノード設定

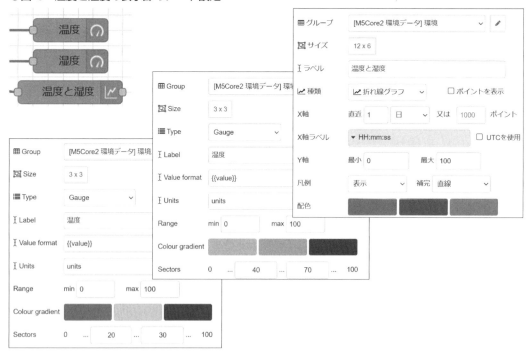

最後がCO_2危険度のボタン表示部で図-7の設定となります。

ここではLEDのchangeノードで値を取り出し、function1ノードに送ります。function1ノードでは、値に応じて色のデータに変換してbuttonノードに送ります。buttonノードでは、受け取った色データで背景色を設定しています。これでボタンの色が変わります。

●図-7 CO_2危険度表示部の設定

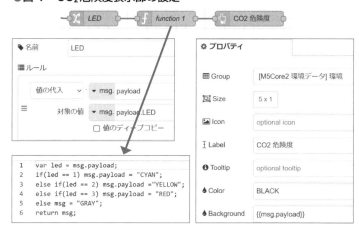

　以上のノード設定で表示されるDashboardの表示が図-8となります。上側に
gaugeの表示をまとめています。二つの折れ線グラフでCO_2と気圧、温度と湿度を
それぞれ表示しています。

●図-8　例題の Dashboard の表示

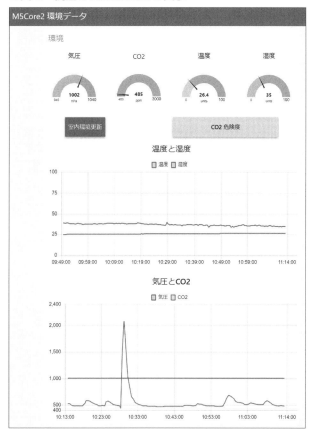

3-3-3　M5Core2でRCサーボを使いたい

　本項ではM5Core2でRCサーボのPWM制御を試してみます。

1 例題のシステム構成

　実際の例題でRCサーボの制御を行いますが、その全体構成は図-1のようにしま
した。

M-BUSの拡張がある
が、ほとんど内部で使
われている

　M5Core2の外部接続は、ほぼGroveコネクタ（I^2Cコネクタ）に限定されて[*]いま
すから、ここに直接RCサーボを接続せず、M5Stack拡張I/Oユニットを使って接続し
ます。拡張I/Oユニットの概要は3-3-1項を参照して下さい。この拡張I/Oユニットで
PWM制御を使います。

　　拡張I/Oユニットでは8ピンの出力それぞれにPWM出力を出すことができますから、最大8個のRCサーボを制御することができます。例題では3台のRCサーボを制御することにします。

　　液晶表示器には、PWMのパルス幅に比例したバーチャートを表示することにしました。

●図-1　例題の全体構成

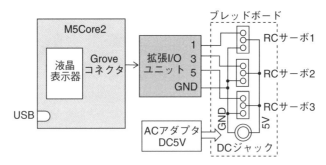

2 ハードウェアの組み立て

　　組み立ては、3-2-4項で使ったRCサーボ用のブレッドボードをそのまま使いました。これで組み立てはケーブルの接続だけで、図-2のように接続しました。拡張I/Oユニットとブレッドボード間は、図のようにオス-メスのジャンパケーブル4本で接続しました。GNDの接続も忘れないようにします。

　　拡張I/Oユニット一つだけの接続なので、M5Core2のI²Cコネクタに直接接続しています。

　　液晶表示器への表示は図のようにメッセージとバーチャートでパルス幅を表示させています。

●図-2　例題の組み立てが完了した外観

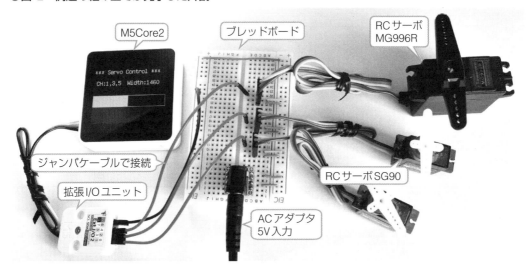

3 プログラムの製作

プログラムはArduino IDE V2.2.1を使います。M5Stack 拡張I/Oボードのライブラリと、液晶表示器にバーグラフでパルス幅を表示することにしたので、グラフィックライブラリ（M5GX）も追加します。つまり以下の二つを使います。

① M5Unit-EXTIO2 by M5Stack
② M5GFX by M5Stack

こうして作成したスケッチがリスト-1とリスト-2となります。

リスト-1は宣言部と初期化部で、最初にM5GFXとM5_EXTIO2のライブラリをインクルードし、続いてそれぞれのインスタンスを生成しています。グラフィック表示のためにcanvasというインスタンス生成もしています。

初期設定では、最初にM5Core2の初期化とグラフィックライブラリの初期化をしています。ここでは単純な緑1色の設定にしました。続いて拡張I/Oユニットの初期化をしていますが、接続されていない場合はエラーをシリアルモニタに出力しています。最後に拡張I/Oユニットの全ピンをサーボ制御モードに設定しています。

リスト　1　例題のスケッチ（M5Core2.PWM.ino）　宣言部と初期化部

```
1    /*******************************
2    *  M5Core2＋拡張I/Oユニット
3    *    RCサーボの制御
4    *******************************/
5    #include <M5Core2.h>
6    #include <M5GFX.h>
7    #include "M5_EXTIO2.h"
8    // インスタンス生成
9    M5_EXTIO2 extio;
10   M5GFX display;
11   M5Canvas canvas(&display);
12
13   // 変数定義
14   uint16_t width;
15
16   /**** 初期設定 ***********/
17   void setup() {
18     M5.begin(true, false, true, true);  //LCD,SD,UART,I2C
19     // グラフィック表示初期設定
20     display.begin();
21     canvas.setColorDepth(1);            // モノクロ
22     canvas.setFont(&fonts::efontCN_14); // フォント指定
23     canvas.createSprite(display.width(), display.height());
24     canvas.setPaletteColor(1, GREEN);   // 色指定
25     // 拡張I/O接続確認
26     while(!extio.begin(&Wire, 21, 22, 0x45)){
27       Serial.println("Extio Connect Error");
28       delay(300);
29     }
30     Serial.println("Extio Connect!");
31     // 拡張I/Oモード設定
32     extio.setAllPinMode(SERVO_CTL_MODE);
33     width = 540;                        // パルス幅初期値
34   }
```

リスト-2がメインループです。最初に液晶表示器に見出しメッセージと、パルス幅の表示をし、その次にバーチャートを表示しています。バーは横幅がパルス幅に比例するようにしています。

次に実際にRCサーボの制御出力をしてから、パルス幅を増やしています。M5Core2のPWMのデューティ分解能はあまり大きくないので、パルス幅を20μsecごとに増やしています。最大値の2400μsecを超えたら最小値の540μsec*に戻し、液晶表示を全画面消去しています。通常は100msec間隔でこれを繰り返しますが、540μsecに戻すときだけ1秒間動作完了*を待つようにしています。

・・・・・・・・・・・・・
RCサーボの仕様となっている
・・・・・・・・・・・・・
0度と180度の間の動作には約1秒かかるため

リスト　2　例題のスケッチ　メインループ部

```
36    /***** メインループ *****/
37    void loop() {
38      // 見出し表示とパルス幅表示
39      canvas.setTextSize(2);
40      canvas.setCursor(0, 0);
41      canvas.printf("*** Servo Control ***"); // 見出し
42      canvas.setCursor(10, 50);
43      canvas.printf("CH:1,3,5  Width:%d", width);
44      // バー描画
45      canvas.drawRect(0, 120, 320, 50, 1);
46      canvas.fillRect(0, 120, map(width, 540, 2400, 0, 320), 50, 1);
47      canvas.pushSprite(0, 0);   // 表示実行
48      //サーボ制御
49      extio.setServoPulse(1, width);
50      extio.setServoPulse(3, width);
51      extio.setServoPulse(5, width);
52      if(width == 540)
53        delay(1000);
54      // パルス幅アップ
55      width += 20;              // 20usecごと
56      if(width > 2400){         // パルス幅最大2400usec
57        width = 540;            // 最小に戻す
58        canvas.fillSprite(0);   // 画面消去
59      }
60      delay(100);               // 100msec
61    }
```

4 動作確認

スケッチが完成したら、M5Core2に書き込みます。これですぐ動作を開始し、RCサーボ用のACアダプタを接続すれば動き出します。

M5Core2のPWMパルスはあまり分解能が高くないので、パルス幅が単調に増加しないと思われる部分があり、RCサーボの動きが、時々ガタつくことがあります。

また、拡張I/Oユニットのサーボ制御関数には、0から180度の角度で制御する関数もありますが、パルス幅がRCサーボの規格より広いためか、0度と180度の両端でRCサーボが動ききれないことがあります。このため、本書ではパルス幅で制御しています。

3-4　Raspberry Pi Pico W を使いたい

3-4-1　ラズパイ Pico W を使いたい

　ラズパイPicoを実際にWi-Fi機能を使いながら使ってみます。実際の例題でラズパイPico Wの使い方を説明します。

1 例題のハードウェアの製作

　例題の全体構成が図-1となります。I²Cインターフェースで、温湿度センサ、気圧センサを接続し、さらに有機EL表示器も同じI²C接続とします。この構成で、一定間隔でセンサの情報を有機EL表示器に表示します。

　さらにWi-Fi接続でセンサ情報を提供するサーバの機能も持たせ、パソコンやラズパイをクライアントとして、クライアントから要求があったらセンサ情報を返送するようにします。クライアント側は、Node-REDを使ってセンサ情報をグラフ化して表示することにします。

●図-1　例題の全体構成

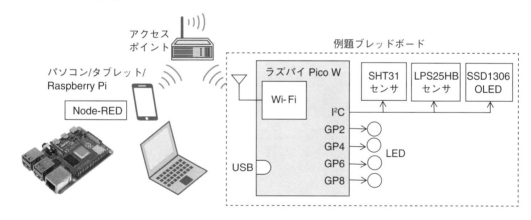

　実際のハードウェアの回路が図-2となります。I²CはGP20とGP21ピンを使いました。また4個の抵抗内蔵LEDを図のように接続して制御の動作も試せるようにしました。

　電源はすべてラズパイPico Wの3.3V出力から供給しました。GNDはすべてではないですが、3ピンをGNDに接続しています。外部で使う電流がわずかなのでこれでも安定に動作します。

　温湿度センサ（SHT31）、気圧センサ（LPS25HB）や有機EL表示器（SSD1306）の使い方については3-1節を参照して下さい。

●図-2 例題の回路図

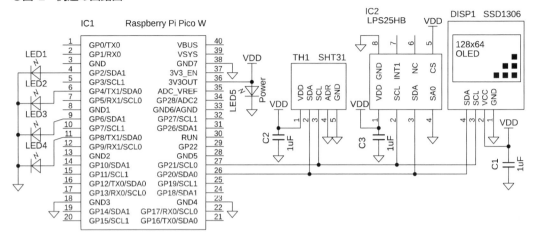

回路図にしたがって組み立て完了したブレッドボードが図-3となります。大きめのブレッドボードを使ったので余裕で実装できています。

有機EL表示器の表示内容は、図のように気圧、温度、湿度となっています。これと同じデータをWi-Fi接続のサーバとして提供するようにしています。

●図-3 組み立て完了したブレッドボード

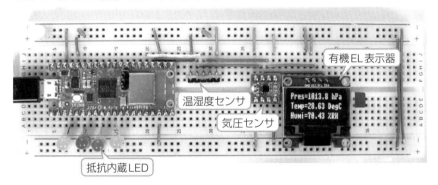

2 例題のプログラムの製作

ラズパイPico Wのプログラムは、本書ではMicroPythonを使います。開発環境はThonnyを使いました。ファイル名は、「PICO_IoT_SHT3x.py」です。

先にラズパイPico WをUSBでパソコンに接続しておき、Thonnyを起動してから、右下にある設定でラズパイPico Wを選択します。

次に有機EL表示器のライブラリを追加します。センサはいずれもライブラリがありませんので、I^2Cを直接使って製作します。

ライブラリの追加方法は、図-4となります。まずラズパイPico WをUSBでパソコンに接続して、Thonnyの右下の欄外で、「MicroPython（Raspberry Pi Pico）・Board CDC @COM3*」を選択します。

COMポート番号は読者の環境によって異なる

238

　次に［Tools］→［Manage Packages］として開くダイアログで、検索窓に「SSD1306」と入力します。これで表示される検索結果から、「Adafruit-circuitpython-ssd1306」を選択します。これで開くダイアログで［install］をクリックすればインストールされます。

　ネットワーク関連は標準で組み込まれているので、インストールは不要です。

●図-4　SSD1306のライブラリのインストール

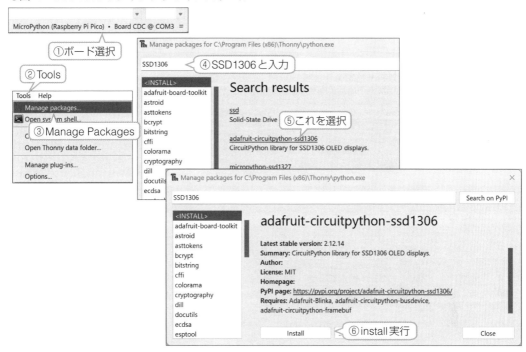

　これで準備ができたので、プログラムを製作していきます。作成した例題のプログラムがリスト-1からリスト-5となります。

　リスト-1は宣言部で、必要なライブラリをインクルードしています。次にLEDを接続したGPIOピンを定義し名前を定義しています。次に有機EL表示器に一定時間間隔で表示をするため、タイマの割り込みを使うので、そのタイマを定義しています。

　続いてI^2CとSSD1306のインスタンスを生成し、アクセスポイントのSSIDとパスワード※を定義しています。最後に温湿度センサと気圧センサの動作モードの設定用の定数を定義し、ここで気圧センサにI^2Cで設定データを送信して初期設定を実行しています。

・・・・・・・・・・・・・・
ここは読者の環境に合わせて変更する

リスト 1 例題のプログラム（PICO_IoT_STH3x.py） 宣言部

```
1   #*****************************************
2   #   ラズパイPicoの制御プログラム
3   #     I2CでSHT31、LPF25、SSD1306を接続
4   #     Wi-FiでPCに接続  Node-REDで表示
5   #*****************************************
6   from machine import Pin, I2C, Timer
7   import ssd1306
8   import time
9   import network
10  import socket
11  #**** インスタンス生成 *************
12  #GPIO
13  led1 = Pin(2, Pin.OUT)
14  led2 = Pin(4, Pin.OUT)
15  led3 = Pin(6, Pin.OUT)
16  led4 = Pin(8, Pin.OUT)
17  #インターバルタイマの生成
18  intervaltimer = Timer()
19  #I2Cのインスタンス生成
20  i2c = I2C(1, sda=Pin(18), scl=Pin(19))
21  #OLEDのインスタンス生成
22  display = ssd1306.SSD1306_I2C(128, 32, i2c)
23  #Wi-FiのSSIDとパスワード定義
24  ssid = 'Buffalo-G-????'
25  password = '7tb7ksh8?????'
26  #センサ用コマンドデータ
27  send = bytearray([0x2C, 0x06])
28  setting = bytearray([0x20, 0x90])
29  buf = bytearray([0xA8])
30  #気圧センサ初期設定
31  i2c.writeto(0x5C, setting)
```

　リスト-2はタイマの割り込み処理関数部です。2秒ごとのタイマの割り込みで起動されます。ここでまず温湿度センサからデータを読み出しますが、最初にトリガコマンドを送信し、ちょっと待ってから6バイトのデータを一気に読み出します。この読み出したデータから温度と湿度のデータに変換[*]しています。

変換方法は3-1-5項参照

　続いて気圧センサの計測開始トリガを送信してから、3バイトのデータを連続で読み出しています。この3バイトのデータから気圧のデータに変換しています。これらセンサのI^2Cフォーマットなどの詳細は3-1-5項を参照して下さい。

　続いて読み出したデータを文字列に変換してから有機EL表示器に表示しますが、まずdisplay.text()で表示文字列を送信後、最後にdisplay.show()コマンドを実行すると実際の表示が行われます。

リスト 2 例題のプログラム タイマ割り込み処理関数

```
33  #*** タイマ割り込み処理関数 ********
34  # 2秒ごとにセンサデータをOLEDに表示
35  def isrFunc(timer):
36      global tmp, pre, hum
37      #センサ計測トリガ後温湿度入力
38      i2c.writeto(0x45, send)
39      time.sleep(0.5)
```

```
40    rcv =i2c.readfrom(0x45, 6)
41    #データ変換
42    tmp = rcv[0]<<8 | rcv[1]
43    hum = rcv[3]<<8 | rcv[4]
44    tmp = -45+175*(tmp/(2**16-1))
45    hum = 100*hum/(2**16-1)
46    #気圧センサ 0x28レジスタから連続3バイト読み出し
47    i2c.writeto(0x5C, buf)
48    rcv = i2c.readfrom(0x5C, 3)
49    pre = (rcv[2]<<16 | rcv[1]<<8 | rcv[0]) / 4096.0
50    #OLEDに表示
51    display.fill(0)
52    display.text('Pres='+str('{:.1f}'.format(pre))+' hPa', 0, 0, 1)
53    display.text('Temp='+str('{:.2f}'.format(tmp))+' DegC', 0, 11, 1)
54    display.text('Humi='+str('{:.2f}'.format(hum))+' %RH ', 0, 22, 1)
55    display.show()
```

　リスト-3は初期設定部で、タイマの周期を2秒とし、割り込み処理関数を定義しています。続いてアクセスポイントとの接続を実行しています。ネットワークを有効化してconnect関数でアクセスポイントとの接続を要求し、その後接続が確認されるまで待ちます。3秒間隔で10回待っても接続できなかったときは接続エラーメッセージを出力します。

　接続が確認できたらIPアドレスをモニタに出力し、サーバ動作を開始してリスンモードでクライアントの接続を待つようにしています。

リスト 3　例題のプログラム　初期設定部

```
57    #******* 初期設定 ***********************
58    #タイマ動作開始　2秒間隔
59    intervaltimer.init(period=2000, callback=isrFunc)
60
61    #**** アクセスポイントとの接続 **************
62    #アクセスポイント接続開始
63    wlan = network.WLAN(network.STA_IF)
64    wlan.active(True)
65    wlan.connect(ssid, password)
66    # アクセスポイント接続完了待ち　3秒間隔
67    max_wait = 10
68    while max_wait > 0:
69        if wlan.status() < 0 or wlan.status() >= 3:
70            break
71        max_wait -= 1
72        print('waiting for connection...')
73        time.sleep(3)
74    # 接続失敗の場合
75    if wlan.status() != 3:
76        raise RuntimeError('network connection failed')
77    #接続成功した場合 IPアドレス表示
78    else:
79        print('Connected')
80        status = wlan.ifconfig()
81        print( 'ip = ' + status[0] )
82    # 接続成功、サーバ動作開始、クライアント接続待ち
83    addr = socket.getaddrinfo('0.0.0.0', 2000)[0][-1]
84    s = socket.socket()
```

```
85  s.bind(addr)
86  s.listen(1)
87  #print('listening on', addr)
```

リスト-4がメインループの前半となっています。クライアントの接続をチェックし、要求があったらクライアントのインスタンスを生成して、受信を実行します。要求データは文字列で、「SCxyE」か「STE」となります。SCxyEの場合の処理を先に実行し、xの値でLEDの1から4を選択し、yの0か1でオフ制御かオン制御をしています。

リスト　4　例題のプログラム　メインループ部

```
90  #**** メインループ *****************
91  # クライアント接続、メッセージ受信
92  while True:
93      try:
94          #クライアントインスタンス生成
95          cl, addr = s.accept()
96  #       print('client connected from', addr)
97          #メッセージ受信しバイトから文字列に変換
98          request = cl.recv(64)
99  #       print(request)
100         rcv = request.decode('utf8')
101         #***** 文字列の処理、2文字目で分岐 ****
102         #制御コマンドの場合 LED制御
103         if(rcv[1] == 'C'):
104             if(rcv[2] == '1'):
105                 if(rcv[3] == '1'):
106                     led1.value(1)
107                 else:
108                     led1.value(0)
109             elif(rcv[2] == '2'):
110                 if(rcv[3] == '1'):
111                     led2.value(1)
112                 else:
113                     led2.value(0)
114             elif(rcv[2] == '3'):
115                 if(rcv[3] == '1'):
116                     led3.value(1)
117                 else:
118                     led3.value(0)
119             elif(rcv[2] == '4'):
120                 if(rcv[3] == '1'):
121                     led4.value(1)
122                 else:
123                     led4.value(0)
```

リスト-5がメインループの後半で、最初はLED制御後、4個のLEDの現在状態を折り返しの状態データとしてJSON形式に編集してから送信しています。

次はSTEの要求の場合で、センサの計測データをJSON形式に編集して返送しています。送信完了後、TCP接続をクローズして終了していますが、アクセスポイントとの接続はそのまま継続しています。

このため、プログラムを書き直す際は、いったんUSBを切り離して電源をオフにしてアクセスポイントとの接続を切り離してからでないと再書き込みはできません。

3

エッジの製作

リスト　5　例題のプログラム　メインループ部

```
124              # 応答送信
125              state1 = "{¥"D1¥":" + str(led1.value())
126              state2 = ",¥"D2¥":" + str(led2.value())
127              state3 = ",¥"D3¥":" + str(led3.value())
128              state4 = ",¥"D4¥":" + str(led4.value())+"}"
129              State = state1 + state2 + state3 + state4
130      #     print(State)
131              #クライアントに返送
132              cl.send(State)
133
134              # センサ計測コマンドの場合
135              elif(rcv[1] == 'T'):
136                  Env = "{¥"Pres¥":"+str(pre)+",¥"Temp¥":"+str(tmp)+",¥"Humi¥":"+str(hum)+"}"
137      #         print(Env)
138                  #クライアントに返送
139                  cl.send(Env)
140          # 接続終了
141          cl.close()
142      #例外の場合　クライアントとの接続終了
143      except OSError as e:
144          cl.close()
145          print('connection closed')
```

3 パソコン側のプログラム製作

　パソコン側のプログラムはNode-REDで製作しています。したがって、Node-REDが動作するタブレットやRaspberry Piでも全く同じように使うことができます。

●図-5　例題のNode-REDのフロー

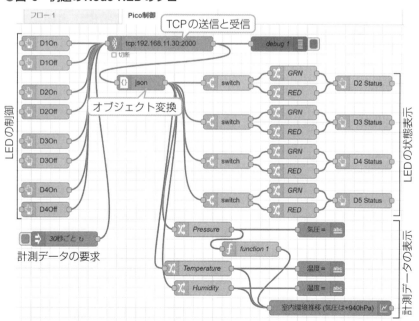

　　　　まず、例題のNode-REDのフローが図-5となります。左のbuttonノードが4個の
LEDをオンオフするためのボタンで、「SCxyE」のコマンドをTCPで送信します。
　　　tcp requestノードで折り返しのデータを受信し、LEDの状態データの場合は、状
態表示用buttonノードの背景色を赤か緑で表示します。
　　　計測データ要求の「STE」コマンドは30秒ごとにTCP送信され、折り返しのセンサ
データで、気圧、温度、湿度ごとに振り分けて、テキストと折れ線グラフで表示し
ます。気圧データが他のデータと値の範囲が大きく異なりますので、functionノー
ドで940を引き算して940hPaから1040hPaの範囲で0から100の範囲で表示するよ
うにしています。
　　　それぞれのノードの設定内容を説明します。図-6がLED制御部のノードの設定と
なっています。

●図-6　LED制御部のノードの設定内容

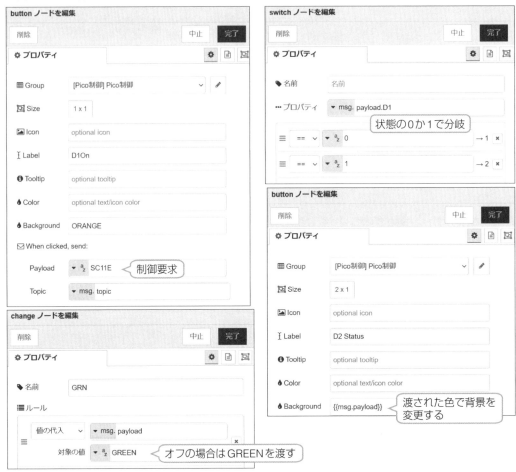

　　　制御ボタンごとにボタンクリックされたら、「SC11E」などの制御コマンドを次
のtcp requestノードに渡します。折り返し返送された状態データを、switchノード

でLEDごとに分離して、0か1で分岐します。

　次のchangeノードで0はGREENに、1はREDの文字に変換して次の状態表示用のbuttonノードに渡します。buttonノードでは渡された色の文字で背景色を設定します。これでLEDの制御と状態表示が実行されることになります。

　次は計測データの表示制御の部分で、図-7となります。

　30秒ごとに計測要求して折り返される計測データを、changeノードで一つずつのデータに分離し、さらにtopicに区別データを追加して次に渡します。次のtextノードでは、テキストとしてデータを単位とともに表示します。このとき小数部の桁数を指定して表示するようにしています。

　データはchartノードにも渡されます。そこでtopicで折れ線を区別して表示するようにしています。これで3本の折れ線が一つのグラフに表示されることになります。気圧のデータも同じ0から100で表示できるように、functionノードで940を引いた値に変換して次のchartに渡しています。

●図-7　計測データ表示関連ノードの設定

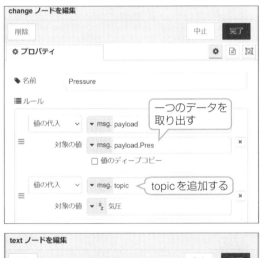

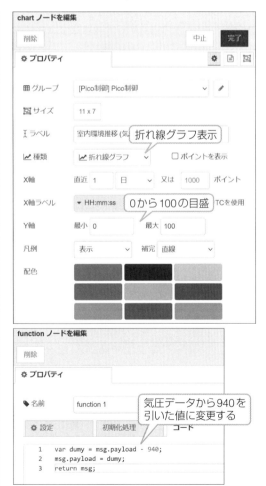

　以上がNode-REDのフローの説明になります。これで生成されるダッシュボードのグラフが図-8となります。最上段がLED制御用ボタン、その下がLEDの状態表示ボタン、その下が計測データのテキスト表示と折れ線グラフ表示となっています。

●**図-8　ダッシュボードの表示例**

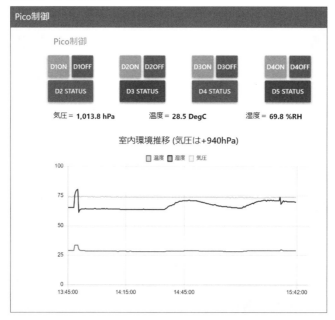

3-4-2　ラズパイPicoでRCサーボを使いたい

1 ラズパイ Pico W の PWM モジュールの概要

　ラズパイPico Wには、PWMパルスを生成するPWMモジュールが8組実装されています。また、各モジュールが、同じ周期で、デューティが独立制御できる2チャネルの出力ができますから、RCサーボなら最大16台の制御が可能です。

　またDCモータを駆動できるフルブリッジを構成すれば、最大8台のDCモータを制御することができます。

　このPWMモジュールの内部構成は図-1のようになっています。16ビットのカウンタとWrapコンパレータで周期が制御され、16ビットカウンタは図-1の下側のグラフのようにWrapの値となると0に戻されるという動作を繰り返します。デューティコンパレータは16ビットカウンタと比較していますから、デューティ値は0からWrapまでの範囲となることになります。

　プリスケーラ部は8ビットの整数部分周器とn/16の小数部分周器[*]で構成されていますので、分周比の範囲は、1 ～（255＋15/16）＝255.9 ≒ 256 の範囲となります。したがって設定できるPWM周期は、クロックが133MHzですから、133MHz÷1÷2＝66.5MHzから133MHz÷256÷65535=7.9Hzまで設定できることとなります。

一次デルタシグマ分周器と呼ばれている。nは0 ～ 15の値が選択できる

デューティ設定はWrapの値で制限されますから、16ビットのデューティがフルで使える範囲は133MHz÷65535≒2kHzです。2kHz以下の周期でしたら、デューティは0から65535の値で設定できますが、それ以上の周期となるとデューティ分解能が少なくなります[*]。

ディーティコンパレータが2組ありますから、周期は同じで、デューティが独立に制御できるPWM出力が2系統となります。

Wrapで使える範囲が
制限される

3

エッジの製作

●図-1　ラズパイPicoのPWMモジュールの構成

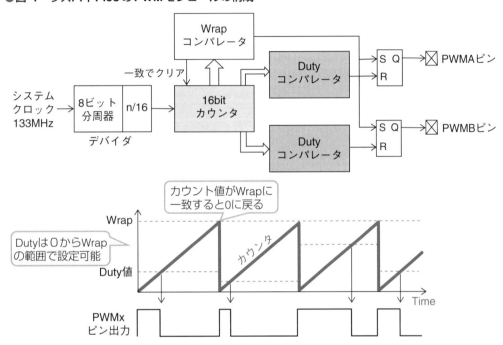

本項では実際の例題でRCサーボを使ってみます。

2 例題の全体構成

試す例題の全体構成を図-2のようにします。3台のRCサーボをそれぞれ独立のPWMモジュールで制御します。RCサーボを制御するPWMパルスは、周期が50Hzつまり20msecで、PWMパルス幅が0.54msから2.4msecの範囲で0度から180度の回転をします。

したがって、50Hzとすると16ビットのデューティ設定が可能ですから、下記の範囲の値でデューティ制御が可能となります。

$$65536 \times (0.54 \div 20) \fallingdotseq 1770 \qquad 65536 \times (2.4 \div 20) \fallingdotseq 7864$$

つまり6000以上の分解能でRCサーボを制御できることになります。これを0.0から180.0の角度で設定できるように、次の変換をすることにします。

$$デューティ値 = (設定角度 \div 180.0) \times (7864\text{-}1770) + 1770$$

●図-2　例題の全体構成

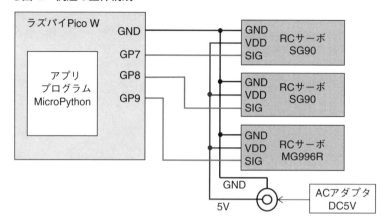

例題の組み立てが完了した外観が図-3となります。3台のRCサーボをブレッドボード経由で接続しています。RCサーボ用の電源は独立のACアダプタからDC5Vを供給しています。ラズパイPicoは2-1-5項と同じものを流用しています。GNDの接続を忘れないようにする必要があります。

●図-3　例題の組み立て完了の状態

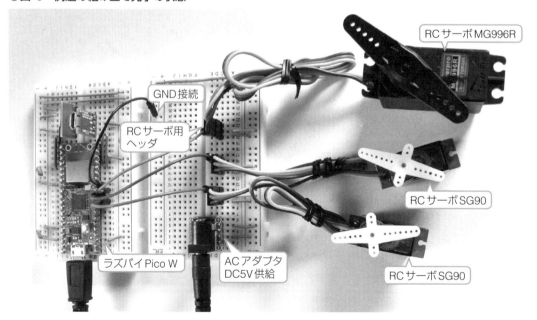

3 例題のプログラム作成

ラズパイPico WのプログラムはMicroPythonで作成します。先にラズパイPico WをUSBでパソコンに接続しておき、Thonnyを起動してから、右下にある設定でRaspberry Pi Pico Wを選択します。

PWMについては標準でMicroPythonに組み込まれているので、machineとしてインポートする*だけです。

最初にPWMとして使うピンを設定し、PWMの周期をすべて50Hzにしています。

メインループでは、PWMのデューティとして設定する値をRCサーボの角度から求め、3台のRCサーボに同じデューティ値で設定*しています。この角度を5msec周期で0.1度ずつ上昇させ、180度を超えたら0度に戻すということを繰り返しています。

0.1度ステップなので5msec周期でも十分追従して角度制御ができますが、0度に戻すときは1秒ほどかかりますから、このときは1秒持つようにしています。

> Thonnyでラズパイ Pico Wを選択してお く必要がある

> 設定するとRCサーボ が動作する

リスト 1 例題のプログラム（PICO_RCServo.py）

```
1    #**************************************
2    #  ラズパイPicoの制御プログラム
3    #   PWMで、3台のRCサーボの制御
4    #**************************************
5    from machine import Pin, PWM
6    import time
7    #***** インスタンス生成*********
8    servo1 = PWM(Pin(7))
9    servo1.freq(50)
10   servo2 = PWM(Pin(8))
11   servo2.freq(50)
12   servo3 = PWM(Pin(9))
13   servo3.freq(50)
14   # 変数定義
15   Degree = 0
16   #***** メインループ ****************
17   while True:
18       #角度からデューティ設定を求める
19       Duty = (int)((Degree/180.0)*(7864-1770)+1770)
20       # 3台のRCサーボの制御
21       servo1.duty_u16(Duty)
22       servo2.duty_u16(Duty)
23       servo3.duty_u16(Duty)
24       # 0度に戻るときだけ1秒待つ
25       if(Degree == 0):
26           time.sleep(1)
27       # 時間間隔  5msec
28       time.sleep(0.005)
29       # 角度01度ずつアップ、180度で0に戻す
30       Degree = Degree+0.1
31       if(Degree > 180.0):
32           Degree = 0
```

3-5　PICマイコンを使いたい

3-5-1　I²C接続のセンサや液晶表示器を使いたい

PICマイコンでI²Cインターフェースのセンサや液晶表示器を接続してみます。

1　例題の全体構成

例題として図-1のような構成で試すことにします。基本はCuriosity HPCボード（以下HPCボードと略す）で、ここにPIC16F18857という28ピンのPICマイコンを実装しています。さらにブレッドボードに加速度センサ、マイク、液晶表示器、複合センサ（BME280）を実装し、ジャンパ線でCuriosity HPCボードと接続します。本項で使うのは、BME280と液晶表示器だけです。さらに有機EL表示器をmikroBUS1に実装して使うことにします。

●図-1　例題の全体構成

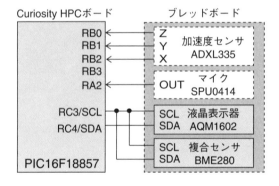

このハードウェアのジャンパ配線が完了した外観が図-2となります。このハードウェアを3-5節全体で使います。電源はHPCボードの3.3Vを使います。

また、加速度センサと有機EL表示器は同じピンを使うため、同時に使うことはできないので、いずれかを使う構成となります。本項では有機EL表示器は外して使います。

●図-2　接続完了した外観

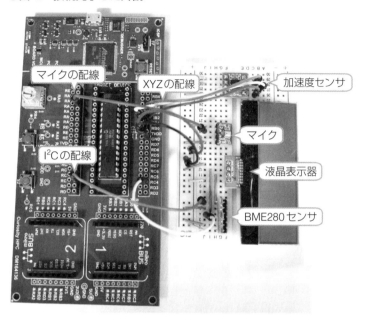

マイクの配線

XYZの配線

加速度センサ

I²Cの配線

マイク

液晶表示器

BME280センサ

2 プログラムの製作

　PICマイコンのC言語のプログラムです。MPLAB X IDE V6.15とMCCを使って製作します。BME280センサは、ここではブレッドボードに実装したものを使っていますが、2-1-4項で使ったWeather Clickボードと同じライブラリがそのまま使えます。

　結局MCCのモジュールは図-3のように、MSSP1、Timer0、Weatherとなります。ここでMSSP1はWeatherを追加すると自動的に追加され設定も自動的に行われるので、設定は不要です。またWeather自身の設定も特に必要がありません。System Moduleではクロックを内蔵クロックの32MHzとしています。

●図-3　MCCで追加したモジュール

　タイマ0の設定は図-4のようにします。1秒周期で割り込み有効として設定します。

●図-4　タイマ0の設定

Easy Setup	Registers

Hardware Settings

☑ Enable Timer

Timer Clock

Clock prescaler	1:512
Postscaler	1:1
Timer mode:	16-bit
Clock Source:	FOSC/4
External Frequency :	100 kHz

☑ Enable Synchronisation

☑ Enable Timer Interrupt

Timer Period

Requested Period : 64 us ≤ | 1 s | ≤ 4.19424 s

Actual Period : 　1 s

Software Settings

Callback Function Rate	0x1	x Time Period = 1 s

　　最後は入出力ピンの設定で図-5とします。D2からD5、S1、S2は、全部は使っていませんが、デバッグ用として用意しておきます。それぞれに名称を設定しておきます。プログラムではこの名前の関数で使うことになります。

●図-5　入出力ピンの設定

Output	Pin Manager: Grid View ×	Notifications [MCC]																							
Package:	SOIC28		Pin No:	2	3	4	5	6	7	10	9	21	22	23	24	25	26	27	28	11	12	13	14	15	16	17	18	1
				Port A ▼								Port B ▼								Port C ▼								E
Module	Function	Direction		0	1	2	3	4	5	6	7	0	1	2	3	4	5	6	7	0	1	2	3	4	5	6	7	3
MSSP1 ▼	SCL1	in/out										🔓	🔓	🔓	🔓	🔓	🔓	🔓	🔓	🔓	🔓	🔓	🔒	🔓	🔓	🔓	🔓	
	SDA1	in/out										🔓	🔓	🔓	🔓	🔓	🔓	🔓	🔓	🔓	🔓	🔓	🔓	🔒	🔓	🔓	🔓	
OSC	CLKOUT	output								🔓																			
Pin Module ▼	GPIO	input		🔓	🔓	🔓	🔓	🔓	🔓	🔓	🔓	🔓	🔓	🔓	🔓	🔓	🔓	🔓	🔓	🔓	🔓	🔓	🔓	🔓	🔓	🔓	🔓	🔓
	GPIO	output		🔓	🔓	🔓	🔓	🔒	🔒	🔒	🔒	🔓	🔓	🔓	🔓	🔓	🔓	🔓	🔓	🔓	🔓	🔓	🔓	🔓	🔓	🔓	🔓	🔓
RESET	MCLR	input																										🔒
TMR0 ▼	T0CKI	input		🔓	🔓	🔓	🔓	🔓	🔓	🔓	🔓	🔓	🔓	🔓	🔓	🔓	🔓	🔓	🔓									
	TMR0	output										🔓	🔓	🔓	🔓	🔓	🔓	🔓	🔓	🔓	🔓	🔓	🔓	🔓	🔓	🔓	🔓	

Pin Module の設定

Easy Setup	Registers

Selected Package : SOIC28

Pin Name ▲	Module	Function	Custom Name	Start High	Analog	Output	WPU	OD	IOC
RA4	Pin Module	GPIO	D2	☐	☐	☑	☐	☐	none ▼
RA5	Pin Module	GPIO	D3	☐	☐	☑	☐	☐	none ▼
RA6	Pin Module	GPIO	D4	☐	☐	☑	☐	☐	none ▼
RA7	Pin Module	GPIO	D5	☐	☐	☑	☐	☐	none ▼
RB4	Pin Module	GPIO	S1	☐	☐	☐	☑	☐	none ▼
RC3	MSSP1	SCL1		☐	☐	☐	☐	☐	none ▼
RC4	MSSP1	SDA1		☐	☐	☐	☐	☐	none ▼
RC5	Pin Module	GPIO	S2	☐	☐	☐	☑	☐	none ▼

　　以上でMCCの設定は終わりですので、[generate] します。

　生成されたコードを使って作成したmainのプログラムがリスト-1、リスト-2となります。この他に液晶表示器のライブラリ部がありますが、2-1-2項と同じですので省略します。

　リスト-1が宣言部です。weather.hのインポート追加が必要です。そのあとは変数宣言で液晶表示用のバッファとコントラスト定数、関数のプロトタイピングです。次がタイマ0の割り込み処理関数で、ここではFlag変数を1にしているだけです。

リスト 1　例題のプログラム（I2C_Sensor_LCD.X）　宣言部

```
1    /********************************************
2     *   I2C接続のセンサとLCDを使う
3     *     温湿度、気圧の表示
4     ********************************************/
5    #include "mcc_generated_files/mcc.h"
6    #include "mcc_generated_files/examples/i2c1_master_example.h"
7    #include "mcc_generated_files/weather.h"
8    // 変数定義
9    uint8_t Flag;
10   double temp, humi, pres;
11   char Line1[17], Line2[17];
12   // 液晶表示器　コントラスト用定数
13   //#define CONTRAST  0x18// for 5.0V
14   #define CONTRAST  0x25              // for 3.3V
15   // 関数プロト
16   void lcd_data(char data);
17   void lcd_cmd(char cmd);
18   void lcd_init(void);
19   void lcd_str(char * ptr);
20   /***** タイマ0割り込み処理関数******/
21   void TMR0_Process(void){
22       Flag = 1;
23   }
```

　次のリスト-2がメイン関数です。最初の部分でシステム初期化後、タイマ0のCallback関数定義と割り込み許可をしています。続いてメインループでは、Flag変数が1だったら処理を実行します。これにより以下が1秒間隔で実行されることになります。

　まずセンサから3種のデータを読み出します。ここはWeatherライブラリを使うので、簡単な関数で呼び出すことができます。次に液晶表示器への表示文字列に変換してから表示を実行しています。

リスト 2　例題のプログラム　メイン関数部

```
24   /***** メイン関数 *****/
25   void main(void)
26   {
27       SYSTEM_Initialize();                    // システム初期化
28       TMR0_SetInterruptHandler(TMR0_Process);
29       INTERRUPT_GlobalInterruptEnable();
30       INTERRUPT_PeripheralInterruptEnable();
31       lcd_init();                             // LCD初期化
32       /****** メインループ ***********/
33       while (1)
34       {
```

```
35          if(Flag == 1){
36              Flag = 0;
37              /** センサデータ読み出し **/
38              Weather_readSensors();
39              temp = Weather_getTemperatureDegC();
40              humi = Weather_getHumidityRH();
41              pres = Weather_getPressureKPa() * 10;
42              // 表示データ編集
43              sprintf(Line1, "T=%2.1fC  H=%2.1f%%", temp, humi);
44              sprintf(Line2, "P=%4.1f hPa", pres);
45              // LCD表示
46              lcd_cmd(0x80);                    // 1行目
47              lcd_str(Line1);
48              lcd_cmd(0xC0);                    // 2行目
49              lcd_str(Line2);
50          }
51      }
52 }
```

　以上でプログラムの製作は完了です。PICマイコンに書き込んで実行します。実行結果の液晶表示器の表示例が図-7となります。

●図-7　液晶表示器の表示例

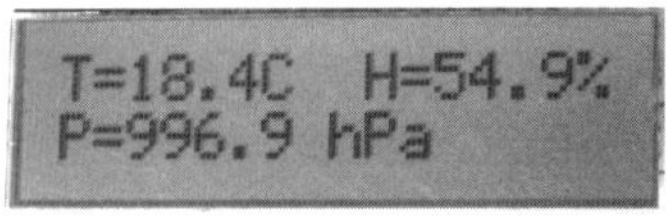

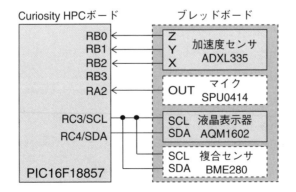

3-5-2　アナログ出力のセンサを使いたい

　センサには出力が電圧のものが多くあります。ここではそのような電圧出力の加速度センサを例に、アナログ信号の入力方法を説明します。

1　例題の全体構成

　例題として図-1のような構成で、3軸の加速度センサの各軸のアナログ出力を、PICマイコンのADコンバータで入力し、値を液晶表示器に表示するようにしてみます。これで、水準器のように水平かどうかを検知することができます。

●図-1　例題の全体構成

製作したハードウェアは3-5-1項と同じもので、使うのは加速度センサと液晶表示器となります。

ここで使った加速度センサ「ADXL335」の外観と仕様は、3-1-3項の図-1のようになっています。小型のICを基板に実装した構成で販売されているものです。このX、Y、Zの出力がアナログ電圧で出力されますので、それを直接PICマイコンのピンに接続して使います。

2 PICマイコンのプログラム作成

PICマイコンのC言語のプログラムになりますから、MPLAB X IDE V6.15とMCCを使って製作します。加速度センサの入力はADコンバータで扱います。液晶表示器はI²C接続ですから、I²Cモジュールで扱います。したがって、MCCで追加したモジュールは図-2のように、ADCCとMSSP1の二つとなります。

●図-2 MCCで追加したモジュール

ADコンバータのADCCの設定は、図-3としました。基本のBasic_Modeで使うことにし、ClockをFOSC/32を選択して最高速度の1usecで変換します。Acquisition Countには64と入力して、最短時間の2usec*としています。残りの設定はデフォルトのままで問題ありません。

データシートに記載されている最短時間の変換

●図-3 ADCCの設定

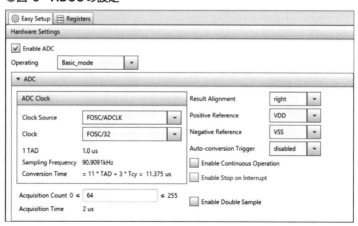

MSSP1の設定はI²C Masterにするだけで、図-4のように設定します。速度はデフォルトの100kHzのままで問題ありません。

●図-4 MSSP1の設定

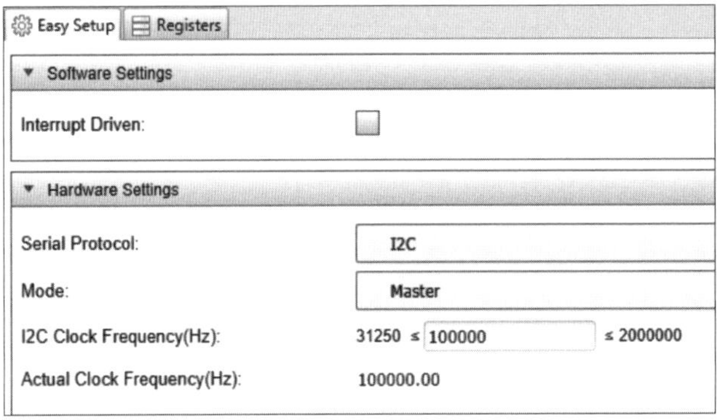

| Easy Setup | Registers |

▼ Software Settings

Interrupt Driven: ☐

▼ Hardware Settings

Serial Protocol:	I2C
Mode:	Master
I2C Clock Frequency(Hz):	31250 ≤ 100000 ≤ 2000000
Actual Clock Frequency(Hz):	100000.00

　残りは入出力ピンの設定だけで、図-5のようにします。RB0、RB1、RB2が加速度センサのアナログ入力ピンになります。I²Cは標準のRC3とRC4のままで大丈夫です。LEDのRA4からRA7とスイッチのRB4、RC5は使っていませんが、デバッグ用に用意しておきます。それぞれにPin Moduleで名前を付けておきます。プログラムではこの名前の関数で使うことになります。

●図-5　入出力ピンの設定

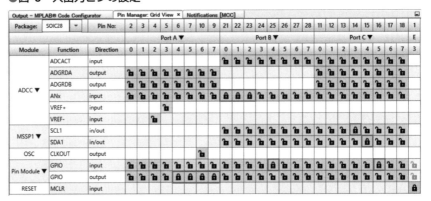

Pin Name ▲	Module	Function	Custom Name	Start High	Analog	Output	WPU	OD	IOC
RA4	Pin Module	GPIO	D2	☐	☐	☑	☐	☐	none ▾
RA5	Pin Module	GPIO	D3	☐	☐	☑	☐	☐	none ▾
RA6	Pin Module	GPIO	D4	☐	☐	☑	☐	☐	none ▾
RA7	Pin Module	GPIO	D5	☐	☐	☑	☐	☐	none ▾
RB0	ADCC	ANB0	ZAXIS	☐	☑	☐	☐	☐	none ▾
RB1	ADCC	ANB1	YAXIS	☐	☑	☐	☐	☐	none ▾
RB2	ADCC	ANB2	XAXIS	☐	☑	☐	☐	☐	none ▾
RB4	Pin Module	GPIO	S1	☐	☐	☐	☑	☐	none ▾
RC3	MSSP1	SCL1		☐	☐	☐	☐	☐	none ▾
RC4	MSSP1	SDA1		☐	☐	☐	☐	☐	none ▾
RC5	Pin Module	GPIO	S2	☐	☐	☐	☑	☐	none ▾

これでMCCの設定が完了ですので、[generate]してコードを生成します。

生成した関数を使って作成したプログラムはリスト-1でメイン関数全体となります。短いプログラムとなっています。

最初に各軸の変数を定義しています。10ビットのADコンバータなので、2バイト長の変数として定義しています。

メイン関数では、LCDの初期化だけですぐメインループになります。メインループでは3軸のAD変換を実行しています。この加速度センサは1.65Vつまり電源電圧の中央値が傾き0のときですので、AD変換の中央値511をAD変換結果から引き算して、0を中心にプラスマイナスで傾きの向きが区別できるようにしています。

あとは加速度の値を文字に変換して液晶表示器用の表示文字列にしてから、表示出力をしています。各行の最後にスペースを挿入していますが、これは値の桁数が1桁から3桁まであり、最後の桁表示が残ってしまうことがあるからで、スペースで消すようにしています。

リスト 1　例題のプログラム（Analog_Sensor.X）

```
1    /*********************************************
2     *  アナログ式加速度センサ
3     *  3軸の傾きをLCDに表示
4     *********************************************/
5    #include "mcc_generated_files/mcc.h"
6    #include "mcc_generated_files/examples/i2c1_master_example.h"
7    // 変数定義
8    uint16_t Xaxis, Yaxis, Zaxis;
9    char Line1[17], Line2[17];
10   // 液晶表示器  コントラスト用定数
11   //#define CONTRAST  0x18// for 5.0V
12   #define CONTRAST  0x25              // for 3.3V
13   // 関数プロト
14   void lcd_data(char data);
15   void lcd_cmd(char cmd);
16   void lcd_init(void);
17   void lcd_str(char * ptr);
18
19   /***** メイン関数 ******/
20   void main(void)
21   {
22       SYSTEM_Initialize();           // システム初期化
23       lcd_init();                    // LCD初期化
24       /****** メインループ ***********/
25       while (1)
26       {
27           // 傾き読み出し
28           Xaxis = ADCC_GetSingleConversion(XAXIS) - 511;
29           Yaxis = ADCC_GetSingleConversion(YAXIS) - 511;
30           Zaxis = ADCC_GetSingleConversion(ZAXIS) - 511;
31           sprintf(Line1, "X = %3d Y = % 3d  ", Xaxis, Yaxis);
32           sprintf(Line2, "Z = %3d    ", Zaxis);
33           // LCD表示
34           lcd_cmd(0x80);             // 1行目
35           lcd_str(Line1);
36           lcd_cmd(0xC0);             // 2行目
37           lcd_str(Line2);
```

```
38          __delay_ms(1000);
39      }
40  }
```

　この他に液晶表示器のライブラリがありますが、2-1-2項と同じものですので、説明は省略します。

　これで作成は終了ですので、コンパイルしてPICマイコンに書き込めば実行を開始します。実際の表示例は図-6のようになります。

●図-6　動作結果の表示例

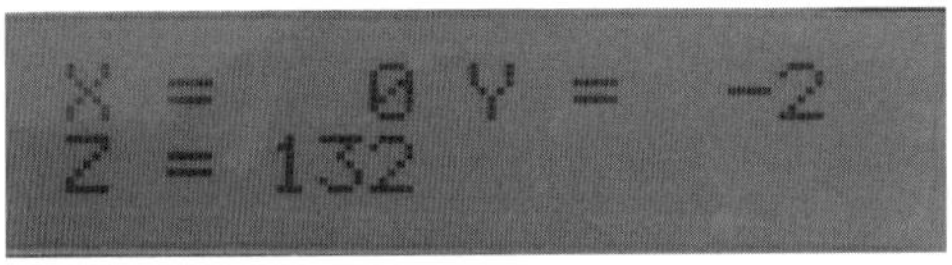

```
X =    0 Y =   -2
Z = 132
```

3-5-3　瞬時の音変化を検出したい

　マイクや圧力センサなど、アナログ出力で、瞬時に変化するような現象を検出する方法を例題で説明します。

1 例題の全体構成

　この例題の全体構成を図-1のようにします。MEMS構造のマイクのアナログ電圧出力を、PICマイコンのRA2ピンに接続し、これの瞬時変化を検出し、検知したら、HPCボードの4個のLEDを点灯し、2秒後に消灯するようにします。

●図-1　例題の全体構成

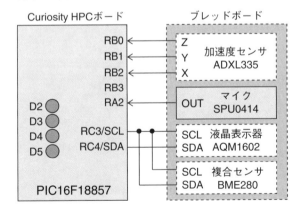

　使うハードウェアは3-5-1項と同じもので、ここではブレッドボードのマイクのみを使います。LEDはHPCボードに実装されているものを使います。

　マイクの外観と仕様は、3-1-3項の図-5となっています。アンプが内蔵されていて、直接マイコンに入力できる電圧として出力されるので便利に使えます。

2 プログラムの製作

PICマイコンのC言語プログラムですので、MPLAB X IDE V6.15とMCCを使って作成します。まずMCCで必要なモジュールを追加しますが、ここで必要なのはアナログコンパレータ（CMP1）と定電圧モジュール（FVR[*]）となります。これを追加した状態が図-2となります。

アナログコンパレータ（CMP1）の設定が図-3となります。

（a）のCMP1の設定では、Positive入力側はCIN0+ピンとし、Negative側の入力はFVRという定電圧モジュールの電圧とします。そして（b）FVRの設定ではbuffer2のほうを使うので、こちらを2xとして2.048Vを選択します。これでコンパレータは図-4（c）のような構成となります。

ここでマイクの入力電圧が2.048Vより低い場合は、CMPの出力はLowとなり、マイクのほうが高い場合はHighとなります。コンパレータの動作速度は高速なので、瞬時のマイク入力でもHighとなります。

このLowからHighになったとき*、割り込みを有効とすれば、瞬時変化でも割り込みとしてプログラムで処理できますから、マイク入力の瞬時変化を取り出すことができます。

*Fixed Voltage Referenceの略。定電圧リファレンス。アナログ計測やアナログ出力電力の精度を保つためのもの

*Rising Edgeとなる

●図-2 MCCで追加したモジュール

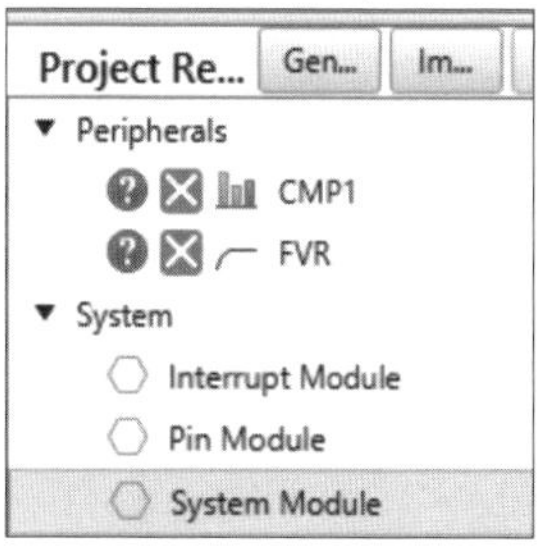

●図-3 CMP1の設定
（a）CMP1の設定
（b）FVRの設定
（c）動作原理

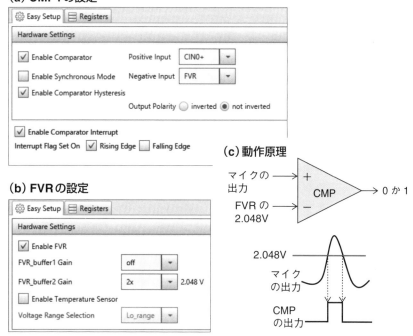

あとは入出力ピンの設定だけで、図-4のようにします。コンパレータの入力ピンは固定となっていますから、そのままRA2ピンとし、あとは4個のLEDと2個のスイッチを選択し、Pin Moduleで名称を入力します。この名称で関数が生成されます。

●図-4　入出力ピンの設定

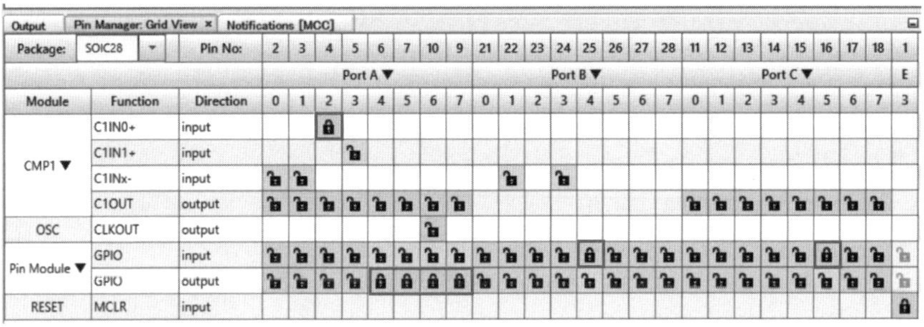

Pin Moduleの設定

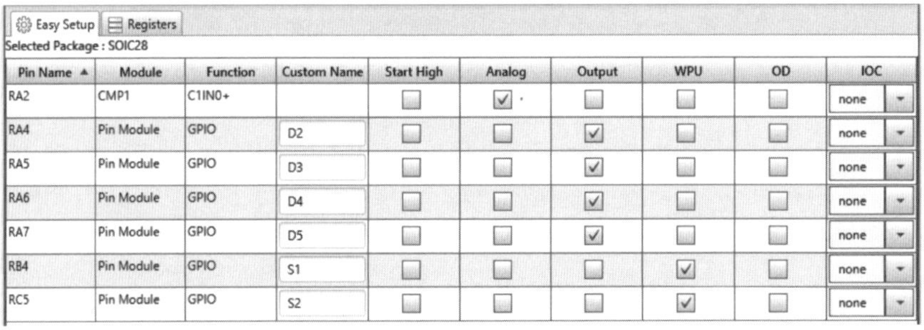

Easy Setup　Registers
Selected Package : SOIC28

Pin Name	Module	Function	Custom Name	Start High	Analog	Output	WPU	OD	IOC
RA2	CMP1	C1IN0+		☐	☑	☐	☐	☐	none
RA4	Pin Module	GPIO	D2	☐	☐	☑	☐	☐	none
RA5	Pin Module	GPIO	D3	☐	☐	☑	☐	☐	none
RA6	Pin Module	GPIO	D4	☐	☐	☑	☐	☐	none
RA7	Pin Module	GPIO	D5	☐	☐	☑	☐	☐	none
RB4	Pin Module	GPIO	S1	☐	☐	☐	☑	☐	none
RC5	Pin Module	GPIO	S2	☐	☐	☐	☑	☐	none

MCCの設定はこれで完了ですので、[generate]してコードを生成します。生成された関数を使って作成した例題のプログラムがリスト-1、リスト-2となります。

リスト-1は、コンパレータの関数で、リスト-1（a）のようにProjectのSource Filesの中のcmp1.cを選択して開きます。ここにコンパレータの割り込み処理関数*(CMP1_ISR)がありますから、この中に割り込み処理を記述します。まずリスト-1（b）のようにmcc.hのインクルードを追加して、D2やD3などの名称の関数が使えるようにします。

次にリスト-1（c）のように、Flag変数をexternで外部変数*として定義してから、CMP1_ISR関数の中に割り込み処理を記述追加します。割り込み処理としては4個のLEDを点灯し、Flag変数に1を代入しているだけとなります。

コンパレータはCallback関数が使えるようになっていないため、直接記述する

Flag変数はmainで定義しているため外部変数とする

リスト　1　例題のプログラム（Sound_Input.X¥mcc_generated_files¥cmp1.c 割り込み処理

（a）cmp1.cの選択cmp1.c

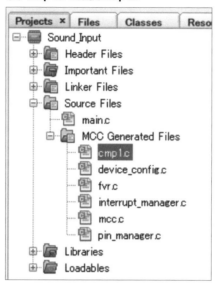

（b）includeの追加

```
47    /**
48      Section: Included Files
49    */
50
51
52    #include <xc.h>
53    #include "cmp1.h"
54    #include "mcc.h"
```

（c）割り込み処理の追加

```
91    extern uint8_t Flag;
92    void CMP1_ISR(void)
93    {
94        D2_SetHigh();
95        D3_SetHigh();
96        D4_SetHigh();
97        D5_SetHigh();
98        Flag = 1;
99        // clear the CMP1 interrupt flag
100       PIR2bits.C1IF = 0;
101   }
```

　リスト-2がメイン関数部です。最初に割り込みを許可しています。メインループでは、コンパレータの割り込み処理でFlagが1にされるのを待ちます。音が入力されてFlagが1になったら、2秒待ってからLEDを消灯します。さらに最後にFlagを0に戻します。これで、音を検知したら2秒間だけLEDが点灯することになり、その間は次の割り込みは無視されます。

リスト 2 例題のプログラム（Sound_Input.X） メイン関数部

```
1   /***************************************
2    *    コンパレータで音の検出
3    *    4個のLED点灯
4    ***************************************/
5   #include "mcc_generated_files/mcc.h"
6   // 変数定義
7   uint8_t Flag;
8
9   /****** メイン関数 ******************/
10  void main(void)
11  {
12      SYSTEM_Initialize();
13      // 割り込み許可
14      INTERRUPT_GlobalInterruptEnable();
15      INTERRUPT_PeripheralInterruptEnable();
16      /****** メインループ ******************/
17      while (1)
18      {
19          if(Flag == 1){          // フラグがオンの場合
20              __delay_ms(2000);   // 2秒待ち
21              D2_SetLow();        // 全LED消灯
22              D3_SetLow();
23              D4_SetLow();
24              D5_SetLow();
25              Flag = 0;           // フラグクリア
26          }
27      }
28  }
```

　以上でプログラム作成が終了ですから、PICマイコンに書き込んで動作を実行します。

　マイクの近くで手を叩けば、4個のLEDが2秒間だけ点灯します。点灯している間は音の検出はしません。

3-5-4 有機EL表示器を使いたい

　本項ではSPI接続のフルカラーグラフィック小型有機EL表示器（OLED）を使ってみます。このOLEDの外観と仕様は3-1-6項の図-8を参照して下さい。

1 例題の全体構成

　例題として構成したハードウェアの全体構成を図-1のようにしました。

　Curiosity HPCボードをベースとして、有機EL表示器をmikroBUS1に実装しました。ちょうどmikroBUS1の片側のピン配置がOLEDと合っていたので、そのままmikroBUS1に実装しています。

　その代わり、BME280のセンサのI²Cのピン配置を変更せざるをえなくなったので、ブレッドボードに実装したBME280の接続ピンをRB2、RB3に変更しました。

　この構成で、3秒間隔でBME280センサのデータを読み出し、OLEDに表示するという機能を実現します。

●図-1　例題の全体構成

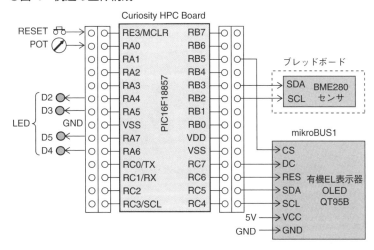

接続を完了したハードウェアの外観が図-2となります。ジャンパ接続はBME280のI²C用と電源だけとなります。OLEDは図のようにmikroBUS1の外側のソケットに挿入します。GNDピンを合わせて実装して下さい。このOLEDは5Vでも問題なく動作します。

●図-2　接続完了したハードウェアの外観

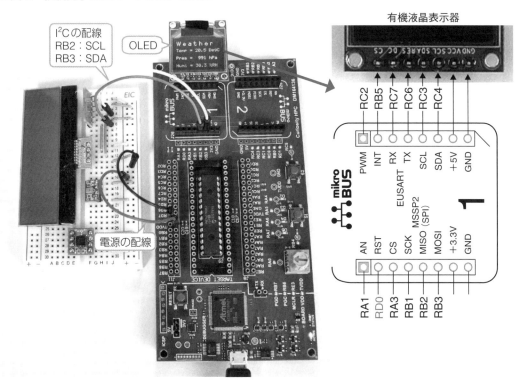

2 例題のプログラム製作

　例題のプログラムはPICマイコン用ですから、MPLAB X IDE V6.15とMCCを使ってC言語で作成します。

　まずMCCで追加したモジュールは図-3となります。図のようにMSSP1とMSSP2の両方を使って、I²CとSPIとして動作させます。タイマ0で3秒インターバルを生成します。WeatherライブラリでBME280センサを制御します。これだけの設定でプログラムが作成できます。

　MSSP1の設定はWeatherライブラリを追加すると自動的にMSSP1も追加され、設定も自動的に行われますので設定は不要です。

●図-3　MCCで追加したモジュール

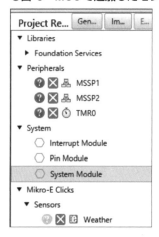

　最初はMSSP2の設定で、図-4のように設定します。SPIのMasterで、速度をFOSC/16を選択して2MHzの速度とします。

●図-4　MSSP2の設定

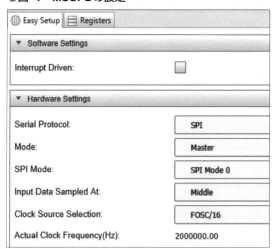

　次にタイマ0の設定で図-5とします。図のように3秒のタイマとし割り込み有効と します。

●図-5　タイマ0の設定

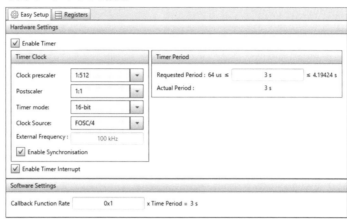

　残りは入出力ピンの設定で図-6とします。MSSP1のピンを変更したので、RB2、 RB3とします。あとはOLEDのSPI以外のピンの名称を忘れないようにします。この 名称でOLEDライブラリが作成されているので、同じ名称とする必要があります。

●図-6　入出力ピンの設定

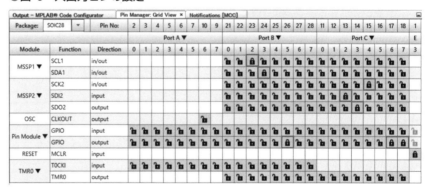

Pin Moduleの設定

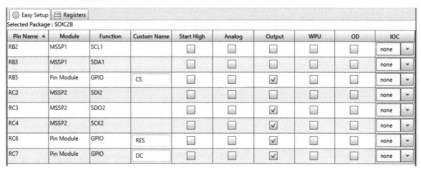

265

以上でMCCの設定は完了ですので、［generate］してコードを生成します。

　本項では別途作成したOLEDライブラリとフォントライブラリを使うので、これをプロジェクトに登録する必要があります。登録方法は、各ライブラリファイルをプロジェクトフォルダに格納*したあと、図-7のように登録します。

他のフォルダだとコンパイルエラーになる

　ヘッダファイルとソースファイルにそれぞれ次のファイルを登録します。［Header Files］を右クリックして［Add Existing Item］とし、拡張子がhのファイルを指定して登録します。同様にSource Filesを右クリックして、拡張子がcのファイルを登録します。ファイルは本書サポートサイトから入手できます。

　　ヘッダファイル：ASCII12dot.h、font.h、OLED_lib.h
　　ソースファイル：OLED_lib.c

●図-7　ライブラリの登録

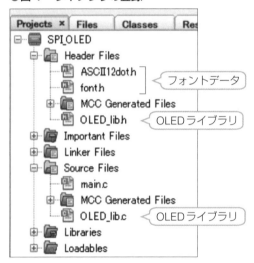

　このOLEDライブラリが提供する関数は表-1のようになっています。ライブラリの詳細の解説は省略します。

▼表-1　OLEDライブラリが提供する関数

関数名	機能と書式
OLED_Init	《機能》OLEDの初期化、最初に1度だけ実行すればよい 《書式》void OLED_Init(void);
OLED_Clear	《機能》指定した色で全体を塗りつぶす 《書式》void OLED_Clear(uint8_t color);　//colorは背景色
OLED_Pixel	《機能》指定位置に指定色のドットを表示する 《書式》void OLED_Pixel(uint8_t Xpos, uint8_t Ypos, uint8_t color);
OLED_Char	《機能》6x9ドットのANK文字表示を指定位置に指定色で表示する 《書式》void OLED_Char(uint8_t colum, uint8_t line, 　　　const uint8_t letter, uint8_t Color1, uint8_t Color2); 　　　colum：0〜15　　line：0〜6 　　　Color1：文字色　　Color2：背景色
OLED_xChar	《機能》12x12ドットのANK文字を指定位置から指定色で表示する 《書式》void OLED_xChar(uint8_t colum, uint8_t line, 　　　uint8_t letter, uint8_t Color1, uint8_t Color2) 　　　colum：0〜7　　line：0〜4 　　　Color1：文字色　　Color2：背景色
OLED_Str	《機能》6x9ドットのANK文字列を指定位置から指定色で表示する 《書式》void OLED_Str(uint8_t colum, uint8_t line, 　　　const uint8_t *s, uint8_t Color1, uint8_t Color2) 　　　colum：0〜15　　line：0〜6 　　　Color1：文字色　　Color2：背景色
OLED_xStr	《機能》12x12ドットのANK文字列を指定位置から指定色で表示する 《書式》void OLED_xStr(uint8_t colum, uint8_t line, 　　　const uint8_t *s, uint8_t Color1, uint8_t Color2) 　　　colum：0〜7　　line：0〜4 　　　Color1：文字色　　Color2：背景色

これらを使って作成した例題のプログラムがリスト-1となります。

最初のインクルードではOLED_lib.hとstring.h、weather.hの追加が必要です。次にタイマ0の割り込み処理関数で、ここではFlag変数に1を代入しているだけです。

初期化部ではシステム初期化後、タイマ0のCallback関数を定義し、OLEDの初期化をしてから割り込みを許可しています。

続いてメインループでは、Flagが1になったら処理を開始し、OLEDの最上段に見出しを大きな文字で表示し、続いてセンサのデータを読み出します。

次に三つのセンサのデータを文字列に変換し、それぞれの色を指定して、小さな文字で表示しています。

リスト　1　例題のプログラム（SPI_OLED.X）

```
1  /*******************************************
2   *  OLED + BME280 Sensor
3   *  3秒周期でセンサのデータをOLEDに表示する
4   *  温度、気圧、湿度を表示
5   *******************************************/
6  #include "mcc_generated_files/mcc.h"
7  #include "OLED_lib.h"
8  #include "mcc_generated_files/weather.h"
```

```
9   #include <string.h>
10  // 変数定義
11  char Flag;
12  char Msg[32];    // 表示バッファ
13  /*****************************
14   * タイマ0　割り込み処理関数
15   ****************************/
16  void TMR0_Process(void){
17      Flag = 1;        // フラグセット
18  }
19  /***** メイン関数 *************/
20  void main(void)
21  {
22      SYSTEM_Initialize();
23      // タイマ0 Callback関数定義
24      TMR0_SetInterruptHandler(TMR0_Process);
25      // OLED初期化
26      OLED_Init();
27      OLED_Clear(BLACK);
28      Flag = 1;
29      // 割り込み許可
30      INTERRUPT_GlobalInterruptEnable();
31      INTERRUPT_PeripheralInterruptEnable();
32      /****** メインループ ************/
33      while (1)
34      {
35          if(Flag == 1){                              // フラグオンの場合
36              Flag = 0;                               // フラグリセット
37              // 見出し表示　大文字で
38              OLED_xStr(0, 0, "Weather", WHITE, BLACK);
39              // BME280センサからデータ取得し表示　小文字で
40              Weather_readSensors();                  // センサ実行
41              sprintf(Msg, "Temp = %2.1f DegC", Weather_getTemperatureDegC());
42              OLED_Str(0, 2, Msg, MAGENTA, BLACK);    // 温度表示
43              sprintf(Msg, "Pres = %4.0f hPa", Weather_getPressureKPa()*10);
44              OLED_Str(0, 4, Msg, CYAN, BLACK);       // 気圧表示
45              sprintf(Msg, "Humi = %2.1f %%RH", Weather_getHumidityRH());
46              OLED_Str(0, 6, Msg, GREEN, BLACK);      // 湿度表示
47          }
48      }
49  }
```

このプログラムが完成したらコンパイルして書き込み実行します。
実際に実行させた結果の有機EL表示器の表示例が図-8となります。

●図-8　OLEDの表示例

3-5-5 PWMでLEDの調光制御をしたい

PWMパルスを使うと、LEDなど明るさを連続的に可変することができます。ここではPWM制御の仕方を説明します。

1 例題の全体構成

例題の全体構成を図-1のようにします。Curiosity HPCボードだけで構成し、可変抵抗（POT）で4個のLED（D2 ～ D5）の調光制御をします。

●図-1 例題の全体構成

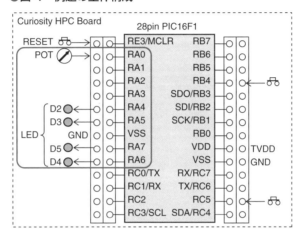

2 例題のプログラムの製作

PICマイコンのプログラムですので、MPLAB X IDE V6.15とMCCで製作します。必要なモジュールはADCCとPWM6とTimer2となります。MCCで追加したモジュールは図-2となります。

●図-2 MCCで追加したモジュール

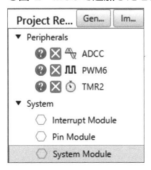

ADCCの設定は図-3となります。ClockをFosc/32の最速とし、Acquisitionを64として最短の2usecとしています*。あとはデフォルトのままで問題ありません。

・・・・・・・・・・・・・・・・・・・
データシートによる最
速の設定

●図-3　ADCCの設定

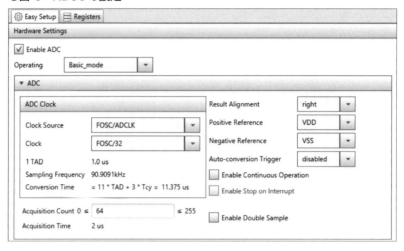

次がTimer2の設定で、図-4となります。Timer Period欄に32usと入力するだけで、あとはそのままとします。これで、周期が32usecのPWMパルスの元ができたことになります。

●図-4 Timer2の設定

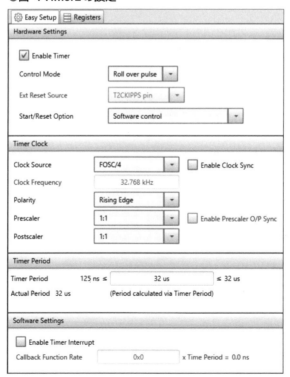

　次がPWM6の設定で図-5となります。ここでは特に設定することはなくデフォルトのままで問題ありません。

●図-5　PWM6の設定

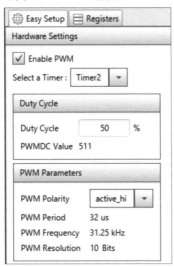

　最後が入出力ピンの設定で図-6となります。PWM6のOUTにRA4からRA7の4個を設定します。このように複数のピンに出力することができます。

●図-6　入出力ピンの設定

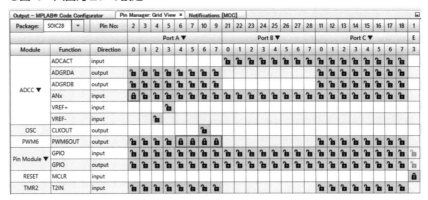

Pin Moduleの設定

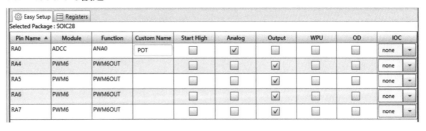

以上でMCCの設定は完了です。［generate］してコードを生成します。

生成された関数を使って作成した例題のプログラムがリスト-1となります。非常に短いプログラムですが、ADコンバータで得られた0〜1023の値を、そのままPWMのデューティの値として代入しています。いずれも10ビットの分解能なので、そのまま代入できます。

リスト 1 例題のプログラム（PWM_Control.X）

```
 1    /*********************************
 2     * PWM でLED の調光制御
 3     *   POT で可変
 4     *********************************/
 5    #include "mcc_generated_files/mcc.h"
 6    // 変数定義
 7    uint16_t result;
 8    /***** メイン関数 ***********/
 9    void main(void)
10    {
11        SYSTEM_Initialize();
12        /******* メインループ *********/
13        while (1)
14        {
15            result = ADCC_GetSingleConversion(POT);
16            PWM6_LoadDutyValue(result);
17        }
18    }
```

これでコンパイルし書き込めば動作を開始します。可変抵抗を回すことで、LEDの明るさを0%から100%まで変えられます。

3-6 Raspberry Piを使いたい

3-6-1 ラズパイでセンサやLCDを使いたい

Raspberry Pi 4B（以下ラズパイと略す）にI^2Cインターフェースのセンサや、SPIインターフェースのQVGAサイズのグラフィック液晶表示器を接続し、Pythonプログラムで動かしてみます。

1 例題の全体構成

こちらも実際の例題で試してみます。全体構成を図-1のようにしました。ラズパイのGPIOピンに直接接続する構成で、I^2C接続の複合センサ（BME280）と2.8インチサイズのフルカラーグラフィックの液晶表示器をSPI接続として、ブレッドボードに実装する構成としました。

●図-1 例題の全体構成

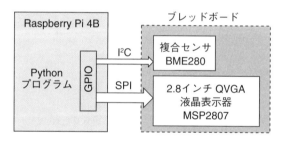

ここで新たなパーツとしてフルカラーグラフィックの液晶表示器を使いました。この液晶表示器の外観と仕様は図-2のようになっています。

液晶表示器本体以外に、タッチパネルと裏面にSDカードホルダーが実装されています。外部接続のピンが基板端にあり、液晶表示器用とタッチパネル用に分かれていて、いずれも0.1インチピッチとなっているので、ブレッドボードに容易に実装できます。SDカードを使う場合は基板の反対側の端にピンが出ているので、こちら側を使います。こちらもSPI接続となります。

この液晶表示器にはArduinoや、Pythonのライブラリが提供されているので、プログラムも容易に作成できるようになっています。

● 図-2　フルカラーグラフィック液晶表示器の外観と仕様

型番　　　　 ： MSP2807
電源　　　　 ： DC3.3V ～ 5V
消費電流　　 ： 約90mA
サイズ　　　 ： 2.8 インチ
コントローラ ： ILI9341
ドット数　　 ： 320×240 QVGA
色数　　　　 ： 16 ビット（RGB565）
外部接続　　 ： 4 線式 SPI
バックライト ： 白色 LED
タッチパネル ： SPI 接続
SD カード　　 ： 裏面に実装

No	信号名	対象
1	VCC	共通
2	GND	
3	CS	液晶表示器
4	RESET	
5	DC/RS	
6	SDI（MOSI）	
7	SCK	
8	LED	
9	SDO（MOSI）	
10	T_CLK	タッチパネル
11	T_CS	
12	T_DIN	
13	T_DO	
14	T_IRQ	

2 ハードウェアの組み立て

　ハードウェアの組み立てはブレッドボードを使ってジャンパ線で接続します。接続回路が図-3のようになります。ラズパイのGPIOピンの位置を間違えないように注意が必要です。

● 図-3　例題の接続回路

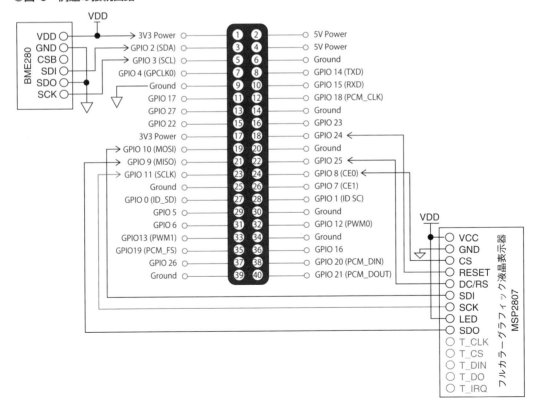

実際に接続完了した状態が図-4となります。少し長めのオス-メスのタイプのジャンパ線で接続しています。ラズパイ本体は市販の大型の放熱器で全体を覆っています。これで発熱の問題がクリアできます。

● 図-4　接続完了した例題

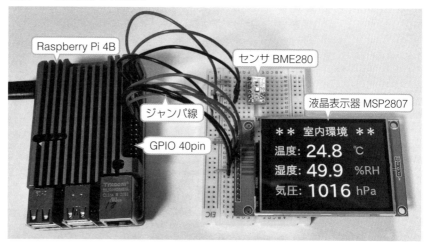

3 プログラム作成

この例題のプログラムはPythonで作成することにしました。ラズパイに標準インストールされているThonnyを使って作成します。

まず付録-5の手順でラズパイのOSのインストールは完了しているものとし、パソコンでVNCViewer※を使ってプログラムを作成するものとします。

> リモートでパソコンから操作できるようにする。使い方は付録-5を参照

プログラムを作成する前に、必要ないくつかのライブラリをインストールします。ラズパイのLXTerminalを起動してコマンドでインストールします。インストールにはラズパイに標準でインストールされているpipコマンドを使います。

① I^2C 用のSMBUS2

I^2Cを使うために必要なライブラリで次のコマンドでインストールします。

```
sudo pip install smbus2
```

② 液晶表示器用のライブラリ

ここではILI9341のコントローラを使った液晶表示器用のライブラリで、Adafruit社が提供するライブラリを使います。次のコマンドでインストールします。

```
sudo pip install adafruit-circuitpython-rgb-display
```

③ センサのBME280用のライブラリ

ここでは次のコマンドでインストールします。

```
sudo pip install RPi.bme280
```

以上でライブラリのインストールは終了で、ここからThonnyを起動してプログラム作成を始めます。

作成した例題のPythonプログラムがリスト-1、リスト-2となります。

リスト-1では最初に必要なライブラリをインクルードしインスタンス生成をしています。

次に液晶表示器関連の初期設定で、まず使っているピンの設定です。さらにSPIの初期設定で、ここでもピンを指定しています。**回路図に合わせて間違いのないよう注意して設定して下さい。**

次に液晶表示器の初期設定で、画面サイズと向き、SPIの速度設定をしています。

次が文字で使う色の設定でRGBの値で設定しています。次にイメージ表示のインスタンス生成で画面の表示制御を行います。

続いて文字フォントの読み込みで、IPA[*]が提供している「IPAexフォント」というオープンソースのフォントを、3種類のサイズを指定して読み込んでいます。

IPA：独立行政法人情報処理推進機構
IPAexフォントは和文字は固定幅、欧文文字は可変幅、明朝体とゴシック体がある

リスト　1　例題のプログラム（LCD_Sensor.py）

```
1   #coding: utf-8
2   #***********************************
3   # Raspberry Pi 4B sample program
4   #  I2C:BME280    SPI:MSP2807
5   #  Display Temp, Humi, Pres
6   #***********************************/
7   from adafruit_rgb_display.ili9341 import ILI9341
8   from PIL import Image, ImageDraw, ImageFont
9   from busio import SPI
10  from digitalio import DigitalInOut
11  import board
12  import time
13  #***** LCDの初期設定 ******************
14  # LCD用ピンの設定
15  cs_pin = DigitalInOut(board.D8)
16  dc_pin = DigitalInOut(board.D25)
17  rst_pin = DigitalInOut(board.D24)
18  # SPIバスの設定
19  spi = SPI(clock=board.SCK, MOSI=board.MOSI, MISO=board.MISO)
20  # ILI9341 LCDのインスタンス生成
21  display = ILI9341(
22      spi,
23      cs=cs_pin, dc=dc_pin, rst=rst_pin,
24      width=240, height=320,
25      rotation=90,
26      baudrate=24000000
27  )
28  # 色名称の定義
29  COLOR_WHITE   = "#FFFFFF"
30  COLOR_BLACK   = "#000000"
31  COLOR_RED     = "#FF0000"
32  COLOR_GREEN   = "#00FF00"
33  COLOR_BLUE  = "#0000FF"
34  COLOR_YELLOW  = "#FFFF00"
35  COLOR_CYAN   = "#00FFFF"
36  COLOR_MAGENTA ="#FF00FF"
37  # グラフィックのインスタンス生成
38  image = Image.new("RGB", (320, 240))
39  # 描画オブジェクトの生成
40  draw = ImageDraw.Draw(image)
```

```
41   # フォントの入手  ipaexfont-gothic font
42   font1 = ImageFont.truetype("/usr/share/fonts/opentype/ipaexfont-gothic/ipaexg.ttf", 48)
43   font2 = ImageFont.truetype("/usr/share/fonts/opentype/ipaexfont-gothic/ipaexg.ttf", 32)
44   font3 = ImageFont.truetype("/usr/share/fonts/opentype/ipaexfont-gothic/ipaexg.ttf", 20)
```

続きのプログラムリストがリスト-2です。

BME280関連の初期設定で、アドレスなどを指定したあと、較正用のデータを読み出して保存しています。毎回のデータ読み出しごとに、ライブラリの中でこの較正データで補正演算をしています。

次がメインループです。最初にセンサから3種類の計測データを読み出しています。続いて表示を更新するため、全画面を消去してから、見出し、温度、湿度、気圧の順に表示データを作成し、最後に表示を実行しています。これを5秒間隔で繰り返します。

リスト　2　例題のプログラム　初期設定とメインループ部

```
46   #****** BME280センサの初期設定 ********
47   import smbus2
48   import bme280
49   # BME280用のピン指定
50   port = 1
51   address = 0x76
52   bus = smbus2.SMBus(port)
53   # 較正データの取得
54   calibration_params = bme280.load_calibration_params(bus, address)
55
56   #******* メインループ *********************
57   while True:
58       # センサからデータ取得
59       data = bme280.sample(bus, address, calibration_params)
60       # 全画面消去　黒
61       draw.rectangle((0, 0, 320, 240), outline=0, fill=(0, 0, 0))
62       # 見出しの表示
63       draw.text((8, 8), "＊＊　室内環境　＊＊", font=font2, fill=COLOR_YELLOW)
64       # 温度の見出し、データ、単位の表示
65       draw.text((8, 64), "温度:", font=font2, fill=COLOR_MAGENTA)
66       temp =format(float(data.temperature), '.1f')
67       draw.text((96, 56), temp, font=font1, fill=COLOR_WHITE)
68       draw.text((230, 64), "℃", font=font2, fill=COLOR_BLUE)
69       # 湿度の見出し、データ、単位の表示
70       draw.text((8, 120), "湿度:", font=font2, fill=COLOR_CYAN)
71       temp =format(float(data.humidity), '.1f')
72       draw.text((96, 112), temp, font=font1, fill=COLOR_WHITE)
73       draw.text((230, 120), "%RH", font=font2, fill=COLOR_BLUE)
74       # 気圧の見出し、データ、単位の表示
75       draw.text((8, 176), "気圧:", font=font2, fill=COLOR_GREEN)
76       pres =format(float(data.pressure), '.0f')
77       draw.text((96, 168), pres, font=font1, fill=COLOR_WHITE)
78       draw.text((230, 176), "hPa", font=font2, fill=COLOR_BLUE)
79       # 実際の表示実行
80       display.image(image)
81       # 5秒待ち
82       time.sleep(5)
```

Thonnyで [Run] ボタン
をクリック

このプログラムを実行※した結果の液晶表示器の表示は図-4のようになります。

3-6-2 ラズパイで RC サーボを使いたい

ラズパイでRCサーボを直接制御してみます。

1 ラズパイのPWM出力

ラズパイのGPIOピンからPWMパルスを出力してRCサーボを動かすのですが、通常のGPIOを使うWiringPiライブラリには、細かな制御ができるハードウェアPWMと、荒い制御ですが全ピンで使えるソフトウェアPWMの2種類の動かし方があります。

ハードウェアPWMピンは次のように4ピンあるのですが、PWMとしては2系統しかありません。つまり2個のRCサーボだけがハードウェアPWMとして細かなデューティ分解能で制御できます。

- PWM0：GPIO18またはGPIO12
- PWM1：GPIO19またはGPIO13

ソフトウェアPWMは、どのピンにも出力可能ですが、荒い分解能のPWMしか出力できません。しかもソフトウェアPWMはデューティ幅が細かく変動するため、サーボが振動してしまいます。

これを改善するため、「pigpio」というライブラリが用意されました。このライブラリのPWMは内蔵タイマを使ったハードウェア制御となっているので、最小5usec単位でデューティのパルス幅を制御できますし、周波数も10Hzから8kHzの範囲で設定ができます。しかもGPIO0からGPIO30までのどのピンにも出力することができます。これらのラズパイのGPIOライブラリを比較すると表-1のようになります。

▼表-1 ラズパイのGPIOライブラリの差異

項 目	pigpio	RPi.GPIO	WiringPi
高精度PWM	32本	0本	2本
入力割り込み	有り	有り	無し
リモート制御	有り	無し	有り
対応言語	Python/C	Python	Python/C

この表のようにpigpioは、これまでのGPIOとして使いにくかったところをすべて解決してくれています。特にPWM出力の場合、デーモン動作とすると非常に安定なパルスを生成しますので、サーボが振動することもありません。

本項ではこのpigpioを使って、PythonとNode-REDでRCサーボを動かしてみます。

いずれの場合も、最初に次のコマンドでpigpioをデーモン動作させておく必要があります。

```
sudo pigpiod
```

2 例題の接続構成

実際の例題で試してみます。例題の全体構成を図-1のようにしました。ハードウェアPWMのピンと通常のピンの両方を使っています。ラズパイとパソコンをWi-Fiで

接続して、Node-REDを使ってサーボの制御をパソコンのブラウザからできるようにします。

● 図-1　例題の全体構成

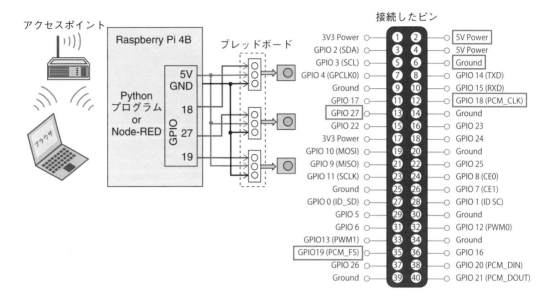

アクセスポイント

Raspberry Pi 4B　ブレッドボード　　　　　　接続したピン

実際に接続完了した全体外観が図-2となります。左側が放熱板を追加したRaspberry Pi 4Bです。

中央がブレッドボードで、ここにRCサーボを接続するための3ピンのヘッダピンを3組用意しました。電源の5Vはラズパイ本体から供給※することにしましたので、DCジャックは使用していません。

RCサーボには2種類を用意してみました。いずれも180度の回転動作ができます。

※ USB直接の5Vなので
電流容量は問題ない

● 図-2　接続完了した全体外観

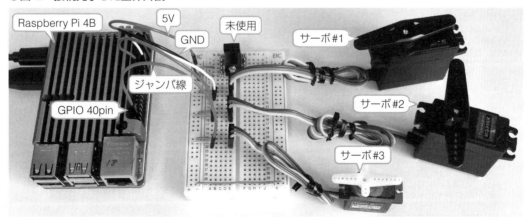

3 Python プログラムの製作

まず、例題をPythonプログラムで動かしてみます。あらかじめpigpioをデーモンで起動*しておきます。

sudo pigpiod

ここでpigpioライブラリを使った場合、RCサーボ用に使える関数が表-2となります。

▼表-2　ライブラリの関数

関数名	機能と書式
set_PWM_frequency	《機能》PWMの周波数を設定する。ピンごとに独立設定可能 《書式》set_PWM_frequency(user_gpio, frequency) 　　user_gpio：ピン番号　0 ～ 31 　　frequency：周波数 　　5usec分解能の場合は下記の18種（default） 　　　　8000　4000　2000　1600　1000　800　500　400　320 　　　　250　200　160　100　80　50　40　20　10 　　10usec分解能の場合は下記18種 　　　　4000　2000　1000　800　500　400　250　200　160 　　　　125　100　80　50　40　25　20　10　5
set_PWM_range	《機能》PWMのパルス幅の上限範囲をusec単位で設定する 《書式》set_PWM_range(user_gpio, range) 　　user_gpio ：ピン番号　0 ～ 31 　　range 　　：上限範囲　25から40000のいずれか
set_PWM_dutycycle	《機能》デューティ値を設定する 《書式》set_PWM_dutycycle(user_gpio, dutycycle) 　　user_gpio ：ピン番号　0 ～ 31 　　dutycycle ：0 ～ range
set_servo_pulsewidth	《機能》RCサーボのPWMパルス幅をusec単位で設定する 《書式》set_servo_pulsewidth(user_gpio, pulsewidth) 　　user_gpio ：ピン番号　0 ～ 31 　　pulsewidth：パルス幅　500 ～ 2500usecのいずれか　0でPWM停止

これらの関数を使って作成したPythonプログラムがリスト-1となります。最初にインスタンス生成してからピンごとにPWM周波数を50Hzに設定しています。

次がサーボの制御を角度で行うため、角度からパルス幅に変換するサブ関数です。メインループでは、度の値でPWMパルスを出力し、0.03秒間隔で0.5度*ずつ角度を増やしています。180度を超えたら0度に戻し、そのときだけ2秒待っています*。

0.5度が約5usecの最小パルス幅に相当する

戻るのに1秒程度かかるため

リスト 1　例題のプログラム（Servo_Control.py）

```
1   #! usr/bin/enc python
2   # -*- coding: utf8 -*-
3   #**********************************
4   # サーボ制御　　3台の制御
5   #  pigpioを使用
6   #  0度から180度まで01秒でアップ
7   # sudo pigpiod でデーモン起動が必要
8   #**********************************
9   import pigpio
10  import time
11  # インスタンス生成
```

```
12  pi = pigpio.pi()
13  # PWM周波数の設定
14  pi.set_PWM_frequency(18, 50)
15  pi.set_PWM_frequency(19, 50)
16  pi.set_PWM_frequency(27, 50)
17
18  #***************************
19  # 度からパルス幅に変換サブ関数
20  # 540usec から2400usec に変換
21  #***************************
22  def Conv(degree):
23      return(540 + (2400 - 540)*degree/180.0)
24  # 初期値設定
25  degree = 0.0;
26
27  #*****　メインループ　*******************
28  while True:
29      # 度からパルス幅に変換
30      width = Conv(degree)
31      # PWMパルス出力
32      pi.set_servo_pulsewidth(18, width)
33      pi.set_servo_pulsewidth(19, width)
34      pi.set_servo_pulsewidth(27, width)
35      # 遅延時間制御
36      if degree == 0:
37          time.sleep(2)
38      else:
39          time.sleep(0.03)
40      # 度を更新
41      degree = degree + 0.5
42      # 180度を超えたら0度にする
43      if degree > 180:
44          degree = 0
```

4 Node-REDフローの作成

　pigpioを使ってNode-REDでRCサーボを動かしてみます。

　Node-REDそのものは、4-1-3項の手順でラズパイにインストールされて、自動起動されるようになっているものとします。

　フローの作成はパソコンのブラウザで行います。パソコンのブラウザで、「ラズパイのIPアドレス：1880」でNode-REDを起動したら、パレットの管理で、次のライブラリを追加します。

- node-red-dashboard
- node-red-node-pi-gpiod

　作成したフロー全体が図-3となります。簡単なフローで、3個のPWM出力をスライダで制御するというものです。

　これで作成したDashboardの表示が図-4となります。単純なスライダだけの表示となっています。

●図-3 フロー全体構成

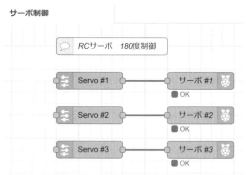

●図-4 例題のDashboardの表示

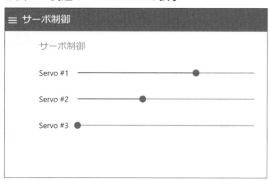

個々のノードの設定内容を説明します。まずpi gpioノードの設定で図-5のようにします。

①ピンの指定で、三つのノードそれぞれにGPIO18、GPIO19、GPIO27と指定します。②次にTypeの指定で、ここでは図のように「Servo output」を選択します。次に③のLimitsではパルス幅の範囲を540から2400[*]とします。④で名称を入力します。3個のノードで異なるのはピンと名前だけで、あとはすべて同じ設定とします。

サーボの0度から180
度のパルス範囲

●図-5 pi gpioノードの設定

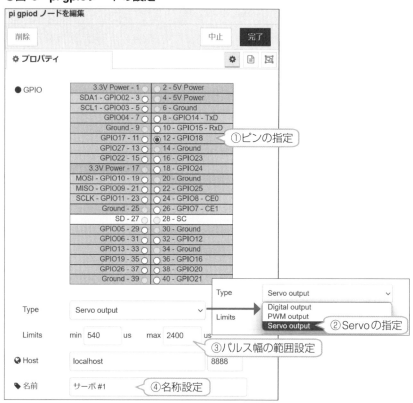

次は、sliderノードの設定で、図-6のようにします。

ここでは③のRangeで0から100の範囲を1ずつ可変することにします。pi gpioノードは、0から100の値しか受け付けません。Outputで［continuously while sliding］を選択して変更中常時出力するようにしています。これでスライダを動かせはすぐにサーボが動作します。

●**図-6 slider ノードの設定**

以上でNode-REDでも3台のサーボを0度から180度の範囲で動かすことができます。pigpioのおかげで振動もなくスムースに動かすことができますし、どのピンでもPWMを出力できますから、便利に使えます。しかし残念ながら100ステップの分解能となってしまいます。

Pythonの実行前に、「sudo pigpiod」のコマンドでデーモン動作をさせておくことを忘れないように注意して下さい。

3-6-3　ラズパイでカメラ画像をWi-Fiで送りたい

ラズパイを使うと音声や画像を扱うことができます。そこで、ラズパイにカメラを追加して、Wi-Fiで画像をストリーミングしてパソコンで見られるようにしてみます。

さらにカメラを専用マウントに組み込んで上下左右に角度を変えられるようにし、それをパソコンからもリモコンできるようにしてみます。これでリモートカメラとして動かすことができます。

■1 例題の全体構成

画像のストリーミングを試す例題の全体構成は図-1のようにしました。マウントにセットしたカメラは、Linuxのアプリケーションである「mjpg-streamer」を使って画像を取り込みます。さらにマウントに組み込まれた二つのRCサーボをPWMで駆動してカメラの向きを制御します。これらの制御はすべてラズパイのNode-RED

で実行することにします。このmjpg-streamerはちょっと古いのですが、軽量で使いやすいアプリです。mjpg-streamerにより、画像をWi-Fiでストリーミングできますから、その制御もNode-REDで行うことにします。

●図-1　例題の全体構成

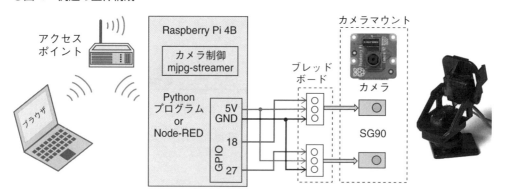

2 ハードウェアの組み立て

ハードウェアとしては、3-6-2項で使ったブレッドボードでRCサーボを駆動するようにするのと、マウンタにセットしたカメラをラズパイに接続*するだけとなります。接続完了した例題の全体構成が図-2となります。

ラズパイとカメラマウントをアクリル板に固定しました。マウントの2台のRCサーボは、ブレッドボード経由でラズパイのGPIOヘッダに接続しています。RCサーボ用の5Vの電源はラズパイから供給しています。

* カメラ専用のコネクタに接続する。ケーブルの表裏を間違えないようにセットする

●図-2　組み立て完了した外観

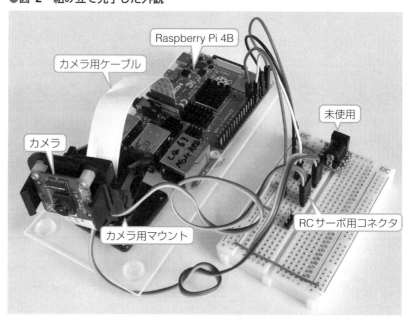

3 カメラアプリのインストール

ラズパイのプログラムの作成の前に、画像のストリーミングを行うために、mjpg-streamerのインストールが必要です。このインストールはやや複雑ですので、順番に進めます。

❶ カメラのアプリをレガシにする

本書執筆時点のレガシのRaspberry Pi OS[*]は、Bullseyeと呼ばれるバージョンですが、そのままでは、ラズパイのカメラアプリが動作しません。そこで、カメラアプリを以前のバージョンに戻す作業が必要です。これは簡単でカメラアプリのレガシを有効化するだけで、下記の手順で行います。

下記コマンドでラズパイのコンフィギュ画面を呼び出します[*]。

```
sudo raspi-config
```

これで開く図-3のダイアログで順番に進めます。Legacy Camera Enableを設定することになります。この設定後再起動[*]が必要になります。

> 最新版のOSはBookwormという名称で本書では使えない。Legacy版のBullseyeを使う

> 標準メニューの「Raspberry Piの設定」には項目がないため

> sudo rebootコマンドでもできる

●図-3 カメラのレガシを有効化する

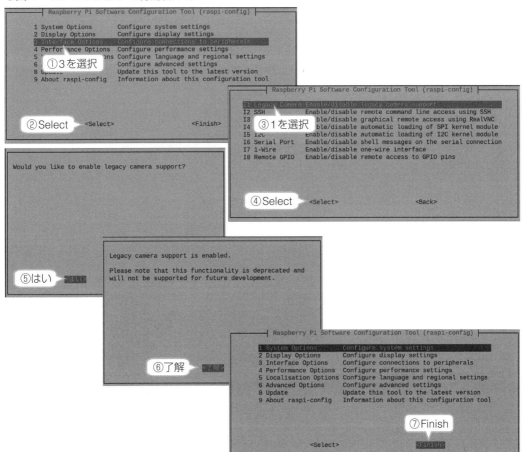

❷JPEGを扱うための各種ユーティリティをインストールする

下記コマンドで画像を扱うために必要なライブラリをまとめてインストールします。

```
sudo apt update
sudo apt install -y git cmake libjpeg-dev
```

❸mjpg-streamerをインストールする

下記コマンドでインストールとmakeを実行します。makeするので結構時間がかかります。

```
cd
git clone https://github.com/neuralassembly/mjpg-streamer.git
cd mjpg-streamer/mjpg-streamer-experimental
make
sudo make install
cd
```

❹mjpg-streamerを自動起動するためのシェルスクリプトを作成する

下記コマンドでnanoエディタを開いて編集します。

```
sudo nano start_stream.sh
```

エディタで下記を入力します。**最後の行が長いので間違えないように注意して下さい。**入力が完了したら、Ctrl+o、Enterで書き込み、Ctrl+xで終了します。

```
#!/bin/bash
cd
sudo pigpiod
cd /home/gokan/mjpg-streamer/mjpg-streamer-experimental
pkill mjpg_streamer
./mjpg_streamer -o './output_http.so -w ./www -p 8080' -i './
    /input_raspicam.so -x 640 -y 480 -fps 30 -q 10'
```

●図-4　シェルスクリプトの作成

❺シェルスクリプトを起動時に自動実行するための設定をする

下記コマンドで、rc.localファイルに追記をします。

```
sudo nano /etc/rc.local
```

図-5のように、exit 0の記述の前に下記行を追加します。xxxの部分は読者のユー

ザー名を入力して下さい。

```
sudo sh /home/xxx/start_stream.sh
```

入力が完了したら、Ctrl+o、Enterで書き込み、Ctrl+xで終了します。これで起動時に、mjpg-streamerが自動起動してカメラが使えるようになります。

●図-5　rc.localに追加

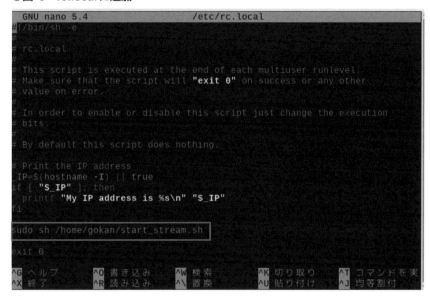

以上でmjpg-streamerのインストールは終了です。

4 Node-REDの作成

Node-REDそのものは、4-1-3項の手順でインストールして、自動起動するようになっているものとします。

フローの作成はパソコンのブラウザで行います。パソコンのブラウザで、「ラズパイのIPアドレス：1880」でNode-REDを起動したら、パレットの管理で、次のライブラリを追加します。

- node-red-dashboard
- node-red-node-pi-gpiod
- node-red-contrib-rpi-shutdown

作成した例題のフロー全体が図-6となります。画像のストリーミングが1個のノードでできてしまいます。またボタンでラズパイのシャットダウンもできるようにしてみました。

287

●図-6　フロー全体構成

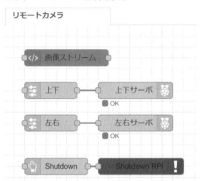

これで作成したDashboardの表示が図-7となります。左右と上下のスライダとカメラ画像、シャットダウンボタンの単純な表示となっています。スライダを動かせば、画像の角度が変わって見えます。

●図-7　例題のDashboardの表示

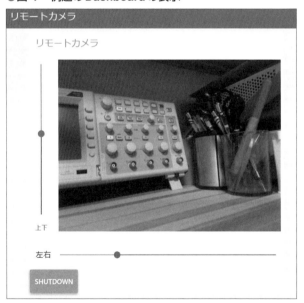

これらのノードの設定を説明します。最初がtemplateノードの画像表示の設定で図-8とします。このノードだけでストリーミングができる便利なノードです。

ここでHTMLコードの欄に記述する内容は、mjpg-streamerで指定されているもので、次のように記述します。<IP address>の部分にはラズパイのIPアドレスを設定します。8080は、シェルスクリプト作成時に設定したport番号*になります。

....
p 8080 の部分に相当

```
<img src=http://< IP address>:8080/?action=stream" width=640 border="0">
<div ng-bind-html="msg.payload"><div>
```

●図-8　templateノードの設定

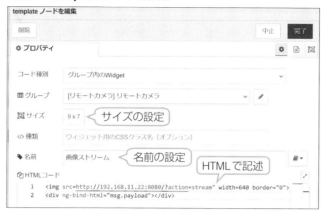

次がpi gpioノードでRCサーボを動かすための設定で、図-9のようにします。
3-6-2項の設定と同様に、ピンを指定してから、TypeでServo outputを選択します。
そしてLimits欄でサーボを動かす範囲を設定します。マウントでは180度全部は動
かせませんから、制限をします。ここでは1000から2000の範囲としました。

●図-9　pi gpioノードの設定

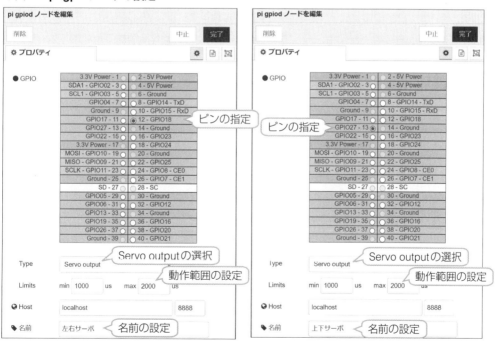

このpi gpioの前にsliderノードを接続し、図10のように設定します。出力する値
の範囲は0から100とします。pi-gpioで設定した範囲を、この0から100の範囲で動
くようにしてくれます。

●図10 sliderの設定

　最後にシャットダウンの設定ですが、shutdownノードでは特に設定する項目はありません。このshutdownノードをトリガするためにbuttonノードを用意しました。

　このbuttonノードの設定が図-11となります。単純にpayloadにtrueを出力するようにしているだけです。これでシャットダウンの動作を開始できます。

●図-11　buttonノードの設定

　以上で設定は完了です。デプロイすれば動作を開始し、dashboardに図-7のように表示出力されます。

　この状態でフローを書き出し、ダウンロードで保存しておきます。**shutdownボタンをクリックするとラズパイがシャットダウンするので注意して下さい。**

第4章
ゲートウェイの製作

4-1　Node-REDを使いたい

4-1-1　Node-REDとは

　Node-RED（ノードレッド）は、もとはIBM社の「英国ハーズリー研究所」で2013年に開発、公開されたもので、ハードウェアとそれを動かすためのソフトウェア、さらにインターネット上の各種サービスを簡単につなげるようにすることを目標に開発されたソフトウェアの道具です。

　その後、2016年にオープンソースとして「JS Foundation*」に移管され現在もオープンソースとして公開され、開発が続けられています。

オープンソースの JavaScriptを発展させる中心的な場をつくることをミッションとするコミュニティー

4-1-2　パソコンでNode-REDを使いたい

　パソコンのWindowsでNode-REDが使えるようにする手順を説明します。

1 Node.jsのインストール

　Node.jsはパソコンなどでJavaScriptが動作するようにする環境です。Node-REDもJavaScriptで開発されているので、Node.jsを先にインストールする必要があります。Node.jsのサイト（https://nodejs.org/ja）をブラウザで開き図-1の画面で推奨版か最新版*を選択してダウンロードします。

筆者のWindowsが64ビット版なのでx64となっている

●図-1　Node.jsのダウンロード

　次にダウンロードしたファイル（node-vxx.xx.x-x64.exe）を実行します。

　最初のダイアログで［Next］とするとライセンス確認になるので「I accept」にチェックを入れて［Next］とします。次はインストールするディレクトリ指定になるので、そのままで［Next］とします。次に、「Custom Setup」となりますが、ここもそのままで［Next］とします。

次のダイアログが図-2となりますが、ここでは関連するツールも一緒にインストールするのでチェックを入れて [Next] とします。

●**図-2　関連ツールもインストールする**

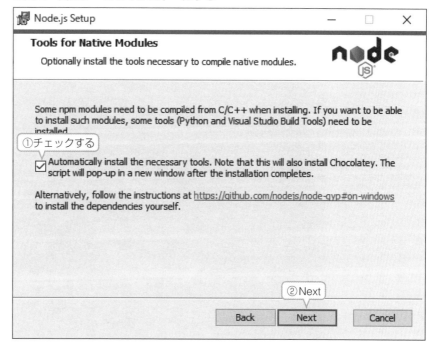

次のダイアログで [Install] とすればインストールを実行開始します。

しばらくすると完了ダイアログになるので、[Finish] ボタンをクリックして完了です。

このあとコマンドプロンプトが起動して、何かキーを押せとなるので [Enter] キーを何回か押して進めます。すると今度はPowerShellが開くのでやはり [Enter] を押します。各種のツールがインストールされるので少し時間がかかります。最後の「[Enter] を押せ」という指示で、Node.jsのインストールが完了し、PowerShellが閉じます。

2 **Node-RED のインストール**

Node.jsのインストールができたら次はNode-RED本体のインストールです。これにはコマンドプロンプトで次のコマンドを実行するだけです。

```
npm install -g --unsafe-perm* node-red
```

コマンドプロンプトでしばらくインストール状況が表示され完了します。

インストール時にルートアクセスを許可することで依存関係へのアクセスができるようにする

4
ゲートウェイの製作

❸ Node-REDの起動

インストールが完了するとコマンド入力待ちになりますから、図-3のように
「node-red」と入力しEnterとすれば起動します。

●図-3　Node-REDのインストールと起動

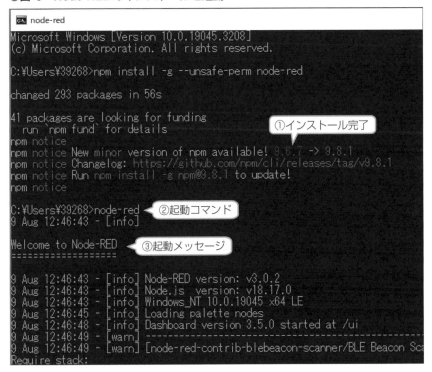

なお、「スクリプトの実行が無効になっているため、ファイルが読み込めない」と
のアラートが出た場合は、次のコマンドを入力してからnode-redを起動します。

```
Set-ExecutionPolicy RemoteSigned -Scope Process
```

コマンドプロンプトで「Welcome to Node-RED」のメッセージが表示されれば起
動完了です。ブラウザで次のようなURLとすれば、図-4のようなNode-REDの編集
画面が開きます。

```
Localhost:1880
```

●図-4　Node-REDの編集画面

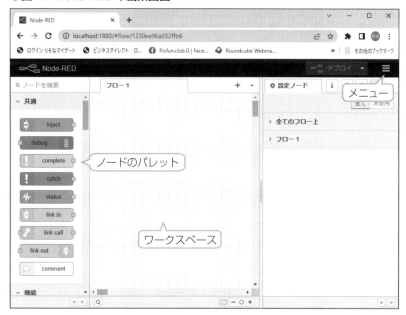

終了させるには[Ctrl]+[C]のコマンドを入力します。いったんインストールすれば、あとは起動コマンドで起動可能です。

4 Node-REDの編集画面

編集するには、図-4の左側に表示されているパレットから必要なノードを中央のワークスペースにドラッグドロップし、ノードのプロパティを設定していきます。複数のノードを線でつなげて連携させたものをフローと呼びます。フローの正体はJSONで、メニューから既存のフローの読み込みや書き出しができます。[デプロイ]ボタンで実行できます。

5 Node-REDのダッシュボード

ダッシュボードは操作や表示用のウィジェットを提供するパレットです。ボタンや入力フォーム、グラフなど様々なパーツを追加し、ブラウザ上で表示できます。ダッシュボード画面はURLに「/ui」を追加して指定するか、図-5のようにメニューから表示することもできます。

●図-5　ダッシュボードの表示

ウィジェットのサイズを自動にしていると矢印が表示されない。錠前表示でロックされているときは錠前をクリックするとロックが外れる

　なお、ダッシュボードで表示されたウィジェットのサイズや配置を変更するには、ダッシュボードレイアウトエディタ画面に切り替えます。タブ＆リンクの欄で編集したいフローをマウスオーバーして表示される［レイアウト］ボタンをクリックすると、ダッシュボードレイアウトエディタ画面になります。ウィジェットの右下の矢印*をドラッグすればサイズが変更できます。

●図-6　レイアウトエディタ画面

4-1-3　ラズパイでNode-REDを使いたい

　まずRaspberry Pi 4BでNode-REDを使う準備から説明します。

1 ハードウェアの準備

　ラズパイでNode-REDを使うには、ラズパイだけで進める方法と、パソコンと組み合わせて進める方法があります。

①ラズパイだけの方法

　ラズパイにOSをインストールするときと同じ構成で、ACアダプタ、モニタ、キーボード、マウスをすべて接続した状態で使う方法です。ネットワークはWi-Fiで進めます。

②パソコンと組み合わせる方法

　ラズパイ側はACアダプタだけ接続した状態で、パソコンからWi-Fi経由でリモート操作する方法です。リモート操作にはVNC接続を使います。

ラズパイ側ではRaspberry Piの設定のインターフェースでVNCを有効化します。パソコン側は下記サイトからVNC Viewerをダウンロードし、インストールします。

https://www.realvnc.com/en/connect/download/viewer/

インストールしたあと、起動したら、図-1のようにラズパイのIPアドレスを指定すればViewerでラズパイのデスクトップが開くので、ここでリモート操作ができます。

●図-1　**VNCViewer**でアドレス指定

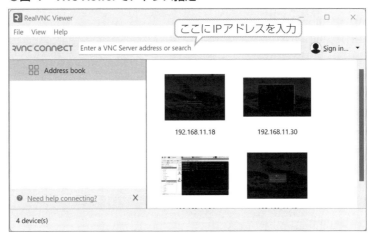

2 **Node-RED**のインストール

最新OSではNode-REDが推奨アプリから削除されたので、LXTerminalからコマンドでインストールする必要があります。このインストールはラズパイ直接でもリモートでも同じようにできます。VNCViewerを使うとコマンドをパソコン上でコピーペーストできるので便利です。

下記コマンド*でNode-REDとNode.jsとnpmの最新版がインストールできます。

・・・・・・・・・・・・・・・
改行せず1行で入力

```
bash <(curl -sL https://raw.githubusercontent.com/node-red/ ↵
    linux-installers/master/deb/update-nodejs-and-nodered) --node20
```

最初にいくつかInstallするかと聞かれますから、すべてYesとします。これでインストールが始まり、インストールの進捗が図-2のように表示されますからよくわかります。すでにNode.jsがインストールされている場合でも、古いバージョンの場合は自動的に削除して新しいバージョンをインストールします。

・・・・・・・・・・・・・・・
本書執筆時点での最新版

図-2のようにNode.jsのVer20とNode-REDのVer3*がインストールされました。最後にcustomizeするかと聞かれますからここはNで進めます。これでインストール終了となります。

●図-2　**Node-REDのインストール**

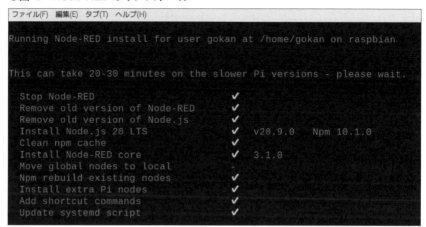

　Node-REDのインストールが終了すると、図-3のようにラズパイのメニューに
Node-REDが追加されます。このNode-REDをクリックすればNode-REDがスター
トします。

●図-3　**Node-REDのメニューが追加される**

ラズパイのデスクトッ
プの右上にあるWi-Fi
アイコンをマウスオー
バーすればIPアドレ
スが表示される

　Node-REDを起動したら、パソコンのChromeブラウザで「ラズパイのIPアドレス:[*]
1880」を指定すればNode-REDの編集画面が開きます。

　Node-REDをラズパイの起動時に自動起動させるには、LXTerminalから次のコマ
ンドを入力します。

```
sudo systemctl enable nodered.service
```

　以上で、ラズパイでNode-REDを使う準備が完了です。

4-1-4　AndroidタブレットでNode-REDを使いたい

AndroidタブレットでNode-REDを使えるようにする方法を説明します。このためには、AndroidにTermuxというターミナルアプリ*をインストールします。

このTermuxのインストールは注意が必要です。通常のアプリのようにストアから入手してインストールすると、Termuxのサーバとの通信ができないため、アップデートができません。そこで、F-DroidというサーバからTermuxのapkファイル*をダウンロードしてインストールする必要があります。

Linux用のコマンドプロンプト

Andoiroidのアプリのファイル拡張子

1　F-Droidをインストール

タブレットでChromeブラウザを開き「f-droid」を検索して図-1のダウンロードページを開き、「F-Droid.apk」ファイルをダウンロードします。

●図-1　ChromeブラウザでF-Droidをダウンロード

ファイルマネージャなどで、ダウンロードしたファイルをインストールします。このとき不明なアプリのインストールを許可する設定をしてインストールを実行します。

2　Termuxのインストール

F-Droidを起動し、「Termux」を検索して、図-2の画面でインストールを実行します。以上のインストールが完了すると図-3のようにアイコンが追加されます。

●図-2　Termuxのインストール

●図-3　インストール完了後のアイコンメニュー

3 Node-REDのインストール

　ここでTermuxを起動すると、図-4のようなLinuxのターミナルと同じような画面でコマンド入力ができるようになります。

●図-4　Termuxでコマンド入力

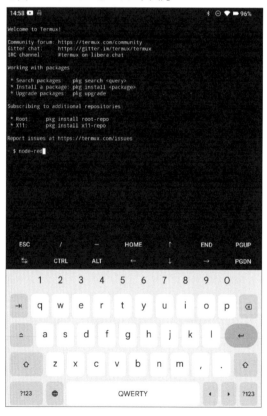

ここでNode-REDをインストールするため、下記コマンドを入力し実行します。

```
apt update
apt upgrade
apt install coreutils nano nodejs
npm i -g --unsafe-perm node-red
node-red
```

最後のnode-redのコマンドでNode-REDが起動します。

以降は、このnode-redというコマンドだけでいつでもNode-REDを起動することができます。

4 Node-REDの起動とフローの読み込み

Node-REDが起動したら、タブレットでChromeブラウザを開き、「ラズパイのIPアドレス：1880」で、Node-REDの編集画面を開くことができます。

しかし、タブレットでNode-REDのフロー編集をするのは画面が狭くてちょっと無理があります。そこで、フローはパソコンで作成し、それをタブレットにコピーして使うというのが現実的な方法です。

パソコンで作成したフローを取り込むには、タブレットをUSBでパソコンと接続しタブレットのdownloadフォルダにパソコンからフローファイルをコピーします。

このあと図-5のように、Node-REDでメニューから読み込みを選択します。

●図-5 Node-REDで読み込み選択

このあと開くダイアログで [読み込むファイルを選択] ボタンをクリックすると開く図-6で、キーボード入力を消すと下側に現れる選択肢で、メディアを指定します。

●図-6 メディア選択

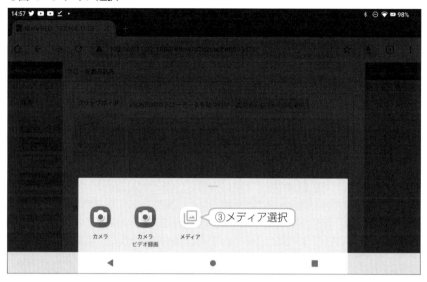

これで図-7のようにDownloadフォルダが開きますから、ここからflowのファイルを指定して開きます。

●図-7 ファイルの選択

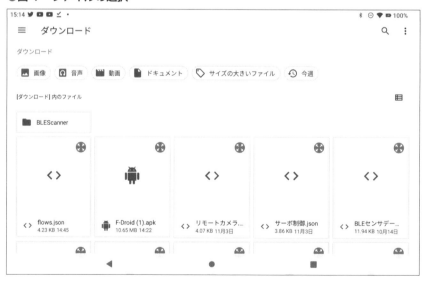

4-2 Node-REDを拡張したい

4-2-1　Nodeの探し方と追加方法

Node-REDには、標準で実装されているノード以外に、非常に多くのノードが用意されています。これらのノードを追加する方法を説明します。

1 ノードの探し方

最新のノードについては、本家のNode-REDのサイト（https://nodered.org）で検索ができます。ホームページの上段にあるメニューでflowsを選択すると、図-1のように、Node、Flow、Collectionという3種のカテゴリで分類されています。Node欄の「see more」をクリックすればすべてのNodeを一覧で見ることができます。しかし4千個以上のノードがありますから、すべてを見るのは無理なので、検索欄でキーワード入力して探すことになります。

●図-1　ノードの検索

例えば、BME280の関連ノードを検索すると、図-2のようなリストで検索結果が表示されます。

●図-2　検索結果

この中のどれかをクリックすると、そのノードの詳細が図-3のように表示されます。

●図-3　ノード詳細

　ノードを使うか使わないかは、この詳細で判断することになります。また、ネットで通常の検索で探せば、よく使われているノードは見つけられますから、そちらを参考にするのもよいかと思います。

2 ノードの追加方法

　新たにノードを追加するには、Node-REDの編集画面のメニューから、［パレットの管理］で追加します。

　図-4のように①メインメニューをクリックし、②ドロップダウンリストから［パ

レットの管理]を開きます。③パレットの管理で［ノードを追加］のタブを選択し、
④追加したいノードの検索キーワードを入力し、⑤表示された中から適当なものを
選択して追加します。

●図-4　ノードの追加

本書では多くの例題で次のノードを追加しています。

- node-red-dashboard
- node-red-node-serialport
- node-red-contrib-enocean
- node-red-contrib-bme280
- node-red-node-openweathermap
- node-red-contrib-ifttt
- node-red-node-pi-gpiod
- node-red-contrib-amazon-echo
- node-red-contrib-pubnub

4-2-2　ネットサービスを使いたい（OpenWeatherMap）

インターネットでは、多種類の情報が公開されており、ダウンロードして使うこ
とができます。それらの中でも、天気情報や株価情報、価格情報などリアルタイム
で情報を提供しているサイトがあります。

また、ネットサービスのアプリとしてIFTTT*などがありますが、これらのネット
サービスはNode-REDを使うと簡単に使うことができます。

本項では、これらのなかから天気情報を提供している「OpenWeatherMap」の使
い方とIFTTTの使い方を、実際にラズパイのNode-REDで使う場合で説明します。

IFTTTの詳細は5-2節
を参照

1 例題の全体構成

例題として図-1のような構成で試すことにします。単純にラズパイのNode-REDで動作させ、3時間ごとにOpenWeatherMapから3時間後の天気情報を取得して、IFTTT経由でメール通知するという機能を持たせることにします。

OpenWeatherMapでは、無料のFreeプランだと5日後までの3時間ごとの天気予報を取得できて、1分間に60回までAPIコールできますから、例題のような使い方には十分の範囲だと思います。

●図-1　例題の全体構成

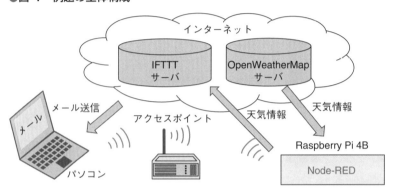

ハードウェアはラズパイ単体だけですから、特に組み立て等は必要ありません。ラズパイにはNode-REDがインストール済み*とします。

インストール方法は
4-1-3項を参照

2 OpenWeatherMapのキーの取得

OpenWeatherMapを使うには、サインインしてIDとパスワードを取得する必要があります。この作業にはパソコンのブラウザで、次のURLにアクセスしてOpenWeatherMapのトップページを開きます。

https://home.openweathermap.org/

ここで図-2のようにトップメニューの「Sign In」を選択して、最初は新規登録をします。2回目以降は自動的にIDが表示されますから、ここでサインインします。

●図-2　OpenWeatherMapにSign in

サインインまたはログインすると、図-3のようにサブメニューの中に、「API keys*」という項目がありますから、そこをクリックするとキーが表示されます。このキーをNode-REDで使うので記録しておきます。

ラズパイからアクセスする場合には必須のキー

●図-3　API keyの取得

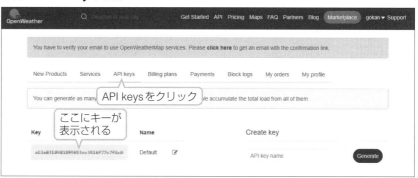

4
ゲートウェイの製作

3 例題のNode-REDのフロー製作

例題のNode-REDのフローを作成するには、まずOpenWeatherMapのノードを追加する必要があります。パレットの管理で、「node-red-node-openweathermap」を追加します。これだけでフローの作成を始めることができます。

作成した例題の全体フローが図-4となります。フローの上側で、injectノードとfunction1ノードで3時間ごとにOpenWeatherMapのノードをトリガするようにします。またテスト用に任意の時点でもトリガできるように、別のinjectノードを追加しています。

下側は、OpenWeatherMapから取得した天気情報の中から、function2ノードで現在時刻から3時間後の天気予報のデータを取り出し、メッセージに編集してIFTTTに送信します。IFTTTでは、それをメールとして送信します。

●図-4 例題の全体フロー

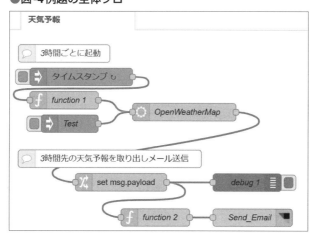

　まず3時間ごとにトリガするための設定です。最初のinjectノードの設定が、図-5となります。出力を1分間隔とし、出力する時間を毎日5時から21時までとします。

　次のfunction1ノードの設定は図-6のようにします。1分ごとにトリガされる都度、現在時刻を取得して、6時から21時までの3時間ごとの00分で、次のopenweathermapノードをトリガします。それ以外はnullとして何も出力しないようにします。これで3時間ごとの天気予報が取り出せることになります。

●図-5　injectノードの設定

●図-6　function1ノードの設定

　次にOpenWeatherMapの設定は図-7のようにします。ここでは最初にOpenWeatherMapのサイトで入手したキーを入力する必要があります。

　続いて言語、どのデータか（ここでは5日分のデータを指定）と、場所は市まで指定[*]できます。

この例では東京都町田市の設定となっている

　ここで、openweathermapノードが出力する内容は図-8のようになっていて、非常に多くの情報が得られます。天気に関するデータが、3時間ごとの5日分、全部で40個のデータがJSONの配列形式で出力されます。最初のデータは現在の時刻から6時間前の予報データになりますので、配列インデックスが3の4番目のデータを取り出せば、現在から3時間後の予報ということになります。この中のweatherのdescriptionの日本語をメールで送信する天気情報として使います。

●図-7　openweathermapノードの設定

●図-8　OpenWeatherMapの出力メッセージ

●図-9　changeノードの設定

この配列3の天気情報を取り出すためにchangeノードを使います。設定は図-9のようになります。payloadの配列インデックス3のデータのweatherの0番目のdescriptionを取り出します。

これを次のfunction2ノードで、図-10のようにメールのメッセージに書き換えています。changeノードから届いたpayloadの内容、つまり天気予報をtenkiという変数に代入し、JSONで作成したメール送信メッセージの中に組み込んでいます。さらに、メールをHTML表示にしたとき改行されるようにメッセージの最後に
を追加しています。

●図-10　function2ノードの設定

最後がIFTTTノードの設定で、図-11となります。Key欄にはIFTTTのキーコードを入力し、Event欄には「Send_Email」とアプレット名を入力します。

●図-11 IFTTTノードの設定

```
ifttt out ノードを編集

削除

⚙ プロパティ

🔑 Key        key

⚡ Event Name  Send_Email
```

以上でフローは完成です。これをデプロイすれば動作を開始し、3時間ごとにメールを送信します。

ここでIFTTTのSend_Emailアプレットの作成方法と使い方は、5-4-1項を参照して下さい。

受信したメールは、HTML形式にすると図-12のようなフォーマットととなります。

●図-12　受信したメール例

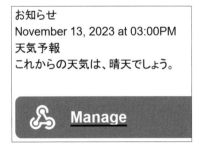

4-2-3　Alexa Echoと連携してLED制御したい

Node-REDを使うとAlexaとの連携が簡単にできます。Alexaに「アレクサLED1を点けて」というだけでLEDが制御できます。LEDの代わりにSSR*を追加すれば、商用電源のオンオフもできますから、ホームオートメーションも構築することができます。

SSR：ソリッドステートリレー、商用AC100Vのオンオフができる半導体リレー

1 例題の全体構成

例題で試してみます。例題の全体構成は図-1のようになります。Amazon Echo Dot*とラズパイ4BとをWi-Fiで接続して動作させます。

第3世代以降が必要

●図-1　例題の全体構成

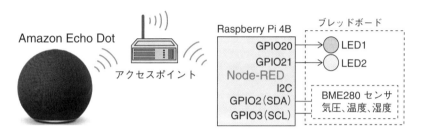

ラズパイは他の例題で使ったものと同じで、図-2の構成となります。ここではセンサは使っていません。これで2個のLEDをAlexaから制御します。

●図-2　ハードウェアの全体構成

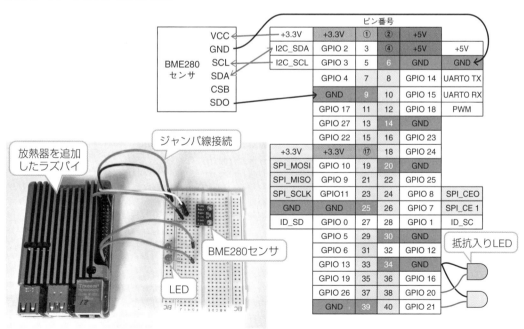

4　ゲートウェイの製作

2 Node-REDのフローの作成

まず新規ノードの追加をします。Alexaとgpiodのノードが必要ですので、パレットの管理で次のノードを追加します。

- node-red-node-pi-gpiod
- node-red-contrib-amazon-echo

追加したらフローを作成します。作成した例題の全体フローが図-3となります。非常に簡単なフローですが、これだけでAlexaとの連携で2個のLEDが制御できてしまいます。

●図-3　例題の全体フロー

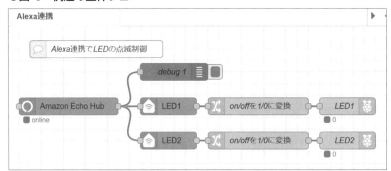

各ノードの設定を説明します。まずAmazon Echoノードの設定ですが、これは、図-4のように、「Amazon Echo Hub」と「Amazon Echo Device」の2種類のノードで構成されています。Hubのノードが全体をコントロールし、その先にDeviceを接続します。Deviceは複数接続可能で、それぞれに名称が設定できます。

Hubの設定は図-4のようにPortを80から別の番号に変更します。これは、ポート80は一般に多く使われているポートで重なることが多いので、別の番号として明確に区別します。本書では8111としました。

●図-4　Amazon Echo Hub ノードの設定

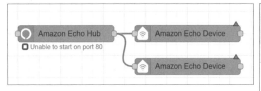

このポート番号を変更すると、Alexa Echoのサービスからは80のポート設定で送信されてくるので、これを8111のポートに置き換える設定をする必要があります。ここではLinuxのコマンドを使って変換テーブルを書き換えます。

VNC Viewerの使い方は付録-5を参照

パソコンでVNC Viewerを起動*し、ラズパイのデスクトップでLXTerminalを開いて、次のコマンドを入力します。

```
sudo iptables -I INPUT 1 -p tcp --dport 80 -j ACCEPT
sudo iptables -A PREROUTING -t nat -i wlan0 -p tcp --dport 80 -j ↩
    REDIRECT --to-port 8111
sudo apt-get install iptables-persistent
sudo sh -c "iptables-save > /etc/iptables/rules.v4"
```

最初のコマンドでポート80を受け付け、2行目でそれを8111に転送します。3、4行目ではこの設定をルーティングテーブル*に保存して次の起動時にも同じ設定となるようにします。

ポート番号の交通整理をするリストファイル

これだけの設定でAmazon Echoを使ってAlexaとの連携が可能になります。

次はAmazon Echo Device側の設定で、図-5のように設定します。単純にName欄に名称を設定するだけです。しかし、この名称でAlexaに呼びかけることになるので、わかりやすい名称にして下さい。

●図-5　Amazon Echo Deviceノードの設定

次に、changeノードの設定ですが、ここでは、Alexaから送信されるオンオフのメッセージがon、offという文字列なので、これをgpioノードが受け付ける数字の1、0に変換します。設定は図-6のようにします。二つとも同じ設定となります。

●図-6　changeノードの設定

　あとはgpioノードの設定で図-7のように単純なデジタル出力とし、初期値は0とします。2ピンとも同様の設定となります。

●図-7　gpioノードの設定

　以上でフローの作成は完成で、デプロイしてラズパイで動作を開始します。

　正常に動作を開始したら、Alexaにデバイスを認識させます。Amazon Echo Dotにデバイスを認識させる方法は、「アレクサ、デバイスを探して」と指示することです。これでしばらくすると検出結果を答えてくれます。「二つのデバイスが見つかりました」と返事があれば正常に動作しています。

　これであとは、「アレクサLED1を点けて」とか、「アレクサLED2を消して」と呼びかければそのとおりの動作となります。

　今回使ったnode-red-contrib-amazon-echoのノードの動作は、インターネット経由によるAmazonのサーバは使いません。したがって、Amazonサイトにデバイスやスキルなどを登録する必要がありませんし、応答も高速です。

4-2-4　データファイルに保存したい

Node-REDでは、ファイルアクセスも簡単にできます。ここでは、Raspberry Pi 4Bを使って、計測データをCSV形式のファイルとしてSDカードにファイル保存する方法を説明します。

1 例題の全体構成

ファイル保存の説明のために使う例題の全体構成を図-1のようにします。

ラズパイ4Bに複合センサを接続し、1分ごとに温度、湿度、気圧のデータをCSV形式のデータにして、SDカードにファイルとしてデータを保存することにします。

●図-1　例題の全体構成

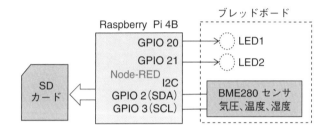

使うハードウェアは4-2-3項と同じで、LEDではなく、複合センサ（BME280）を使うことになります。

2 Node-REDのフロー作成

Node-REDには、ファイルの読み書きのノードは標準で用意されていますから、ここでは、センサ用の次のノードの追加だけです。

・ node-red-contrib-bme280

作成した例題の全体フローが図-2となります。

●図-2　例題の全体フロー

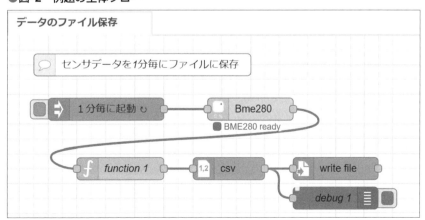

injectノードで1分ごとにトリガするように設定し、BME280センサを起動します。次のfunction1ノードでセンサのデータをCSV形式に変換し、さらにファイル名を生成してcsvノードに渡します。

csvノードではデータをオブジェクトに変換してからwrite fileノードに渡し、ファイルに追記書き込みを実行しています。

BME280の設定は特にありません。function1ノードの設定が図-3となります。最初に現在時刻を取得し、それからログのタイムスタンプ用として月日時分秒を文字列にします。次に、そのタイムスタンプとセンサのデータをCSV形式のデータとしてpayloadに出力するようにします。

さらにファイル名を生成するのですが、ファイル名に月日データを含めて区別ができるようにして、filenameというプロパティ*を追加してmsgオブジェクトに含めます。

Node-REDのmsgオブジェクトの中の属性

●図-3 function1ノードの設定

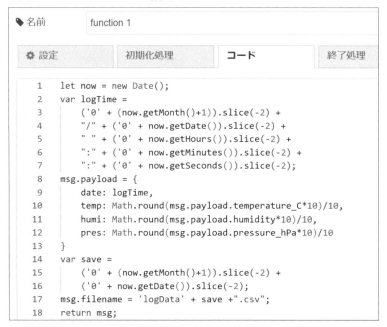

次のcsvノードの設定が図-4となります。列名にはCSVデータのそれぞれのKeyをカンマで区切って入力します。あとはデフォルトのままとなります。

●図-4　csvノードの設定

最後はwrite fileノードの設定で、図-5となります。ファイル名にmsg.filenameというプロパティを指定することで、function1ノードで設定したファイル名で保存します。あとは余分な改行が入らないよう、[改行を追加]のチェックを外します。

●図-5 write fileノードの設定

　以上でフローは完成です。デプロイして実行した結果、図-6のようにラズパイの
ホームディレクトリに、設定したファイル名のファイルが生成され、中身が1分ご
とのデータとしてCSV形式で保存されていることが確認できます。

●図-6　動作結果

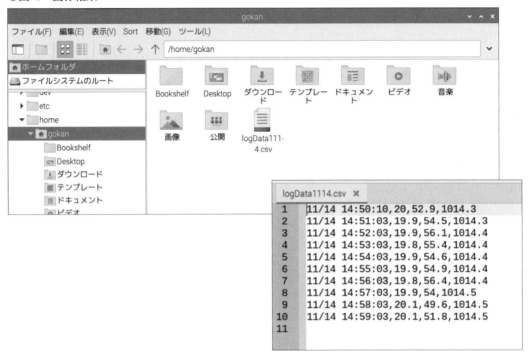

第5章

クラウドや
ネットアプリ

5-1 Ambientを使いたい

5-1-1 Ambientとは

Ambientは日本の会社が運営するクラウドサービスで、簡単な手順でデータを送ることができ、自動的にデータをグラフ化してくれます。一定の制限内であれば無料で使えます。

1 Ambientの機能と無料の範囲

このAmbientは、図-1のような接続構成で使います。ラズパイやマイコンなどからセンサのデータをインターネット経由で送信すると、Ambientがそれらを受信して保存し、グラフを自動的に作成します。このグラフはインターネット経由で見ることができ、公開することもできます。

● 図-1　Ambientの接続構成

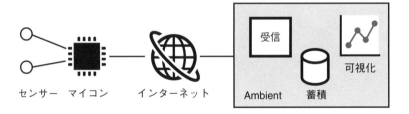

センサー　マイコン　　インターネット　　Ambient　蓄積

受信　可視化

Ambientは次のような条件の範囲なら無料でサービスを提供してくれます。

- 1ユーザー 8チャネルまで無料
- 1チャネルあたり8種類のデータを送信可能
- 送信間隔は最短5秒、それより短い場合は無視される
- 1チャネルあたり一日3000データまでデータ登録可能
  24時間連続送信なら29秒 ×データ数が最短繰り返し時間となる
- データ保存は4か月　4ヵ月経つと自動削除
- 1チャネルあたり8種類のグラフを作成可能
  一つのグラフは最大6000サンプルまで表示可能
  表示データが多い場合は前後にグラフを移動できる
- グラフの種類
  折れ線グラフ、棒グラフ、メータ、Box Plot
- 地図表示可能
  データに緯度、経度を付加して送ると位置を地図表示する
- リストチャート形式の表示も可能

- データの一括ダウンロード　CSV形式
- チャネルごとにインターネット公開が可能
- チャネルごとにGoogle Driveの写真や図表の貼り込みが可能

2 Ambientに送るデータフォーマット

HTTPコマンドの一つで、クライアントからWebサーバに情報を送るときに使う

　Ambientにデータを送るには、図-2のようなフォーマットのPOSTコマンド*をTCP通信で送ります。

　POSTコマンドの最初のリクエストで、チャネルIDを送信します。ヘッダ部ではAmbientサーバのIPアドレスとボディのバイト数、フォーマットがJSONであることを送信します。空行の後にボディ部を送信します。ボディ部はJSON形式で、ライトキーに続けて最大8個のデータと緯度と経度を送信します。

　8個のデータは必要な数だけ送れば問題ありませんし、緯度と経度も必要なければ省略しても構いません。データの桁数は任意で、小数点も含めて文字列として送信する必要があります。

●図-2　POSTコマンドの詳細

リクエスト	POST /api/v2/channels/*qqqqq*/data HTTP/1.1¥r¥
ヘッダ部	Host:54.65.206.59¥r¥n Content-Length:*sss*¥r¥n" Content-Type: application/json¥r¥n
空行	¥r¥n
ボディ部	{"writeKey":"*ppppp*", "d1":"*xxxx.x*", "d2":"*xx.x*", "d3":"*xx.x*", …………… "d8":"*xx.x*", "lat":"*uu.uuu*" "lng":"*vvv.vvv*"}¥r¥n

（注）
① qqqqqはチャネルID番号
② 54.65.206.59はAmbientサーバのIPアドレス
③ sssはボディのバイト数
④ pppppはライトキー
⑤ xxの部分にはそれぞれのデータ文字列が入る
⑥ uu.uuuは緯度のデータ
⑦ vvv.vvvは経度のデータ

3 Ambientへのユーザー登録方法

　ユーザー登録はいたって簡単です。まず次のURLでAmbientのウェブ画面を開きます。

https://ambidata.io/

　図-3の画面が開きますから、ここでメールアドレスと任意のパスワードを入力して登録ボタンをクリックするだけです。これで無料会員として登録したことになります。

5　クラウドやネットアプリ

●図-3　ユーザー登録画面

4 Ambientへのチャネル追加とグラフ作成方法

　Ambientに登録した後のログイン画面でログインします。すると図-4のような画面になります。ここで最初に[チャネルを作る]ボタンをクリックしてチャネルを生成します。これで自動的にチャネルIDとリードキー、ライトキーが生成されます。このIDとキーはマイコン等から送信する際にPOSTデータの中で必要となります。

　ダウンロードアイコンをクリックすると、蓄積されているデータを一括でダウンロードできます。データ削除アイコンをクリックすると蓄積データを一括削除します。

　左端の名称をクリックするとグラフ画面に移動しますが、その前にグラフ作成には、右端のメニューで[設定変更]をクリックします。

●図-4　チャネルメニュー

　これで図-5の画面となりますから、ここでチャネルの基本的な設定を行います。チャネルの名称とグラフ化するデータの名前と色を設定します。

　図のようにチャネルごとに最大8個のデータを扱うことができます。さらに測定場所の位置を指定したいときは緯度と経度を入力します。これで地図上に位置がプロット表示されます。

　最後に一番下にある[チャネル属性を設定する]ボタンをクリックすれば設定が適用されます。

●図-5　チャネルの基本設定

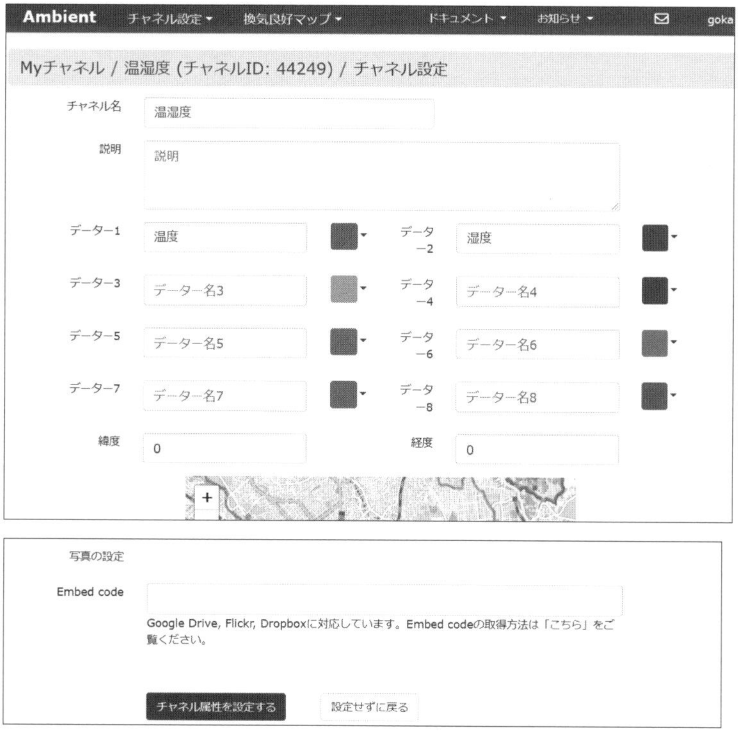

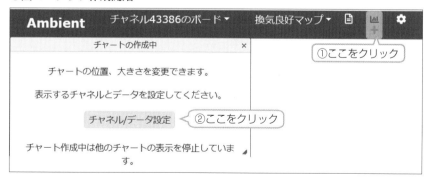

これでチャネル一覧画面に移動後、チャネル名称をクリックするとグラフ画面に移動します。まだグラフは無いので白紙の画面になります。移動したら一番上にある図-6のように①グラフ追加のアイコンをクリックし、表示されるドロップダウンで②の［チャネル/データ設定］の部分をクリックします。

●図-6　グラフ作成開始

これで図-7のグラフの設定画面となりますから、必要な設定を行います。ここでは、温度、湿度の2項目ありますが、両者を一つの縦軸で表示します。縦軸の値が大きく異なる場合は、左右に縦軸を分けて表示させることもできます。

5

クラウドやネットアプリ

グラフの見出しの名称を①で入力し、②でグラフの種類を指定します。種類は図の右上のようなドロップダウンリストから選択できます。次に③のように8個のデータの内、どのデータをグラフにするか、左右の縦軸のどちらを使うかを指定します。線の色は前の図-5で指定したものとなります。

続いて④で縦軸の表示範囲の値を指定します。補助線が自動的に表示されます。⑤はグラフとして表示する横軸のプロット数で、最大は6000です。これは後から表示されたグラフで任意の値に変更できますから、適当な値で大丈夫です。最後に⑥［設定する］ボタンをクリックすれば完了で実際にグラフ画面が表示されます。

データが無い場合は補助線だけの表示となりますが、データが追加されると自動的にグラフ描画が実行され、リアルタイムで更新されていきます。

●図-7　グラフの設定

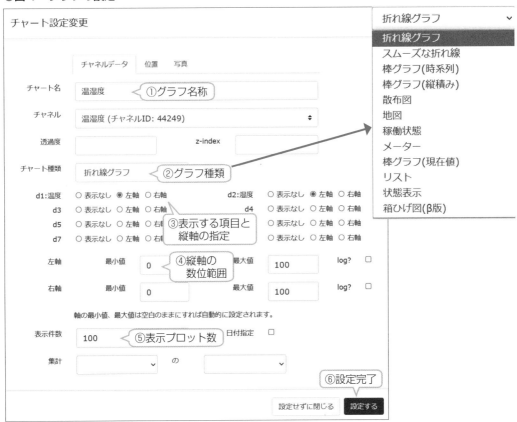

これで温湿度のグラフが設定できたので、グラフが表示されることになります。グラフのサイズや位置はドラッグドロップで自由にできます。

実際に数日間室内に放置した後のグラフが図-8となります。データ数が多くなって見にくくなったときは、右上のプロット数を小さくすると拡大表示され、左右の矢印でグラフを前後に移動させることができるようになります。

●図-8　実際に使用したときのグラフ例

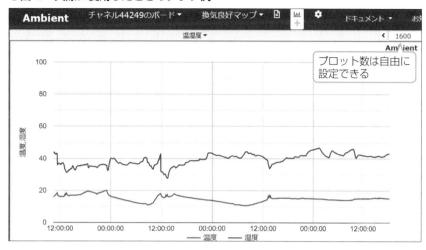

5 インターネットへの公開

　作成したチャネルのグラフをインターネットに公開することができます。
手順は簡単で図-9のようにします。

●図-9　公開の設定手順

　公開したいグラフを表示している画面で、①歯車のアイコンをクリックします。
すると下側の設定画面になりますから、ここで②ボード名と説明を任意に入力しま

す。その後、③公開ボードにチェックを入れると公開されます。グループなどでデータをシェアする場合などに使うことができます。

　実際に公開ボードを特定して見るには、次のようにURLに公開ボードIDを追加すれば見ることができます。

　https://ambidata.io/bd/board.html?id=34362

5-1-2　ArduinoからAmbientを使いたい

　Seeeduino XIAOのシリーズの一つでWi-Fiモジュールを実装しているSeeeduino XIAO ESP32-C3のWi-Fiを使って、直接Ambientクラウドと接続してみます。

1 例題の全体構成

　やはり例題を使って試してみます。例題の全体構成を図-1のようにしました。
　XIAO内蔵のWi-Fiモジュールを使って、アクセスポイント経由で直接Ambientにセンサのデータを送信し、Ambientで作成したグラフをパソコンやタブレットで見ることにします。

●図-1　例題の全体構成

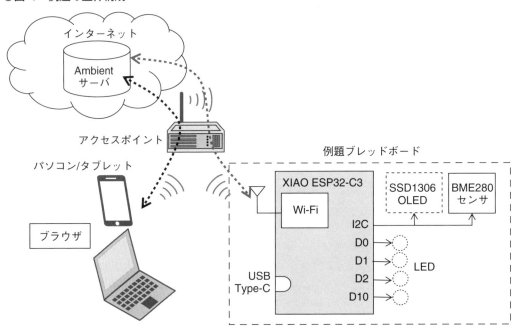

　使ったハードウェアは2-4-2項で使ったブレッドボードと同じで図-2となります。ただし、OLEDとLEDは使いません。図では、OLEDは使っていないので表示はない状態です。Wi-Fi用のアンテナはXIAOに付属のものですが、これでも室内であれば問題なくWi-Fi通信ができました。

●図-2　例題で使ったブレッドボード

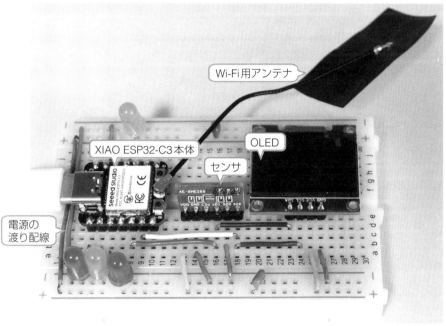

2 ソフトウェアの製作

このソフトウェアはArduino IDE V2.2.1を使ってスケッチで作成します。まず使うXIAO Boardの追加をします。名称は「XIAO ESP32C3」となります。[Tools]の[Board Manager]を起動してESP32の欄の下のほうにあるXIAO ESP32C3を選択します。

●図-3　XIAOの追加

次にAmbientを使うために、Arduino用のライブラリが用意されていますから、このライブラリをインストールします。ToolsのLibrary ManagerでAmbientを検索して、図-4のように、「Ambient ESP32 ESP8266 lib」を選択してインストールします。

クラウドやネットアプリ

5

●図-4　Ambient Libraryのインストール

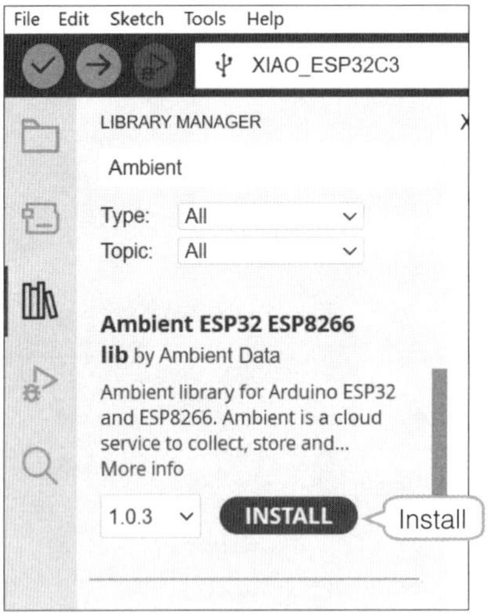

さらにセンサのBME280用のライブラリもインストールします。やはりLibrary Managerで下記を選択してインストールします。

・SparkFun BME280 by SparkFun Electoronics

これで準備完了です。これらを使って作成したスケッチが、リスト-1とリスト-2となります。

リスト-1が宣言部と初期設定部です。最初に必要なライブラリをインクルードしてから、センサ、Ambient、Wi-Fiのインスタンスを生成しています。その次にアクセスポイントとAmbientの定数を定義しています。これらの定数は読者の環境に合わせて変更して下さい。

続いて初期設定部で、モニタ用のシリアル、センサ用のI²C、センサ自身の初期化後、Wi-Fiのアクセスポイントとの接続を実行しています。待たされることもあるので、接続できるまで待ちます。接続できたらモニタへIPアドレスを出力してから、Ambientサーバと接続します。

アクセスポイントとの接続もAmbientとの接続も、これ以降接続したままとしています。

リスト　1　例題のスケッチ（XIAO_Ambient.ino）　宣言部

```
1   /**************************************
2   *   センサデータをAmbientに送信
3   *   30秒ごとに　温度、湿度、気圧を送信
4   **************************************/
5   #include <WiFi.h>
6   #include <Wire.h>
7   #include <SparkFunBME280.h>
8   #include "Ambient.h"
9   // インスタンス定義
10  BME280 sensor;
```

```
11  Ambient ambient;
12  WiFiClient client;
13  // 定数定義
14  const char *ssid = "Buffalo-G-????";
15  const char *password = "7tb7ksh8????";
16  unsigned int channelId = ?????;
17  const char* writeKey = "b87afa2372?????";
18  /***** セットアップ　*******/
19  void setup(){
20    Wire.begin();                              // I2C有効化
21    Serial.begin(115200);
22     // センサ初期化
23    sensor.settings.I2CAddress = 0x76;
24    sensor.beginI2C();                          // センサ初期化
25    /**** ネットワークとの接続開始　APと接続 ***/
26    WiFi.begin(ssid, password);                // 接続相手メッセージ
27    // 接続完了まで繰り返す
28    while (WiFi.status() != WL_CONNECTED) {     // 接続確認
29        delay(500);
30        Serial.print(".");
31    }
32    // 接続完了でIPアドレス表示
33    Serial.println("");
34    Serial.println("WiFi connected.");          // 接続完了メッセージ
35    Serial.println("IP address: ");             // IPアドレスメッセージ
36    Serial.println(WiFi.localIP());
37    // Ambientと接続
38    ambient.begin(channelId, writeKey, &client);
39  }
```

　次が、メインループ部でリスト-2となります。ここでは30秒ごとに、センサから3種のデータを読み出し、それをambientの送信データとしてセットしてから、Ambientに送信しています。送信後AmbientとのTCP通信をクローズしています。これだけの手順でAmbientに送信できますから、簡単な手順となっています。

リスト　2　例題のスケッチ　メインループ部

```
40  /***** メインループ **********/
41  void loop() {
42    float temp = sensor.readTempC();           // 温度データ取得
43    float humi = sensor.readFloatHumidity();   // 湿度データ取得
44    float pres = sensor.readFloatPressure()/100.0;
45    // ambientデータセット
46    ambient.set(1, temp);
47    ambient.set(2, humi);
48    ambient.set(3, pres);
49    // ambient送信
50    ambient.send();
51    delay(30000);
52  }
```

　このスケッチが完成したら、XIAOにダウンロードして実行します。しばらく実行したあとのAmbientのグラフ表示が図-5となります。Ambientのグラフ作成の方法は5-1-1項を参照して下さい。ここでは左軸と右軸の両方を使っています。

●図-5　例題の実行結果

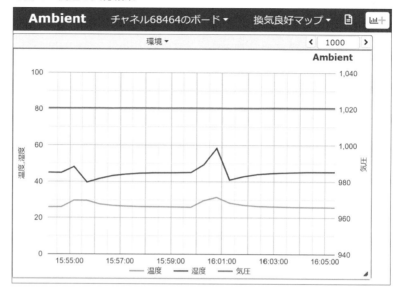

5-1-3　マイコンからAmbientを使いたい

PICマイコンからAmbientを使ってみます。BME280センサの3個のデータを送信します。

1 例題の全体構成

例題として作成した全体構成は図-1のようにしました。

●図-1　例題の全体構成

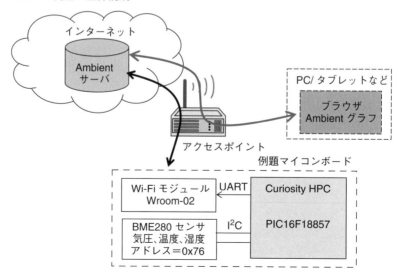

作成が必要なのはマイコン側だけで、Curiosity HPCボードにWi-Fi Clickボードと
BME280センサを接続します。センサは、3-5節で使ったのと同じブレッドボード
に実装したものを使い、Wi-Fi Clickボードは、mikroBUS2に実装します。

Ambient側は、他の例題と同じチャネルを使います。

実装完成したハードウェアの外観が図-2となります。ブレッドボードには、3-5
節で使ったセンサや液晶表示器が実装されていますが、ここでは使っていません。
Wi-Fi Clickボードは2-4-4項で使ったものと同じです。

●図-2　ハードウェアの外観

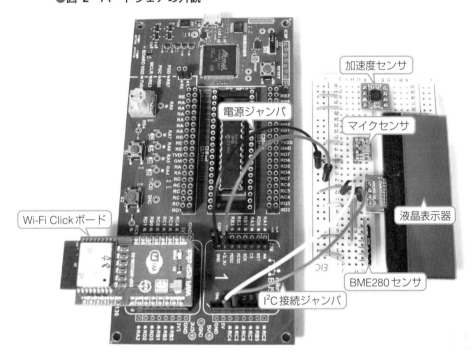

2 例題のプログラム製作

PICマイコンのC言語のプログラムを作成します。MPLAB X IDE V6.15とMCCを
使って製作します。BME280センサは、ここではブレッドボードに実装したものを使っ
ていますが、2-1-4項で使ったWeather Clickボードと同じライブラリがそのまま使
えます。

結局MCCのモジュールは図-3のように、EUSART、MSSP1、Timer0、Weatherと
なります。ここでMSSP1はWeatherを追加すると自動的に追加され設定も自動的に
行われるので、設定は不要です。またWeather自身の設定も特に必要がありません。
System Moduleではクロックを内蔵クロックの32MHzとしています。

●図-3 MCCで追加したモジュール

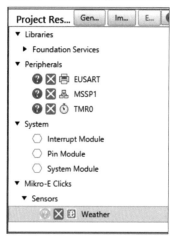

EUARTの設定は図-4のように115200bpsとし、[Enable EUART Interrupts]チェックで割り込みを有効とし、バッファを多めに設定します。これはWi-Fiモジュールからの応答を抜けることなく受信できるようにするためです。

●図-4 EUSARTの設定

タイマ0の設定は図-5のようにします。5分という長いタイマ*になりますから、1分タイマにして5回ごとにCallback関数を呼び出す設定として5分周期の処理ができるようにします。

・・・・・・・・・・・・・・・・・
マイコンの世界では、タイマは数ミリ秒から数秒程度の周期で使われることが多い

●図-5　タイマ0の設定

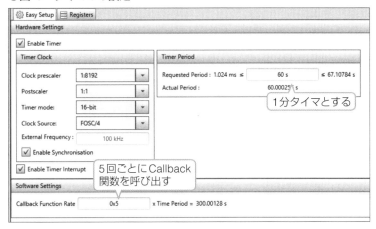

最後は入出力ピンの設定で図-6とします。D2からD5、S1、S2は、全部は使っていませんが、デバッグ用として用意しておきます。それぞれに名称を設定しておきます。

●図-6　入出力ピンの設定

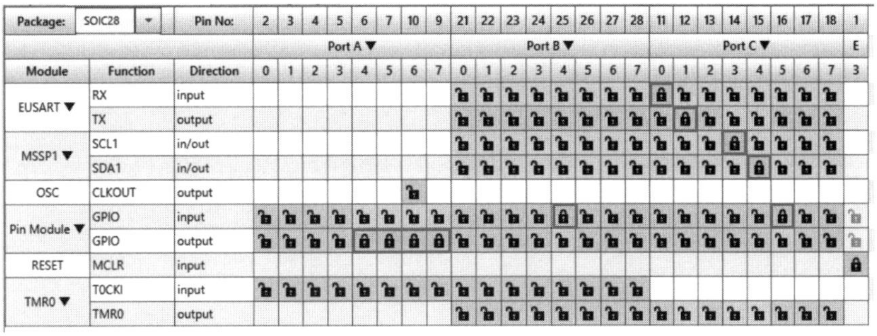

Pin Managerの設定

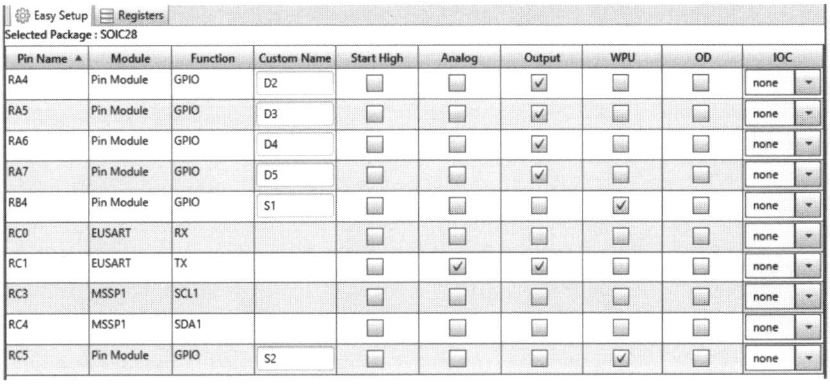

Pin Name ▲	Module	Function	Custom Name	Start High	Analog	Output	WPU	OD	IOC
RA4	Pin Module	GPIO	D2	☐	☐	☑	☐	☐	none ▾
RA5	Pin Module	GPIO	D3	☐	☐	☑	☐	☐	none ▾
RA6	Pin Module	GPIO	D4	☐	☐	☑	☐	☐	none ▾
RA7	Pin Module	GPIO	D5	☐	☐	☑	☐	☐	none ▾
RB4	Pin Module	GPIO	S1	☐	☐	☐	☑	☐	none ▾
RC0	EUSART	RX		☐	☐	☐	☐	☐	none ▾
RC1	EUSART	TX		☐	☑	☑	☐	☐	none ▾
RC3	MSSP1	SCL1		☐	☐	☐	☐	☐	none ▾
RC4	MSSP1	SDA1		☐	☐	☐	☐	☐	none ▾
RC5	Pin Module	GPIO	S2	☐	☐	☐	☑	☐	none ▾

以上でMCCの設定は終わりですので、[generate]します。

クラウドやネットアプリ

　生成されたコードを使って作成したmainのプログラムがリスト-1、リスト-2、リスト-3となります。

　リスト-1は宣言部です。文字列検索関数を使うため、string.hをインクルードしています。あとはPOSTデータ用の文字列の定義をし、サブ関数のプロトタイプをしたあと、タイマ0の割り込み処理関数ですが、ここではFlag変数を1にしているだけです。

リスト　1　例題のプログラム（Ambient_MCU.X）　宣言部

```
1   /*******************************************
2    *  Ambientにデータ送信
3    *  1分間隔
4    *******************************************/
5   #include "mcc_generated_files/mcc.h"
6   #include "mcc_generated_files/weather.h"
7   #include <string.h>
8   /* グローバル変数、定数定義 */
9   int Flag;
10  char Temp[20], Humi[20], Pres[20], Rcv[256];
11  // POSTデータ
12  char Body[200], PostMsg[256], CIP[32];
13  char header[]  = "POST /api/v2/channels/68464/data HTTP/1.1¥r¥n";
14  char host[]    = "Host: 54.65.206.59¥r¥n";
15  char Length[]  = "Content-Length: xxx¥r¥n";
16  char Type[]    = "Content-Type: application/json¥r¥n¥r¥n";
17  char Keys[]    = "{¥"writeKey¥":¥"b87afa23729f1ca6¥",";
18  // サブ関数プロト
19  void SendStr(char *str);
20  void SendCmd(char *str);
21  bool getResponse(char *word);
22  /***** タイマ0割り込み処理関数******/
23  void TMR0_Process(void){
24      Flag = 1;
25  }
```

　次のリスト-2がメイン関数部です。

　システム初期化をし、タイマ0のCallback関数を定義してから割り込みを許可しています。メインループでは、Flagが1になったら、つまり5分経過したら処理を開始します。最初にBME280センサから3個のデータを取り出します。ここではWeatherライブラリの関数を使うので簡単に記述できます。さらにセンサデータをPOSTメッセージのデータとしてJSON形式の文字列に変換します。

　続いてアクセスポイントとの接続です。ここでは、getResponse関数を使って、「GOT IP」という応答が返ってくるまで、4秒間隔で接続を繰り返します。

　次にAmbientに送るPOSTメッセージを作成します。宣言部で定義した文字列と、センサデータの文字列を結合してPOSTメッセージとして構成します。

　次にAmbientサーバとの接続を行います。ここでも1回で接続できないこともあるので、CONNECTと応答が返ってくるまで、1秒間隔で接続を繰り返します。

　接続完了したらPOSTメッセージを送信し、最後にアクセスポイントとの接続を切断して終了としています。

リスト　2　例題のプログラム　メイン関数部

```
27  /****** メイン関数 ******************/
28  void main(void)
29  {
30      SYSTEM_Initialize();
31      TMR0_SetInterruptHandler(TMR0_Process);
32      INTERRUPT_GlobalInterruptEnable();
33      INTERRUPT_PeripheralInterruptEnable();
34      Flag = 1;                               // 開始フラグオン
35      /**** メインループ *********/
36      while (1)
37      {
38          if(Flag == 1){                      // フラグ待ち　5分周期
39              Flag = 0;                       // フラグリセット
40              /** センサデータ読み出し　文字列変換 **/
41              Weather_readSensors();
42              sprintf(Temp, "\"d1\":\"%2.1f\",", Weather_getTemperatureDegC());
43              sprintf(Humi, "\"d2\":\"%2.1f\",", Weather_getHumidityRH());
44              sprintf(Pres, "\"d3\":\"%4.1f\"}\r\n", Weather_getPressureKPa()*10);
45              /****** 送信開始 *********/
46              D2_SetHigh();                   // 目印オン
47              SendCmd("AT+CWMODE=1\r\n");      // Station mode
48              /*** アクセスポイントと接続　****/
49              do{
50                  SendStr("AT+CWJAP=\"Buffalo-G-????\",\"?????????????\"\r\n");
51                  __delay_ms(4000);
52              }while(getResponse("GOT IP")==false);   // GOT IP が返るまで繰り返し
53              /****** POST データ作成 *********/
54              // Body の作成
55              Body[0] = '\0';                 // Body クリア
56              strcat(Body, Keys);             // Write キー追加
57              strcat(Body, Temp);             // 温度データ追加
58              strcat(Body, Humi);             // 湿度データ追加
59              strcat(Body, Pres);             // 気圧データ追加
60              sprintf(Length, "Content-Length: %d\r\n", strlen(Body));
61              // POST データ全体生成
62              sprintf(PostMsg, "%s%s%s%s%s", header, host, Length, Type, Body);
63              /** Ambient サーバと接続　送信 **/
64              do{
65                  SendCmd("AT+CIPSTART=\"TCP\",\"54.65.206.59\",80\r\n");
66              }while(getResponse("CONNECT")==false);  // CONNECT になるまで繰り返し
67              sprintf(CIP, "AT+CIPSEND=%d\r\n", strlen(PostMsg)); // 送信文字数セット
68              SendCmd(CIP);                   // 文字数送信
69              SendCmd(PostMsg);
70              /** 終了処理 **/
71              SendCmd("AT+CWQAP\r\n");         // AP 接続解除
72              D2_SetLow();                    // 目印オフ
73          }
74      }
75  }
```

　リスト-3はサブ関数部です．SendStrとSendCmdはWi-Fiモジュールに文字列を送信する関数です．SendCmdでは，Wi-Fiモジュールからの応答を待つため1秒間の遅延を挿入して，応答は無視しています．

getResponse関数は応答を確認する関数で、指定された文字列が応答に含まれるかどうかを判定し、含まれていたらtrueを返します。

リスト 3 例題のプログラム サブ関数部

```c
76  /*****************************
77   *  WiFi 文字列送信関数
78   ****************************/
79  void SendStr(char *str){
80      while(*str != 0)
81          EUSART_Write(*str++);
82  }
83  void SendCmd(char *cmd){
84      while(*cmd != 0)
85          EUSART_Write(*cmd++);
86      __delay_ms(1000);
87  }
88  /*********************************************
89   *  Wi-Fi コマンド応答待ち
90   *  指定された応答を確認する
91   *********************************************/
92  bool getResponse(char *word){
93      char a, flag;
94      uint16_t j;
95
96      j = 0;                              // インデックスリセット
97      flag = 0;                           // 文字列発見フラグリセット
98      /** 受信実行 全部受信 ****/
99      while(EUSART_is_rx_ready() == true){// 受信データありの場合
100         a = EUSART_Read();;             // 受信データ取得
101         if(a == '\0') continue;         // 0x00 は省く
102         Rcv[j] = a;                     // 受信バッファに追加
103         if(j<254)                       // 254文字以上は無視
104             j++;                        // 次のバッファへ
105         Rcv[j] = 0;                     // 文字列終わりのフラグ
106     }
107     // 受信データ内検索
108     if(strstr(Rcv, word) != 0)         // 文字列検索
109         flag = 1;                       // 文字列発見フラグオン
110     return(flag);
111 }
```

以上でプログラム作成も完了ですので、PICマイコンに書き込んで実行を開始します。

書き込んでしばらく実行させた結果のAmbientのグラフが図-7となります。

●図-7 動作結果のAmbientのグラフ

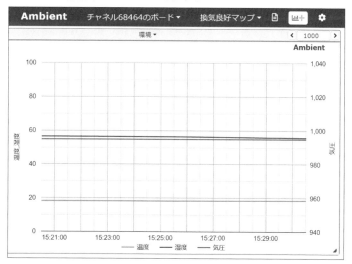

5-1-4 ラズパイPicoからAmbientを使いたい

本項ではラズパイ Pico Wが内蔵しているWi-Fi機能を使って、センサデータをAmbientに送信する方法を説明します。ラズパイPico Wのプログラムは MicroPythonで作成します。

1 例題の全体構成

本項の例題は、図-1のようにしました。ラズパイPico Wから定期的に複合センサのデータを読み出し、クラウドのAmbientに送信し、Ambient側でグラフ表示するものとします。

●図-1 例題の全体構成

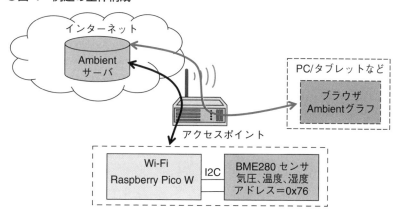

5
クラウドやネットアプリ

2 ハードウェアの製作

このハードウェアは2-1-5項で使ったものと同じで、図-2の外観となります。本項ではUSBシリアル変換は使わずに、Pico内蔵のWi-Fi機能を使います。したがってUSBシリアル変換基板がありますが、ここでは使っていません。

●図-2　完成した例題のハードウェア

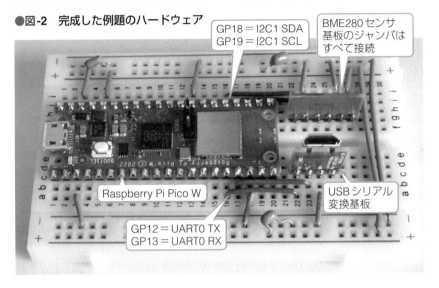

GP18 = I2C1 SDA
GP19 = I2C1 SCL

BME280センサ基板のジャンパはすべて接続

Raspberry Pi Pico W

USBシリアル変換基板

GP12 = UART0 TX
GP13 = UART0 RX

3 プログラムの製作

ラズパイPico Wのプログラムは、Thonnyを使ってMicroPythonで作成します。

2-1-5項と同じようにBME280のライブラリを追加してから、作成したプログラムがリスト-1、リスト-2となります。ネットワーク関連のライブラリはMicroPythonに標準実装されているのでインクルードするだけです。

ここでurequestsというライブラリをインポートしていますが、このurequestsライブラリでサーバにHTTPリクエストを送信して、応答を受信してくれます。urequestsではurl、data、headerの3要素を設定して送信すればよいようになっています。dataにはJSON形式のデータを使います。

最初にセンサ用のI²Cの設定と、Wi-FiのアクセスポイントのSSIDとパスワードの定義をしています。

次のPOSTメッセージ定義の部分では、AmbientにはPOSTリクエストで送信することになりますから、そのための送信データをurl、http_headers、http_bodyで定義しています。http_bodyの中にある、d1、d2、d3のキーのデータとして、温度、湿度、気圧の3個のデータをセットして送信します。

続いてアクセスポイントとのWi-Fi接続を開始します。connect関数で接続要求をしたら、接続できるまで待ちます。3秒間隔でメッセージをシリアルモニタ*に出力しています。接続できたらIPアドレスをモニタ出力しています。

Thonnyでは［表示］→［シェル］で開くシェルウィンドウに表示される

リスト　1　例題のプログラム（PICO_Ambient.py）　宣言部と初期化部

```
1    #********************************
2    #  Raspberry Pi Pico Ambient
3    #  BME280 のデータをAmbientに送信
4    #    30秒ごとに送信
5    #********************************
6    from machine import Pin, I2C, Timer
7    from bme280 import BME280
8    import time
9    import network
10   import urequests
11   #BME280 Sensor設定
12   i2c = I2C(1, sda=Pin(18), scl=Pin(19) )
13   bme = BME280(i2c=i2c)
14   #Wi-FiのSSIDとパスワード設定
15   ssid = 'Buffalo-G-????'
16   password = '7tb7ksh8?????'
17   #POSTメッセージ用データ定義
18   url = 'https://ambidata.io/api/v2/channels/'+'?????'+'/data'
19   http_headers = {'Content-Type':'application/json'}
20   http_body = {'writeKey':'b87afa23729????', 'd1':0.0, 'd2':0.0, 'd3':0.0}
21
22   #***** 初期設定 ************************
23   # Wi-Fi接続開始
24   wlan = network.WLAN(network.STA_IF)
25   wlan.active(True)
26   wlan.connect(ssid, password)
27   # WiFi接続完了待ち　3秒間隔で繰り返す
28   max_wait = 10
29   while max_wait > 0:
30       if wlan.status() < 0 or wlan.status() >= 3:
31           break
32       max_wait -= 1
33       print('waiting for connection...')
34       time.sleep(3)
35   # 接続失敗の場合
36   if wlan.status() != 3:
37       raise RuntimeError('network connection failed')
38   # 正常接続の場合　IPアドレスを表示
39   else:
40       print('Connected')
41       status = wlan.ifconfig()
42       print( 'ip = ' + status[0] )
```

アクセスポイントの
IDとPass

Channel ID

Write Key

5

クラウドやネットアプリ

　次のリスト-2がメインループ部で、最初にセンサから三つのデータを読み出して変数にセットしています。次にその変数を文字列としてボディ部のd1、d2、d3のキーの値として代入しています。辞書形式の変数として扱っています。

　次にAmbientへの送信を実行し、応答をモニタ出力しています。この応答が200であれば正常に送信できています。

　その後Ambientとの接続をクローズしてから30秒の待ちを入れて繰り返します。

リスト 2 例題のプログラム メインループ部

```
44  #******* メインループ **********************
45  while True:
46      #BME280からデータ取得、補正変換
47      tmp = bme.read_compensated_data()[0]/100
48      pre = bme.read_compensated_data()[1]/25600
49      hum = bme.read_compensated_data()[2]/1024
50      #Body部にデータセット
51      http_body['d1'] = str(tmp)
52      http_body['d2'] = str(hum)
53      http_body['d3'] = str(pre)
54      # Ambientに送信
55      try:
56          res = urequests.post(url, json=http_body, headers=http_headers)
57          # Message 200 is OK
58          print('HTTP State=', res.status_code)
59      except Exception as e:
60          print(e)
61      res.close()
62      # Wait 30sec
63      time.sleep(30)
```

以上でプログラムの完成です。これをラズパイPico Wにダウンロードすれば動作を開始します。

4 動作結果

しばらく連続動作させた結果のAmbientのグラフが図-3となります。

このグラフでは、温度と湿度は左縦軸に、気圧は右縦軸にしています。これで値が大きく異なるデータを同じグラフ内で扱うことができます。

●図-3 例題の動作結果

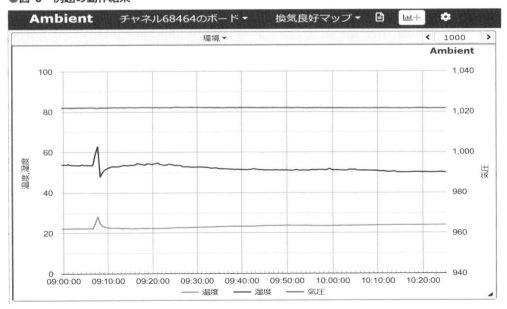

5-1-5　ラズパイの**Node-RED**から**Ambient**を使いたい

Node-REDからAmbientを使うのは簡単で、Ambientというノードが用意されていますから、これを追加してデータを送信するだけです。例題としてRaspberry Pi 4BのNode-REDを使ってAmbientを使います。

1 例題の全体構成

Raspberry Pi 4Bを使った実際の例題でAmbientを使ってみます。例題の全体構成を図-1の構成として、センサ情報を30秒ごとにAmbientに送信する機能を構成します。

Raspberry Pi 4Bの拡張コネクタにBME280センサをジャンパ線で接続します。そしてWi-Fi経由のパソコンでNode-REDの編集をします。Ambientで作成されたグラフデータもWi-Fi経由でパソコンやタブレットでも見ることができます。Ambientで公開すればインターネット経由でどこでも見ることができます。

● 図-1　例題の全体構成

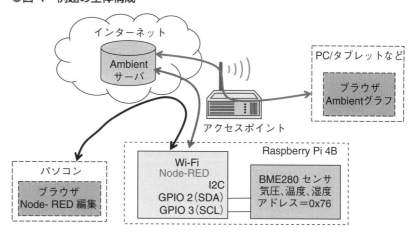

2 ハードウェアの製作

Raspberry Pi 4Bの拡張コネクタにBME280の温度センサを接続します。これには、図-2のように拡張コネクタのI²C端子を使いますが、Raspberry Pi 本体から離したほうがよい※ので、ちょっと長めのジャンパ線で接続します。ハードウェアの組み立てはこれだけですので簡単です。

※ ラズパイ本体が発熱するので離さないと室内の測定ができないため

●図-2　ハードウェアの構成

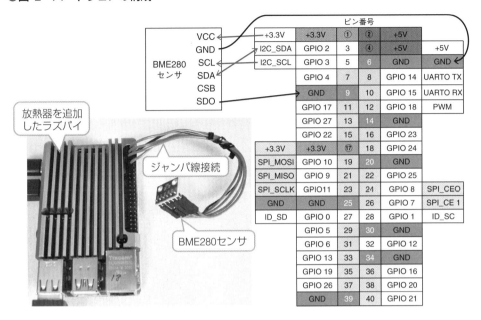

			ピン番号			
VCC	+3.3V	+3.3V	①	②	+5V	
GND	I2C_SDA	GPIO 2	3	④	+5V	+5V
SCL	I2C_SCL	GPIO 3	5	6	GND	GND
SDA		GPIO 4	7	8	GPIO 14	UARTO TX
CSB		GND	9	10	GPIO 15	UARTO RX
SDO		GPIO 17	11	12	GPIO 18	PWM
		GPIO 27	13	14	GND	
		GPIO 22	15	16	GPIO 23	
	+3.3V	+3.3V	⑰	18	GPIO 24	
	SPI_MOSI	GPIO 10	19	20	GND	
	SPI_MISO	GPIO 9	21	22	GPIO 25	
	SPI_SCLK	GPIO11	23	24	GPIO 8	SPI_CE0
	GND	GND	25	26	GPIO 7	SPI_CE 1
	ID_SD	GPIO 0	27	28	GPIO 1	ID_SC
		GPIO 5	29	30	GND	
		GPIO 6	31	32	GPIO 12	
		GPIO 13	33	34	GND	
		GPIO 19	35	36	GPIO 16	
		GPIO 26	37	38	GPIO 20	
		GND	39	40	GPIO 21	

BME280
センサ

放熱器を追加
したラズパイ

ジャンパ線接続

BME280センサ

3 Node-REDのフロー作成

　Raspberry Pi 4BにNode-REDをインストールする方法は4-1-3項を参照して下さい。ここでは最新のNode.jsとNode-REDがインストールされているものとします。

　Node-REDでAmbientのノードを追加します。図-3のようにNode-REDの［パレットの管理］を起動して、［ノードの追加］でAmbientを検索して「node-red-contrib-ambient」を追加します。

●図-3　Ambientノードの追加

　ここで注意が必要なことは、Node.jsのバージョンです。Raspberry Pi OSのデフォルトのNode.jsは古いのでAmbientノードの追加がエラーになります。4-1-3項のNode-REDのインストール手順で、**Node.jsも最新になるようにしておく必要があります。**

　BME280もノードが用意されているので、これを追加します。パレットの管理で図-4のように、「node-red-contrib-bme280」のノードを追加します。

●図-4 bme280ノードを追加

　以上で準備ができましたので、フローを作成します。実際に作成したフローが図-5となります。

　injectノードで30秒ごとにbme280ノードをトリガしてセンサのデータを読み出します。そのセンサノードから出力された3種のデータをfunction1ノードでAmbient用のJSON形式に変換してからAmbientノードに渡しています。

　Ambientノードの設定では、チャネルIDとWriteキーを設定しているだけです。これだけの設定でAmbientが使えます。

　あらかじめAmbientにログインしてチャネルを生成し、グラフフォーマットを設定しておく必要があります。チャネルを生成すれば自動的にWrite Keyも生成されますから、それをコピーして使います。

クラウドやネットアプリ

5

●図-5　製作したフロー図

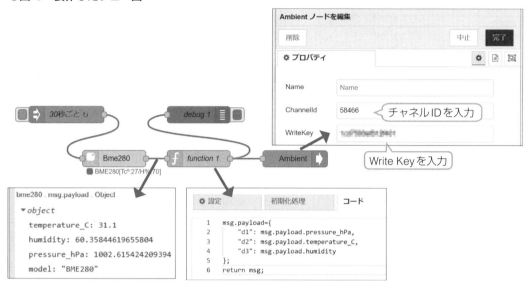

4 実行結果

製作した例題の実行結果のAmbientが生成したグラフが図-6となります。

●図-6　Ambientのグラフ例

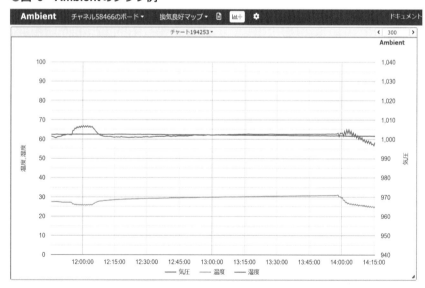

5-2 IFTTTを使いたい

5-2-1 IFTTTとは

1 IFTTTの概要

　IFTTTとは、個人が加入し共有している多種類のWebサービス（Facebook、Evernote、Weather、Dropboxなど）同士を連携することができるWebサービスです。

　IFTTTは「IF This Then That.」の略で、指定したWebサービスを使ったとき（これがThisでトリガとなる）に、指定した別のWebサービス（これがThat）を実行するというように関連付けをするだけで自由に関連付けて使えるというサービスです。

　例えば、次のような連携ができます。

　「天気予報で雨の予想が出たらメールで傘を持参するように通知する」

　「Androidスマホのバッテリが低下したらSNSに通知する」

2 IFTTTのアプレットの作成

　IFTTTを実際に使う例題として、次のようなアプレットを作成します。

　「データを受信したら※、Googleスプレッドシートにデータ行を追加する」

POSTやGETメッセージなど

　まず、IFTTTを使えるようにします。Googleドライブを使うので、IFTTTとGoogleアプリの両方を使えるようにする必要がありますが、本書ではGoogleアカウント※についてはすでに持っているものとし、IFTTTの設定方法のみ説明します。

Gmailを使っているならGoogleアカウントは作成済みとなる

　IFTTTの設定の流れは次の手順になりますが、IFTTTではブラウザにはGoogle Chromeが指定されているのでChromeを使う前提で進めます。IFTTTの設定は次のステップとなります。

　・ アカウント作成とログイン

　・ Thisの設定　　→　　Webhooks※を使う

　・ Thatの設定　　→　　Sheetの中のAdd row to spreadsheet　を使う

Webアプリケーションで特定のイベントが発生したとき、別のWebアプリケーションにリアルタイムで通知するしくみ

　・ Google Spreadsheetに対しIFTTTからの受信を許可する

　・ テスト送信実行

❶アカウント作成とログイン

　まずアカウントの登録から始めます。IFTTTのホームページ（ifttt.com）を開き、図-1の①で［Start today］をクリックします。次に②で［sign_in］を選択、③でメールアドレスとパスワードを入力して［Get started］ボタンをクリックします。これでアカウントが登録されます。2回目以降は最初のページで［Login］とすればログインします。

●図-1　IFTTTへのログイン

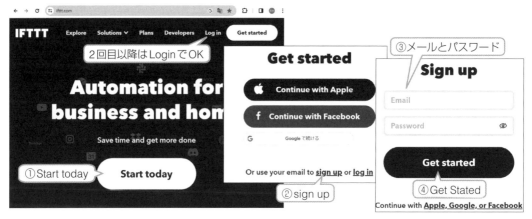

❷ Thisの設定

　サインインすると図-2の画面になります。ここから実際に使う自分専用のアプレットを作成します。まず①のように上端にあるメニューで[Create]を選択するとアプレット作成が開始されます。続いて②[If This]の[Add]ボタンをクリックします。

●図-2　自分専用のアプレットの作成開始

　これで表示される図-3の画面で①「webhook」と入力します。これで図のようにWebhooksのサービスが表示されますから、②のように選択クリックします。

●図-3　thisの設定

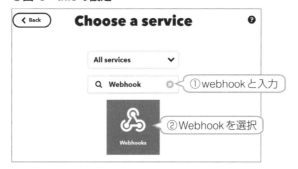

これで図-4の画面になります。ここではデータが送られてきたときトリガとするイベントの名前を入力します。まず①の[Receive a web request]の大きなボタンをクリックし、これで開く窓で②のようにトリガ名称を例えば「Add_Data」と入力してから③の[Create trigger]ボタンをクリックします。

●図-4　thisの設定

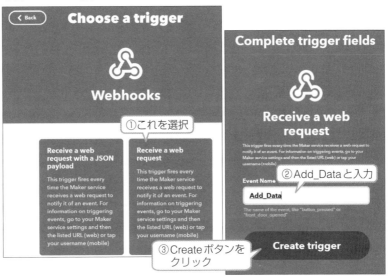

❸That の設定

これでトリガのthisの設定は終わりで、図-2の画面に戻りますから、ここで①[Then That]の[Add]ボタンをクリックします。続いて表示される図-5の画面で②のように検索窓に「sheet」と入力すると表示される③[Google Sheets]のボタンをクリックします。

続く画面では、選択肢が二つ表示されますから、④のように[Add row to spreadsheet]を選択します。

●図-5　thatの設定

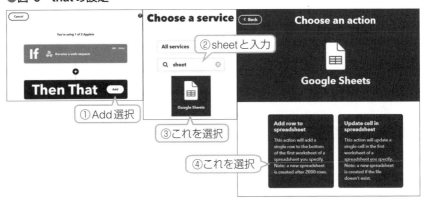

　これで図-6のようなデータ送信内容の設定画面になります。ここでは①Google アカウントを確認し、②Googleアプリのスプレッドシートの名前（Loggerにした）、③は追加する行の形式で、ここではEventnameは不要なので削除し、時刻（OccurredAt）とデータ3個（Value1、2、3）を送ることにしています。次に④でスプレッドシートを作成するフォルダ名（ここではIFTTTとした）を入力します。

　これで⑤のように［Create action］をクリックすると右図のような確認画面になりますから、⑥で［Continue］ボタンをクリックします。これで最終確認画面になりますから、⑦Notificationを受信するためOnにしてから⑧［Finish］をクリックして完了です。

●図-6　thatの設定

❹ Google Spreadsheet のアクセス許可

　これで図-7のように作成されたアプレットの画面になります。次は、Google Spreadsheetのアクセス許可を設定します。①のようにSheetのアイコンをクリックして表示される画面で②のように［Settings］のボタンをクリックします。さらにこれで開く画面で③のように［Edit］をクリックします。

●図-7　Google Sheetのアクセス許可

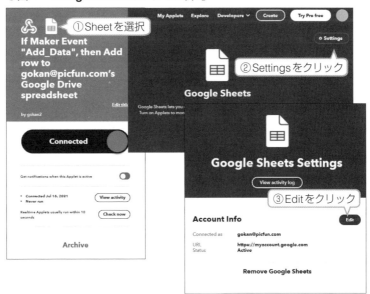

これで図-8のようなアカウント選択画面になりますから、④のように自分のアカウントを選択します。さらに開く画面で⑤のように [許可] のボタンをクリックすればアクセス許可が完了します。

●図-8　Google Sheetのアクセス許可

これで表示される画面で［Back］を何回かクリックして図-9の画面に戻ります。次は①のようにWebhooksのほうを選択します。これで表示される画面で②のように［Documentation］をクリックします。

●図-9　テストの実行

次に表示される図-10の画面の上側に表示されるYour keyがキーコードですのでメモっておきます。あとでこれをプログラム中に記述する必要があるためです。

❺テスト送信実行

次にこの画面でテストを試します。①でトリガイベント名に自分が作成したイベント名「Add_Data」を入力、②で三つのデータに適当な値か文字を入力してから③の［Test it］ボタンをクリックします。

これで④のように画面上部に「Event has been triggered.」と緑バーで表示されればテスト実行完了で、Google Spread Sheetにデータが追加されているはずです。

●図-10　テストの実行

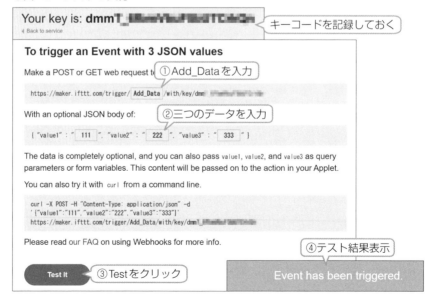

テスト結果を確認するため図-11のようにGoogle Driveのホームを開きます。図のようにLoggerというファイルが自動生成されているはずです。

ただし、ここではGoogleアカウントがすでに登録されていてログイン状態になっているものとします。

●図-11　GoogleのMyDriveを開く

ドライブ
ドライブで検索
新規
Home
ホーム
ファイル
フォルダ
マイドライブ
パソコン
名前
Logger
自動生成された
Spread Sheet

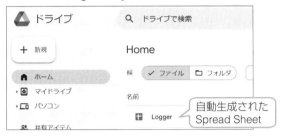

このLoggerのファイルを開くと図-12のようにSpread Sheetとなっていて、図-10で設定した日付と3個の値がセルに追加されています。

●図-12　テスト結果

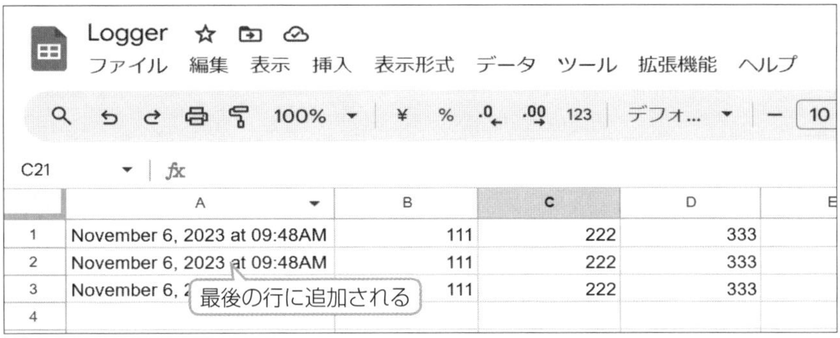
Logger
ファイル　編集　表示　挿入　表示形式　データ　ツール　拡張機能　ヘルプ
100%
デフォ...
C21
A　B　C　D
1　November 6, 2023 at 09:48AM　111　222　333
2　November 6, 2023 at 09:48AM　111　222　333
3　November 6, 2　111　222　333
最後の行に追加される

以上でIFTTTの設定はすべて完了で、あとはWebhooksへのデータ転送待ちになります。

5-2-2　ArduinoでIFTTTを使いたい

IFTTTはArduinoからも使うことができます。IFTTTに接続したらPOSTコマンドを送信すればデータを送ることができます。無料の範囲は3個までのデータとなります。

1 例題の全体構成

例題でIFTTTを試してみます。例題の全体構成は図-1のようにしました。Arduinoの一つであるXIAO ESP32-C3を使い、内蔵のWi-Fiモジュールを使って、アクセスポイント経由でIFTTTのサーバに接続します。ここで使うIFTTTのアプレットは、データが送られたらそれをGoogleのスプレッドシートに追加するという、5-2-1項で作成した「Add_Data」アプレットを使います。

●図-1 例題の全体構成

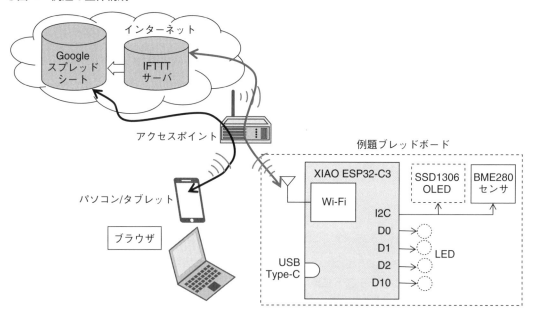

この例題で使うハードウェアは、2-4-2項で使ったのと同じ図-2のブレッドボードで、Seeeduino XIAO ESP32-C3で動かします。本項ではOLEDとLEDは使いません。

●図-2 例題のハードウェア

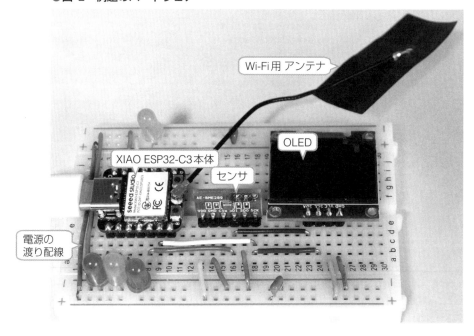

2 XIAOのプログラム作成

　ここまででハードウェア、IFTTTのアプレットの準備ができました。いよいよこれをArduinoのスケッチプログラムで動かします。BME280の複合センサとWi-Fi通信の制御となります。

　複合センサのほうはウェブにアップされているライブラリでそのまま動かせますので簡単です。先にArduino IDE V2.2.1を起動して「IFTTT」という名称で新規スケッチを作成する状態にして下さい。

　次にライブラリを追加します。[Tool]の[Library Manager]を起動し次のライブラリをインストールします。

- SparkFun BME280 by SparkFun Electoronics

　センサ用のI²CとWi-FiはIDEに標準で組み込まれているので、インポートするだけで使えます。作成したスケッチがリスト-1とリスト-2となります。

　リスト-1が宣言部と初期設定部です。最初に必要なライブラリをインクルードしてから、センサとWi-Fiのインスタンスを生成しています。その次にアクセスポイントの定数を定義しています。これらの定数は読者の環境に合わせて変更して下さい。

　続いて初期設定部で、モニタ用のシリアル、センサ用のI²C、センサ自身の初期化後、Wi-Fiのアクセスポイントとの接続を実行しています。待たされることもあるので、接続できるまで待ちます。接続できたらモニタへIPアドレスを出力しています。アクセスポイントとの接続は、これ以降接続したままとしています。

リスト　1　例題のスケッチ（IFTTT.ino）　宣言部と初期化部

```
1    /*****************************************
2     *  センサデータをIFTTTでSpreadSheetに送信
3     *  1分ごとに　温度、湿度、気圧を送信
4     *****************************************/
5    #include <WiFi.h>
6    #include <Wire.h>
7    #include <SparkFunBME280.h>
8    // インスタンス定義
9    BME280 sensor;
10   WiFiClient client;
11   //定数定義
12   const char *ssid = "Buffalo-G-????";
13   const char *password = "7tb7ksh8????";
14   char  t[7], h[7], p[7], body[60];
15   /***** セットアップ *******/
16   void setup(){
17     Wire.begin();                         // I2C有効化
18     Serial.begin(115200);
19      // センサ初期化
20     sensor.settings.I2CAddress = 0x76;
21     sensor.beginI2C();                    // センサ初期化
22     /**** ネットワークとの接続開始　APと接続 ***/
23     WiFi.begin(ssid, password);           // 接続相手メッセージ
24     // 接続完了まで繰り返す
25     while (WiFi.status() != WL_CONNECTED) {  // 接続確認
26        delay(500);
27        Serial.print(".");
```

```
28    }
29    // 接続完了でIPアドレス表示
30    Serial.println("");
31    Serial.println("WiFi connected.");        // 接続完了メッセージ
32    Serial.println("IP address: ");           // IPアドレスメッセージ
33    Serial.println(WiFi.localIP());
34  }
```

次がメインループ部でリスト-2となります。

最初にIFTTTのサーバと接続します。接続できたら、センサの3種のデータを読み出し、それぞれ桁数を制限して文字列に変換します。

その変換したデータの文字列を使ってPOSTコマンドのBody部をsprintfで生成しています。次に、POSTコマンド※のヘッダ部を文字列として生成し、それらを一括でIFTTTに送信しています。デバッグ用にモニタへも同じものを出力しています。最後にIFTTTとの接続をクローズして1分待つということを繰り返します。

POSTコマンドのフォーマットは5-1-1項を参照。またBody部のフォーマットは、5-2-1項の図-10を参照

リスト　2　例題のスケッチ　メインループ部

```
35  /***** メインループ**********/
36  void loop() {
37    // IFTTTと接続
38    if(client.connect("maker.ifttt.com", 80))
39    {
40      Serial.println("Connect to IFTTT");
41      float temp = sensor.readTempC();         // 温度データ取得
42      float humi = sensor.readFloatHumidity(); // 湿度データ取得
43      float pres = sensor.readFloatPressure()/100.0;
44      // 送信データ作成
45      dtostrf(temp, 3, 1, t);
46      dtostrf(humi, 3, 1, h);
47      dtostrf(pres, 5, 1, p);
48      // POSTボディ生成
49      sprintf(body, "{\"value1\":\"%s\",\"value2\":\"%s\",\"value3\":\"%s\"}\r\n", t, h, p);
50      // POSTメッセージ設定
51      String header1 = String("POST /trigger/Add_Data/with/key↵
                /dmm??????????????? HTTP/1.1\r\n") +
52                       String("Host: maker.ifttt.com\r\n") +
53                       String("Content-Type: application/json\r\n");
54      String header2 = String("Content-Length: ") + "51" + String("\r\n\r\n");
55      // POST送信
56      Serial.println(header1 + header2 + body);
57      client.print(header1 + header2 + body);   // for debug
58      client.stop();
59      // 1分ごと
60      delay(60000);
61    }
62  }
```

これでモニタに出力される内容は図-3となります。POSTコマンドの内容がわかるようになっています。

●図-3　モニタの出力内容

```
WiFi connected.
IP address:
192.168.11.28
Connect to IFTTT
POST /trigger/Add_Data/with/key/███ Write key ███ HTTP/1.1
Host: maker.ifttt.com
Content-Type: application/json
Content-Length: 51

{"value1":"26.4","value2":"50.6","value3":"10Connect to IFTTT
```

3 動作確認

　これで完成ですので、しばらく連続動作させてみます。プログラムをダウンロードしたとき、1回だけ送信を実行します。これでGoogleドライブにファイルが生成されていれば正常に動作しています。そのあとは1分に1回ですから、しばらく動作させる必要があります。

グラフの作成方法はスプレッドシートの使い方の書籍かウェブサイトを参照

　こうして数時間連続動作させた結果、スプレッドシートに作成されたグラフ*の例が図-4となります。

　このグラフでは、温度と湿度は左縦軸に、気圧は右縦軸にしています。これで値が大きく異なるデータを同じグラフ内で扱うことができます。グラフを作成する際にグラフ範囲選択で最後の行の次の空行まで含めて指定すると、新しいデータが追加されたとき、グラフにも自動的に追加されて表示されます。また1行目に見出し行を追加すれば、凡例として表示できるようになります。

●図-4　動作結果のグラフ例

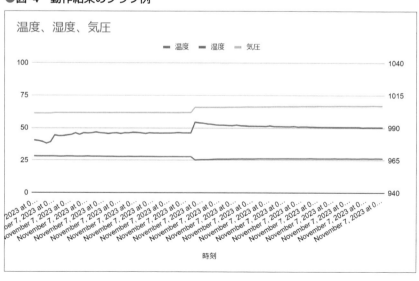

5-2-3 ラズパイPicoからIFTTTを使いたい

ラズパイPicoを使って、MicroPythonのプログラムでIFTTTを使ってみます。

1 例題の全体構成

例題でIFTTTを試してみます。例題の全体構成は図-1のようにしました。

ラズパイPico W内蔵のWi-Fiモジュールを使って、アクセスポイント経由でIFTTT
のサーバに接続します。ここで使うIFTTTのアプレットは、データが送られたら
それをGoogleのスプレッドシートに追加するという、5-2-1項で作成した「Add_
Data」アプレットを使います。

さらにラズパイPicoにBME280センサをI^2Cで接続し、そのデータをIFTTTに送信
します。

● 図-1 例題の全体構成

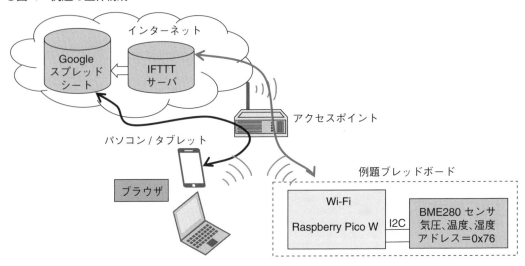

2 ハードウェアの製作

このハードウェアは2-1-5項で使ったものと同じで、図-2の外観となります。本
項ではUSBシリアル変換は使わずに、Pico内蔵のWi-Fi機能を使います。したがっ
てUSBシリアル変換基板がありますが、ここでは使っていません。

●図-2　例題のハードウェア

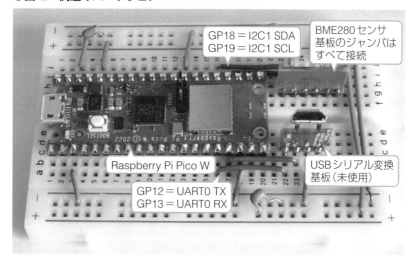

GP18 = I2C1 SDA
GP19 = I2C1 SCL

BME280センサ
基板のジャンパは
すべて接続

Raspberry Pi Pico W

USBシリアル変換
基板（未使用）

GP12 = UART0 TX
GP13 = UART0 RX

❸ プログラムの製作

ラズパイPico Wのプログラムは、Thonnyを使ってMicroPythonで作成します。

2-1-5項と同じようにBME280のライブラリを追加してから、作成したプログラム
がリスト-1、リスト-2となります。ネットワーク関連のライブラリはMicroPython
に標準実装されているのでインクルードするだけです。

ここでurequestsというライブラリをインポートしていますが、このurequests
ライブラリでサーバにHTTPリクエストを送信して、応答を受信してくれます。
urequestではurl、data、headerの3要素を設定して送信すればよいようになっています。
dataにはJSON形式のデータを使います。

最初にセンサ用のI²Cの設定と、Wi-FiのアクセスポイントのSSIDとパスワードの
定義をしています。

次のPOSTメッセージ定義の部分では、IFTTTにはPOSTリクエスト※で送信するこ
とになりますから、そのための送信データをurl、headers、bodyで定義しています。
bodyの中にある、d1、value1、value2、value3のキーのデータとして、温度、湿度、
気圧の3個のデータをセットして送信します。

続いてアクセスポイントとのWi-Fi接続を開始します。connect関数で接続要求を
したら、接続できるまで待ちます。3秒間隔でメッセージをシリアルモニタに出力
しています。接続できたらIPアドレスをモニタ出力しています。

・・・・・・・・・・・・・・・・・・
POSTリクエストの形
式は5-1-1項を参照

リスト　1　例題のプログラム（Pico_IFTTT.py）　宣言部と初期化部

```
1   #**********************************
2   #  Raspberry Pi Pico IFTTT
3   #  BME280 のデータをIFTTT経由
4   #  スプレッドシートへ追加する
5   #**********************************
6   from machine import Pin, I2C, Timer
7   from bme280 import BME280
```

```
 8    import time
 9    import network
10    import urequests
11    #BME280 Sensor 設定
12    i2c = I2C(1, sda=Pin(18), scl=Pin(19) )
13    bme = BME280(i2c=i2c)
14    #Wi-FiのSSIDとパスワード設定
15    ssid = 'Buffalo-G-????'
16    password = '7tb7ksh8?????'
17    #POSTメッセージ定義
18    url = 'http://maker.ifttt.com/trigger/Add_Data/with/key/dmmT_??????????????'
19    header = {'Content-Type':'application/json'}
20    body = {'value1':0.0, 'value2':0.0, 'value3':0.0}
21
22    #***** 初期設定 ***********************
23    #Wi-Fi接続開始
24    wlan = network.WLAN(network.STA_IF)
25    wlan.active(True)
26    wlan.connect(ssid, password)
27    # WiFi接続完了待ち　3秒間隔　10回繰り返す
28    max_wait = 10
29    while max_wait > 0:
30        if wlan.status() < 0 or wlan.status() >= 3:
31            break
32        max_wait -= 1
33        print('waiting for connection...')
34        time.sleep(3)
35    # 接続失敗の場合　エラーメッセージ出力
36    if wlan.status() != 3:
37        raise RuntimeError('network connection failed')
38    else:
39        # 正常　IPアドレス出力
40        print('Connected')
41        status = wlan.ifconfig()
42        print( 'ip = ' + status[0] )
```

　次のリスト-2がメインループ部で、最初にセンサから三つのデータを読み出して変数にセットしています。次にその変数をボディ部のvalue1、value2、value3のキーの値として代入しています。辞書形式の変数として扱っています。

　次にIFTTTへの送信を実行し、応答をモニタ出力しています。この応答が200であれば正常に送信できています。

　その後IFTTTとの接続をクローズしてから1分の待ちを入れて繰り返します。

リスト　2　例題のプログラム　メインループ部

```
44    #******* メインループ ********************
45    while True:
46        #BME280からデータ取得、補正変換
47        temp = bme.read_compensated_data()[0]/100
48        pres = bme.read_compensated_data()[1]/25600
49        humi = bme.read_compensated_data()[2]/1024
50        # Bodyにデータ追加
51        body['value1'] = temp
52        body['value2'] = humi
53        body['value3'] = pres
54        # IFTTTに送信
```

```
55      try:
56          res = urequests.post(url, json=body, headers=header)
57          # Message 200 is OK
58          print('HTTP State=', res.status_code)
59      except Exception as e:
60          print(e)
61      res.close()
62      # Wait 1min
63      time.sleep(60)
```

以上でプログラムの完成です。これをラズパイPico Wにダウンロードすれば動作を開始します。

4 動作結果

しばらく連続動作させた結果のSpread Sheetで作成したグラフ*が図-3となります。グラフの作成方法は5-2-2項と同じです。

グラフの作成方法はスプレッドシートの使い方の書籍かウェブサイトを参照

● 図-3　例題の動作結果

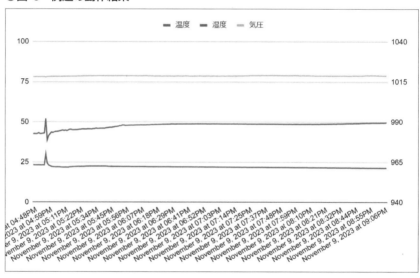

5-2-4　マイコンからIFTTTを使いたい

本項では、PICマイコンからIFTTTを使って、センサ情報をGoogleのSpread Sheetにデータを追加してみます。

1 例題の全体構成

例題の全体構成を図-1のようにしました。使ったハードウェアはCuriosity HPCボードで、PIC16F18857を使っています。これにWi-FiモジュールのClickボードと、ブレッドボードにBME280センサを実装してジャンパ接続しています。ブレッドボードには、3-5節で使ったセンサや液晶表示器が実装されていますが、ここでは使っていません。Wi-Fi Clickボードは2-4-4項で使ったものと同じです。

●図-1 例題の全体構成

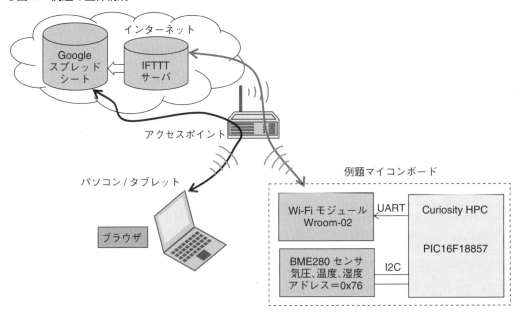

　作成したハードウェアの外観が図-2となります。ブレッドボードは3-5節で使っているものです。ここではBME280センサのみI²C接続で使っています。Wi-Fi ClickボードはmikroBUS2のほうに実装しています。

●図-2 例題のハードウェア外観

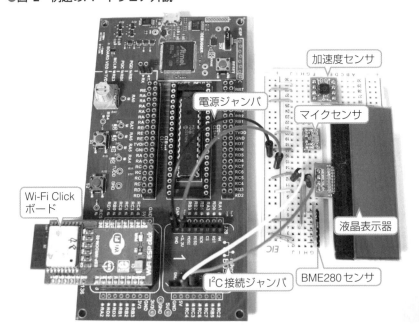

2 例題のプログラムの製作

まず、IFTTTの設定は、これまでと同じAdd_Dataアプレットを使います。あとは、PICマイコンのC言語のプログラムです。MPLAB X IDE V6.15とMCCを使って製作します。BME280センサは、ここではブレッドボードに実装したものを使っていますが、2-1-4項で使ったWeather Clickボードと同じライブラリがそのまま使えます。

結局MCCのモジュールは図-3のように、EUSART、MSSP1、Timer0、Weatherとなります。ここでMSSP1はWeatherを追加すると自動的に追加され設定も自動的に行われるので、設定は不要です。またWeather自身の設定も特に必要がありません。System Moduleではクロックを内蔵クロックの32MHzとしています。

EUARTの設定は図-4のように115200bpsとしているだけです。割り込みも使いません。

●図-3　MCCで追加したモジュール　●図-4 EUSARTの設定

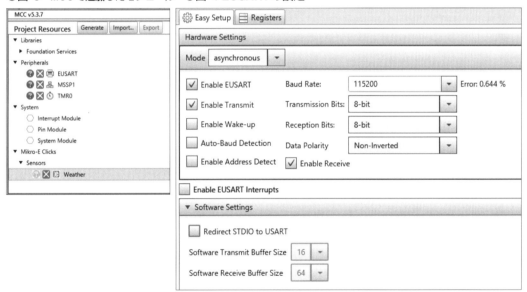

タイマ0の設定は図-5のようにします。2分という長いタイマになりますから、このタイマ0が最適です。タイマ0には16ビットモードがあり、さらにプリスケーラを32768という大きな値とすることで、268秒という長い時間ができますから、120秒として設定します。

●図-5 タイマ0の設定

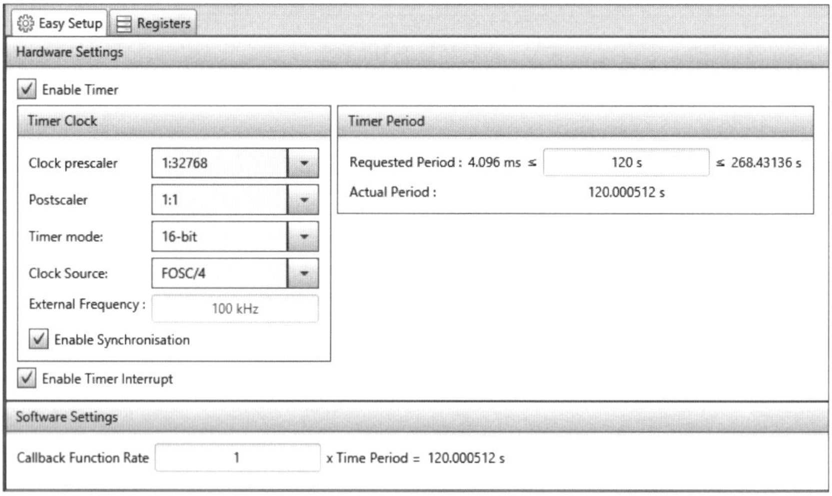

Easy Setup | Registers

Hardware Settings

☑ Enable Timer

Timer Clock

Clock prescaler	1:32768 ▼
Postscaler	1:1 ▼
Timer mode:	16-bit ▼
Clock Source:	FOSC/4 ▼
External Frequency :	100 kHz

☑ Enable Synchronisation

☑ Enable Timer Interrupt

Timer Period

Requested Period : 4.096 ms ≤ [120 s] ≤ 268.43136 s

Actual Period : 120.000512 s

Software Settings

Callback Function Rate [1] x Time Period = 120.000512 s

　最後は入出力ピンの設定で図-6とします。D2からD5、S1、S2は、全部は使っていませんが、デバッグ用として用意しておきます。それぞれに名称を設定しておきます。

●図-6 入出力ピンの設定

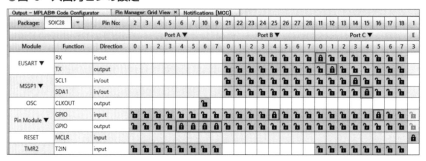

Pin Name ▲	Module	Function	Custom Na...	Start High	Analog	Output	WPU	OD	IOC
RA4	Pin Module	GPIO	D2	☐	☑	☑	☐	☐	none ▼
RA5	Pin Module	GPIO	D3	☐	☑	☑	☐	☐	none ▼
RA6	Pin Module	GPIO	D4	☐	☑	☑	☐	☐	none ▼
RA7	Pin Module	GPIO	D5	☐	☑	☑	☐	☐	none ▼
RB4	Pin Module	GPIO	S1	☐	☐	☐	☑	☐	none ▼
RC0	EUSART	RX		☐	☐	☐	☐	☐	none ▼
RC1	EUSART	TX		☐	☑	☑	☐	☐	none ▼
RC3	MSSP1	SCL1		☐	☐	☐	☐	☐	none ▼
RC4	MSSP1	SDA1		☐	☐	☐	☐	☐	none ▼
RC5	Pin Module	GPIO	S2	☐	☐	☐	☑	☐	none ▼

以上でMCCの設定は終わりですので、［generate］します。

生成されたコードを使って作成したmainのプログラムがリスト-1、リスト-2となります。

リスト-1が宣言部とサブ関数部です。weather.hのインポート追加が必要です。そのあとは変数宣言でIFTTTに送信するGETメッセージ※を定義しています。このData1の各キーの値の欄に三つのセンサの値を上書きします。

次がタイマ0の割り込み処理関数で、ここではFlag変数を1にしているだけです。その後が、Wi-Fiモジュールへの送信関数で単純な文字列の送信と、1秒の待ちを挿入して、Wi-Fiモジュールからの応答を無視するようにした関数の2種類としています。この例題ではWi-Fiモジュールからの応答を確認せず、単純に待つだけとして簡単化しています。

IFTTTのKeyは読者の設定に変更する

リスト　1　例題のプログラム（Weather.X）　宣言部とサブ関数部

```
1   /*******************************************
2    *  IFTTT経由でSpreadSheetにデータ送信
3    *  IFTTT   Add_Data
4    *******************************************/
5   #include "mcc_generated_files/mcc.h"
6   #include "mcc_generated_files/weather.h"
7   /* グローバル変数、定数定義 */
8   double temp, pres, humi;
9   int Flag;
10  /* GET送信用メッセージ */
11  char get[] = "GET /trigger/Add_Data/with/key/dmmT_????????????";
12  char Data1[] = "?value1=xxxx&value2=yyyy&value3=zzzzzz";
13  char post1[] = " HTTP/1.1¥r¥nHost: maker.ifttt.com¥r¥n¥r¥n";
14  /***** タイマ0割り込み処理関数******/
15  void TMR0_Process(void){
16      Flag = 1;
17  }
18  /*******************************
19   *  WiFi文字列送信関数
20   *******************************/
21  void SendStr(char *str){
22      while(*str != 0)
23          EUSART_Write(*str++);
24  }
25  void SendCmd(char *cmd){
26      while(*cmd != 0)
27          EUSART_Write(*cmd++);
28      __delay_ms(1000);
29  }
```

次のリスト-2がメイン関数です。最初の部分でシステム初期化後、タイマ0のCallback関数定義と割り込みを許可しています。続いてメインループでは、Flag変数が1だったら処理を実行します。これにより1分間隔で実行されることになります。

まずセンサから3種のデータを読み出します。ここはWeatherライブラリを使うので、簡単な関数で呼び出すことができます。次にGETメッセージにそのデータを桁指定して上書きします。これで準備完了ですので、IFTTTへの接続を開始します。

アクセスポイントのSSID、パスワードは読者の環境に合わせて変更する

先にアクセスポイントに接続※し、続いてIFTTTサーバに接続してから、GETメッ

セージを送信しています。それぞれのサーバとの接続は単純に接続を待つ時間を挿入しているだけとしています。送信完了で接続をクローズし、アクセスポイントとの接続も切断しています。これは2分間隔という長い時間ですので、毎回接続し直すようにしています。

リスト 2　例題のプログラム　メイン関数部

```
30  /****** メイン関数 ******************/
31  void main(void)
32  {
33      SYSTEM_Initialize();
34      TMR0_SetInterruptHandler(TMR0_Process);
35      INTERRUPT_GlobalInterruptEnable();
36      INTERRUPT_PeripheralInterruptEnable();
37      Flag = 1;                               // 開始フラグオン
38      /**** メインループ **********/
39      while (1)
40      {
41          if(Flag == 1){                      // フラグ待ち　2分周期
42              Flag = 0;                       // フラグリセット
43              /** センサデータ読み出し **/
44              Weather_readSensors();
45              temp = Weather_getTemperatureDegC();
46              humi = Weather_getHumidityRH();
47              pres = Weather_getPressureKPa() * 10;
48              //データ文字列変換
49              sprintf(Data1, "?value1=%2.1f&value2=%2.1f&value3=%4.1f", temp, humi, pres);
50              /****** IFTTTへ送信 ****/
51              D2_SetHigh();                   // 目印オン
52              /* AP、サーバと接続 */
53              SendCmd("AT+CWMODE=1¥r¥n");      // Station mode
54              SendStr("AT+CWJAP=¥""Buff????????????¥",¥"???????????¥"¥r¥n");
55              __delay_ms(5000);
56              D2_SetLow();
57              D3_SetHigh();
58              SendCmd("AT+CIPSTART=¥"TCP¥",¥"maker.ifttt.com¥",80¥r¥n");
59              /** GETデータ送信 **/
60              SendCmd("AT+CIPMODE=1¥r¥n");     // パススルーモード
61              SendCmd("AT+CIPSEND¥r¥n");       // 送信開始コマンド
62              SendStr(get);                   // "GET "
63              SendStr(Data1);                 // データ
64              SendStr(post1);                 // HTTP/1.1、Host
65              /** 終了処理 **/
66              SendCmd("+++");                  // パススルーモード解除
67              SendCmd("AT+CIPCLOSE¥r¥n");      // サーバ接続解除
68              SendCmd("AT+CWQAP¥r¥n");         // AP接続解除
69              D3_SetLow();                    // 目印オフ
70          }
71      }
72  }
```

手順は付録4を参照

　以上でプログラム作成も完了ですので、PICマイコンに書き込んで実行を開始*します。

　書き込んでしばらく実行させた結果のGoogle Spread Sheetが図-7となります。

●図-7　実行結果

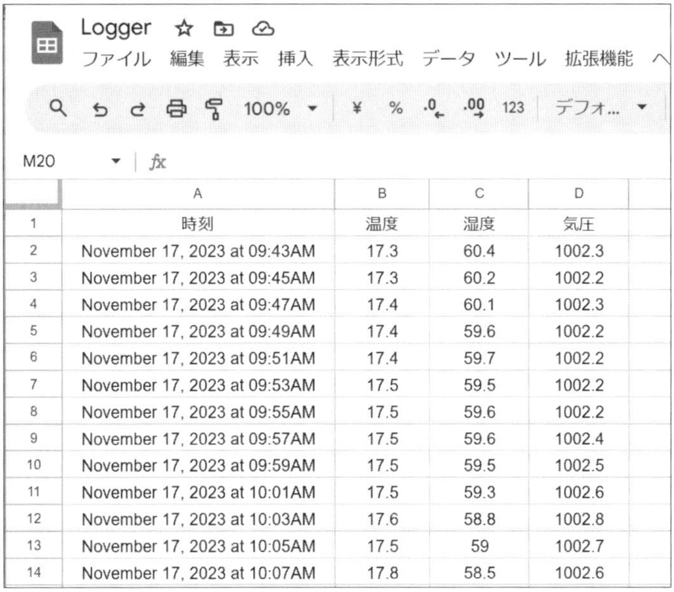

	A	B	C	D
1	時刻	温度	湿度	気圧
2	November 17, 2023 at 09:43AM	17.3	60.4	1002.3
3	November 17, 2023 at 09:45AM	17.3	60.2	1002.2
4	November 17, 2023 at 09:47AM	17.4	60.1	1002.3
5	November 17, 2023 at 09:49AM	17.4	59.6	1002.2
6	November 17, 2023 at 09:51AM	17.4	59.7	1002.2
7	November 17, 2023 at 09:53AM	17.5	59.5	1002.2
8	November 17, 2023 at 09:55AM	17.5	59.6	1002.2
9	November 17, 2023 at 09:57AM	17.5	59.6	1002.4
10	November 17, 2023 at 09:59AM	17.5	59.5	1002.5
11	November 17, 2023 at 10:01AM	17.5	59.3	1002.6
12	November 17, 2023 at 10:03AM	17.6	58.8	1002.8
13	November 17, 2023 at 10:05AM	17.5	59	1002.7
14	November 17, 2023 at 10:07AM	17.8	58.5	1002.6

5-2-5　ラズパイの**Node-RED**から**IFTTT**を使いたい

IFTTTはNode-REDからも使うことができます。Node-REDにIFTTTノードが用意されているので、簡単に使うことができます。

1 例題の全体構成

例題でIFTTTを試してみます。例題の全体構成は図-1のようにしました。

●図-1　例題の全体構成

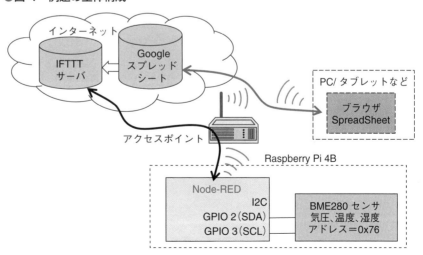

　　ラズパイのWi-Fiを使って、アクセスポイント経由でIFTTTのサーバに接続します。ここで使うIFTTTのアプレットは、データが送られたらそれをGoogleのスプレッドシートに追加するという、5-2-1項で作成した「Add_Data」アプレットを使います。
　　またラズパイのピンヘッダに直接ジャンパ線でBME280センサを接続します。
　　結果はパソコンで直接スプレッドシートを開いてデータをグラフ化して表示します。
　　この例題で使ったハードウェアは、5-1-5項で使ったのと同じ構成です。

2 Node-REDのフロー作成

　　Raspberry Pi 4BにNode-REDをインストールする方法は付録-5を参照して下さい。ここでは最新のNode.jsとNode-REDがインストールされているものとします。
　　Node-REDでIFTTTのノードを追加します。Node-REDの［パレットの管理］を起動して、［ノードの追加］を開いてIFTTTで検索して「node-red-contrib-ifttt」を追加します。同じようにBME280のノードも追加します。パレットの管理で「node-red-contrib-bme280」のノードを追加します。
　　以上で準備ができましたので、フローを作成します。実際に作成したフローが図-2となります。
　　injectノードで1分ごとにBME280ノードをトリガしてセンサのデータを読み出します。そのセンサノードから出力された3種のデータをfunction1ノードでIFTTT用のJSON形式に変換してからIFTTTノードに渡しています。
　　IFTTTノードの設定では、図-2のようにKey欄の鉛筆マークをクリックして開く設定窓でIFTTTのKeyコード*を設定し、次にEvent名のAdd_Dataを設定しています。これだけの設定でIFTTTのアプレットが使えます。

5-2-1項で作成したときのKey

●図-2　例題のフローとIFTTTノードの設定

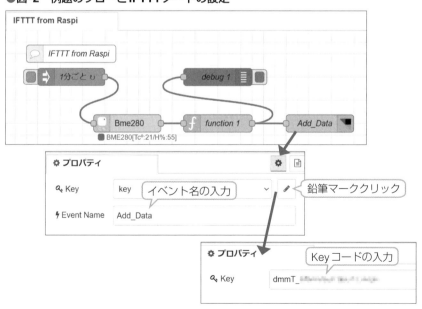

次にfunction1ノードの設定では図-3のようにコード欄にJavaScriptのプログラムを入力します。三つのデータをJSON形式にしてペイロードに出力しているだけです。それぞれの数値は小数桁を1桁に制限しています。

●図-3　Functionノードの設定

以上でフローは完成ですので、デプロイしてラズパイで実行すれば1分間隔でGoogleのスプレッドシートにデータが追加されます。

5

クラウドやネットアプリ

5-3 PubNubを使いたい

5-3-1 PubNubの新規登録方法

　PubNubは1-4節で説明したように、PubNubのサーバを経由してN対Nの双方向のデータ通信をサービスしてくれます。受信側には台数制限がないので、ブログなどにも使われています。一定の範囲内であれば無料で使えますので、ここでは無料枠で試してみます。PubNubの無料枠で実際に使ってみます。

■1 アカウントの作成

　無料で使う場合のアカウントの登録方法を説明します。まずPubNubのサイトを開きます。https://www.pubnub.com を開くと図-1のページとなります。ここで[Try for free]のボタンをクリックして先に進みます。

●図-1　PubNubの開始ページ

　次に図-2の登録画面になりますから、ここで氏名とメールアドレス、パスワードを入力して、ロボットではないというチェックをしてから[Register]のボタンをダブルクリックします。
　これで図-3のログイン画面になりますから、[LOG IN]ボタンをクリックします。

●図-2　ID登録

●図-3　ログイン

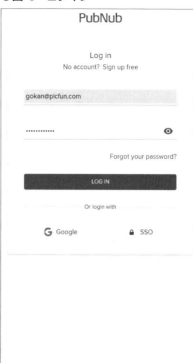

　ログインすると図-4の画面となって、ここに使うためのKeyコードが生成されています。このキーコードが実際に送受信する際のキーとなりますので、アイコンをクリックしてコピーしておきます。

●図-4　キーコードのコピー

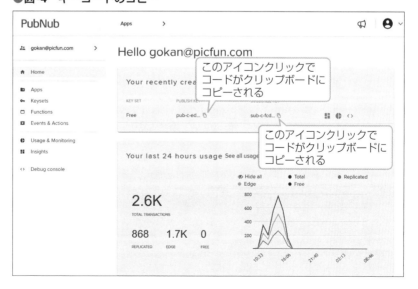

5-3-2　ArduinoからPubNubを使いたい

ArduinoからPubNubを使って、パソコンとメッセージの送受信をしてみます。PubNubにはArduino用のライブラリが用意されているので、これを使えば比較的容易にPubNubを使うことができます。

1　例題の全体構成

PubNubを試す例題の全体構成は図-1のようにしました。ArduinoとしてはWi-Fi機能を持つSeeeduino XIAO ESP32-C3を使いました。これにBME280センサとLEDを接続しています。

パソコン側はNode-REDで構成し、1分間隔でPubNubに計測要求をパブリッシュ*し、折り返しのセンサデータをサブスクライブ*してグラフ表示します。また、ボタンで2個のLEDのオンオフ制御をパブリッシュし、XIAOのLEDをリモート制御します。

送信 ・・・・・・・・・・・・・・

受信 ・・・・・・・・・・・・・・

●図-1　例題の全体構成

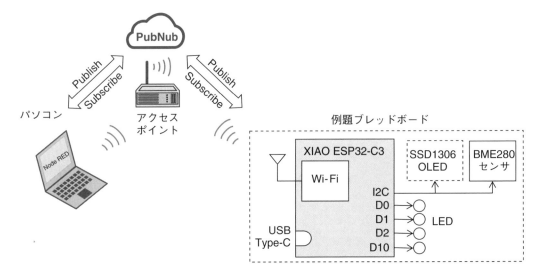

エッジ側となるArduinoのハードウェアは、2-4-2項で使ったものと同じです。ただしOLEDは使っていません。接続が完了したハードウェアの外観が図-2となります。

●図-2　組み立て完了した外観

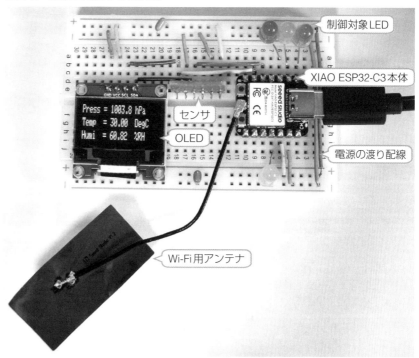

2 Arduino側のプログラムの製作

Arduinoですから、Arduino IDE V2.2.1を使ってスケッチで作成します。PubNub
を使うためにライブラリを追加※する必要があります。しかし、通常のライブラリ
追加では、ライブラリのバージョンが古くてXIAO ESP32-C3では動作しないので、
PubNubのGitHubから最新版のZIP形式のライブラリをダウンロードして追加する
必要があります。その手順は次のようにします。

PubNubのGitHubサイト（https://github.com/pubnub/arduino/tree/master）を開き
ます。開いた図-3の画面で、右端の［Code］をクリックすると開くドロップダウン
リストで、［Download ZIP］を選択します。次に開くダイアログで適当なフォルダ
を指定します。これでarduino-master.zipファイルがダウンロードできます。

※
PubNubのライブラリ
が用意されている

5

クラウドやネットアプリ

●図-3 zipファイルのダウンロード手順

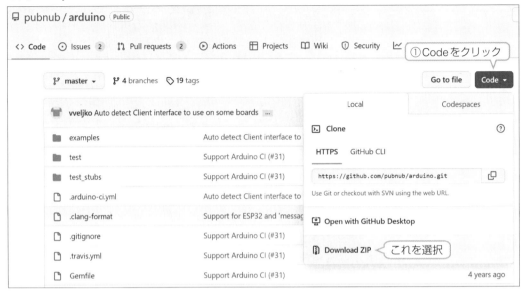

ダウンロードが完了したら、Arduino IDEのメインメニューから、図-4のように、[Sketch]→[Include Library]→[Add .ZIP Library]とすると開くダイアログで、ダウンロードしておいたZIPファイルを選択すれば自動的にライブラリとして取り込まれ、OUTPUTの窓に「Library installed」と表示されれば完了です。

●図-4 ZIPファイルの取り込み

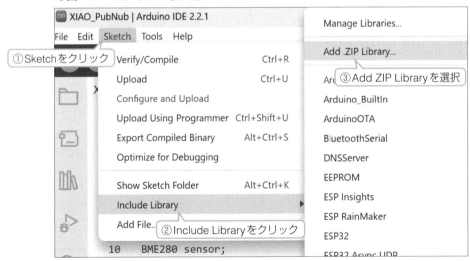

これで最新版のPubNubのライブラリが使えるようになります。

以上の準備をして作成したスケッチがリスト-1、リスト-2となります。リスト-1は宣言部と設定部で、最初にPubNub.hをインクルードします。次にセンサとWi-Fi

のインスタンスを作成してから、アクセスポイントとPubNubのキー定数を定義しています。この定数は読者の環境に合わせて変更して下さい。

　設定部では、LEDのGPIO、シリアルの初期化、センサの初期化をしてから、アクセスポイントとの接続を開始します。ここでは接続が確認できるまで繰り返します。接続できたらPubNubとの接続を実行します。接続できたら先に進みます。

リスト　1　例題のスケッチ（XIAO_PubNub.ino）　宣言部と設定部

```
1   /*****************************************
2    *  PubNub経由PCからコマンド受信
3    *  1分ごとの計測要求で温度、湿度、気圧を返送
4    *  LED制御コマンドでLEDオンオフ制御
5    *****************************************/
6   #include <WiFi.h>
7   #include <SparkFunBME280.h>
8   #include <PubNub.h>
9   // インスタンス定義
10  BME280 sensor;
11  WiFiClient client;
12  //定数定義
13  const char *ssid = "Buffalo-G?????";
14  const char *password = "7tb7ksh?????";
15  const char pubkey[] = "pub-c-da98eefa-4176-????????????????";
16  const char subkey[] = "sub-c-221af365-7acd-????????????????";
17  char t[7], h[7], p[7], message[60];
18  String msg;
19  /***** セットアップ *******/
20  void setup(){
21    pinMode(2, OUTPUT);                  // LED pin Output
22    pinMode(3, OUTPUT);
23    pinMode(10, OUTPUT);
24    Wire.begin();                        // I2C有効化
25    Serial.begin(115200);
26    // センサ初期化
27    sensor.settings.I2CAddress = 0x76;
28    sensor.beginI2C();                   // センサ初期化
29    /**** ネットワークとの接続開始　APと接続 ***/
30    WiFi.begin(ssid, password);          // 接続相手メッセージ
31    // 接続完了まで繰り返す
32    while (WiFi.status() != WL_CONNECTED) {  // 接続確認
33        delay(500);
34        Serial.print(".");
35    }
36    // 接続完了でIPアドレス表示
37    Serial.println("");
38    Serial.println("WiFi connected.");   // 接続完了メッセージ
39    Serial.println("IP address: ");      // IPアドレスメッセージ
40    Serial.println(WiFi.localIP());
41    // PubNubと接続
42    if(PubNub.begin(pubkey, subkey)){
43      Serial.println("Connect to PubNub");
44    }
45    else{
46      Serial.println("Connection Fail"); // 接続失敗
47    }
48  }
```

5

クラウドやネットアプリ

　　リスト-2がメインループ部です。最初にPubNubをサブスクライブして常時受信待ち状態とします。受信したらメッセージを取り込み内容で判定して分岐します。

　　「MES」の計測要求の場合は、センサの3種のデータを読み出し、文字列に変換してそれぞれをJSON形式のメッセージにまとめ、パブリッシュしてからクローズします。このようにPubNubのライブラリを使うとサブスクライブもパブリッシュも1行の関数だけでできてしまうので、簡単に使うことができます。

　　メッセージが「LED1,x」か「LED2,x」の制御の場合は、続くxが0か1でオンオフを判定してGPIOの制御を実行しています。

リスト　2　例題のスケッチ　メインループ部

```
49  /*****  メインループ***********/
50  void loop() {
51    // 常時サブスクライブ状態
52    PubSubClient *sclient = PubNub.subscribe("Test"); // サブスクライブ実行
53    if(sclient){                                      // 正常接続
54      SubscribeCracker ritz(sclient);                 // 受信処理
55      while(!ritz.finished()){                        // 受信データ最後まで
56        ritz.get(msg);                                // 受信データ取り出し
57        if(msg.length() > 0){                         // 受信データありの場合
58          Serial.println(msg);                        // モニタ出力
59          // 計測要求チェック
60          if(msg.indexOf("MES", 0) != -1){            // 計測要求の場合
61            digitalWrite(10, HIGH);                   // 目印LED
62            float temp = sensor.readTempC();          // 温度データ取得
63            float humi = sensor.readFloatHumidity();  // 湿度データ取得
64            float pres = sensor.readFloatPressure()/100.0;  // 気圧データ取得
65            // 送信データ作成
66            dtostrf(temp, 3, 1, t);                   // 温度
67            dtostrf(humi, 3, 1, h);                   // 湿度
68            dtostrf(pres, 5, 1, p);                   // 気圧
69            // 送信データ生成
70            sprintf(message, "{¥"value1¥":¥"%s¥",¥"value2¥":¥"%s¥",¥"value3¥": ⏎
                ¥"%s¥"}¥r¥n", t, h, p);
71            // パブリッシュ実行
72            PubNonSubClient *pclient = PubNub.publish("Test", message);
73            delay(100);
74            digitalWrite(10, LOW);                    // 目印オフ
75            pclient->stop();                          // 送信クライアントクローズ
76          }
77          //LED制御チェック
78          else if(msg.indexOf("LED1", 0) != -1 ){     // LED1の場合
79            if(msg.indexOf('1', 5) == -1){            // OFFの場合
80              digitalWrite(2, LOW);
81            }
82            else{                                     // ONの場合
83              digitalWrite(2, HIGH);
84            }
85          }
86          else if(msg.indexOf("LED2", 0) != -1){      // LED2の場合
87            if(msg.indexOf('1', 5) == -1){            // OFFの場合
88              digitalWrite(3, LOW);
89            }
90            else{                                     // ONの場合
91              digitalWrite(3, HIGH);
```

```
92              }
93            }
94          }
95        }
96      }
97  }
```

3 パソコン側のNode-REDのフローの製作

パソコンでNode-RED
を使えるようにする方
法は、4-1-2項を参照

　パソコン側はNode-RED[*]で作成します。作成した全体フローが図-5となります。上側がサブスクライブしてデータをグラフ表示する部分で、下側が制御コマンドをパブリッシュする部分です。

●図-5　Node-REDの全体フロー

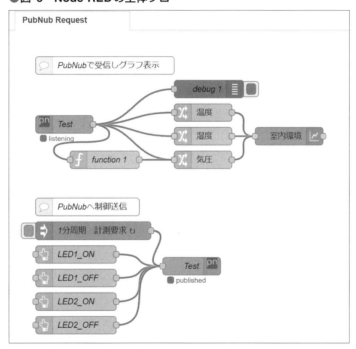

　まずパブリッシュするほうから設定内容を説明します。PubNub outノードの設定が図-6となります。ここでは鉛筆マークをクリックして開く設定画面でPublishとSubscribe両方のKeyを設定します。KeyはPubNubのログイン画面からコピーします。さらにChannel欄に適当な名称を入力します。ここでは「Test」としましたが、これをPubNub経由で送受する両者が同じであることが必要です。

5

クラウドやネットアプリ

●図-6　PubNub outノードの設定

　次に1分間隔で計測要求を送信するためのinjectノードの設定で、図-7となります。payloadには「MES」という文字列を入力し、下のほうにある繰り返し欄で1分ごととします。

●図-7　injectノードの設定

　次が4個のbuttonノードの設定で図-8となります。LED1側のみのbuttonですが、オンとオフでpayloadに出力する文字列を「LED1,1」と「LED1,0」としています。あとはボタンの名前の設定です。

●図-8　buttonノードの設定

以上でパブリッシュする側の設定は完了です。続いてサブスクライブ側ですが、PubNub inノードの設定は図-6のout側と全く同じ内容に設定します。

次にfunction1ノードの設定が図-9となります。ここでは気圧のデータを1/10にしてkPa単位にしているだけです。これは温湿度と同じ値の範囲となるようにして一つのグラフ内で表示できるようにするためです。

●図-9　function1ノードの設定

次が3個あるchangeノードの設定で、図-10となります。これは温度のchangeノードですが、payloadからvalue1のキーだけで温度のデータを取り出します。さらにtopicに「温度」を代入しています。これでchartが区別できるようにします。他の湿度と気圧のchangeノードも同様の設定とします。

●図-10 changeノードの設定

最後がchartノードの設定で、図-11となります。縦軸の値の範囲を0から120として気圧も範囲に含められるようにします。そして三つの線の色も指定します。

●図-11 chartノードの設定

こうして作成した結果のDashboardの表示例が図-12となります。各要素の配置は、Dashboardのレイアウト*機能を使って整理します。

4-1-2項参照

●図-12　動作結果のDashboardの表示例

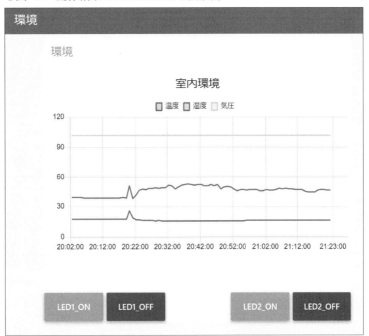

5-3-3　ラズパイから**PubNub**を使いたい

ラズパイからPubNubを使うには、Node-REDを使うと簡単にできます。Node-REDには、PubNubを扱うノードが用意されているので、これを使えば簡単にPubNubを使ってメッセージの送受信ができます。

1 例題の全体構成

例題で実際に試してみます。例題の全体構成は図-1のようにしました。エッジ側にはラズパイを使い、センター側にはパソコンを使うことにし、両方ともプログラムはNode-REDで作成します。

ラズパイにBME280センサとLEDを2個接続し、定期的にセンサデータをPubNubに送信します。

パソコン側では、定期的に送信されるセンサデータを受信してグラフ表示します。

さらにボタンによりLEDのオンオフ制御を指示します。これで、ラズパイ側のLEDをPubNub経由でリモコン制御します。

PubNubにはどこからでもアクセスできますから、リモコンもグラフ表示も離れた場所で操作することができます。

●図-1　例題の全体構成

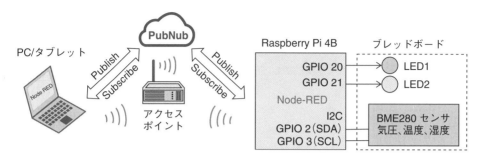

2 ハードウェアの製作

　ハードウェアとしてはエッジ側のみの製作になります。Raspberry Pi 4Bとブレッドボードに実装したBME280センサとLEDとをジャンパ接続で構成します。

●図-2　ブレッドボードとの接続方法

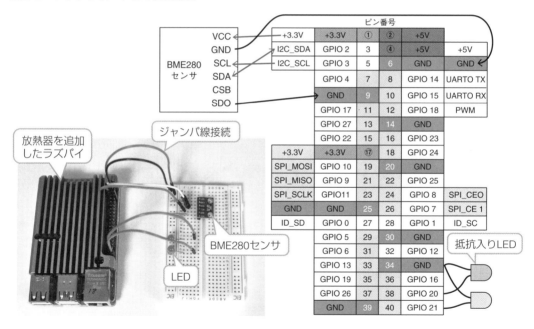

3 ラズパイ側のNode-REDのフロー作成

　ラズパイ側のNode-REDのフローを作成します。ラズパイにはNode-REDのインストール*が完了しているものとします。

インストール方法は4-1-3項を参照

　先にパレットの管理を使ってノードの追加をします。BME280センサとPubNubの下記ノードを追加します。

・ node-red-contrib-bme280
・ node-red-contrib-pubnub

　これらのノードを使って作成した全体フローが図-3となります。上側がBME280センサのデータを1分間隔でPubNubにパブリッシュする部分で、下側がパソコンからパブリッシュされたLED制御データをサブスクライブしてLEDを制御する部分です。

　このようにPubNubを使うには、単純にPubNubのノードを追加するだけですので簡単に使うことができます。

●図-3　ラズパイ側のフロー

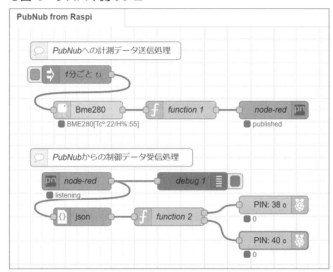

　各ノードの設定内容を説明します。まずpubnub outノードの設定で、図-4のように①鉛筆マークをクリックして開くダイアログでキーコードを入力するだけです。このときのキーはPubNubにログインすると開くサイトからコピーします。

●図-4　pubnub outノードの設定

　次にfunction1ノードの設定で図-5のようにBME280のデータをJSON形式に変換しているだけです。JSONのKeyはなんでもよく、送受側で区別できれば問題ありません。またデータは小数桁を1桁に制限しています。

●図-5　function1ノードの設定

```
1    msg.payload = {
2        "value1":msg.payload.temperature_C.toFixed(1),
3        "value2":msg.payload.humidity.toFixed(1),
4        "value3":msg.payload.pressure_hPa.toFixed(1)
5    };
6    return msg;
```

　bme280ノードの設定は特に変更はなくデフォルトのままで問題ありません。以上で、パブリッシュ側の設定は完了で、これにより1分間隔でセンサデータがパブリッシュされます。

　次はサブスクライブ側の設定です。PubNubのノードは、図-4で設定した内容がそのまま反映されますので、特に設定は不要です。

　受信したデータはJSON形式のテキストなので、jsonノードでオブジェクトに変換します。次のfunction2ノードの設定が図-6となります。

　まず出力をLED1、LED2用の二つにします。そしてコードでは、LED1のデータかLED2のデータかを判定して、それぞれの0か1のデータを出力します。

　このようにしている理由は、パソコンのボタンクリックで送信されるデータは、{"LED1":0}や{"LED2":1}のように、LED1かLED2の片側だけの制御データなので、changeノードで振り分けたのでは、反対側に不要なデータが出力されてしまうためと、自分がパブリッシュした計測データも受信してしまい、不正データとして出力されるためです。LED1、LED2それぞれのデータのときだけに限定して出力するようにしています。

●図-6　function2ノードの設定

あとはGPIOのノード設定で、図-7のように単純な出力ピンとして設定しています。

●**図-7 GPIOノードの設定**

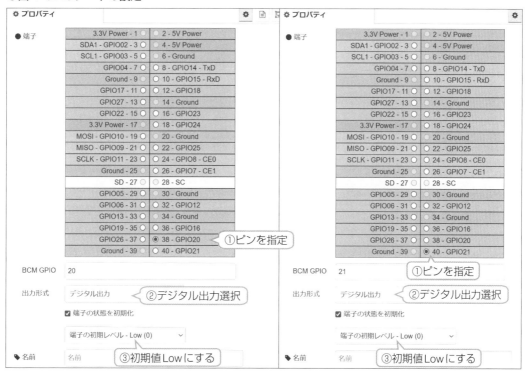

以上でラズパイ側のNode-REDのフローが完成ですので、デプロイすれば動作を開始します。

4 パソコン側の**Node-RED**のフロー作成

今度はパソコン側のフロー作成です。パソコンへのNode-REDのインストール※は完了しているものとします。

先にパレットの管理でPubNubノードを追加します。

・node-red-contrib-pubnub

作成した全体フローが図-8となります。上側がサブスクライブ部で受信したセンサのデータをグラフとして表示します。

下側がパブリッシュ部で、ボタンでLEDの制御メッセージを送信します。

※
インストール方法は
4-1-2項を参照

●図-8　パソコン側のNode-REDのフロー図

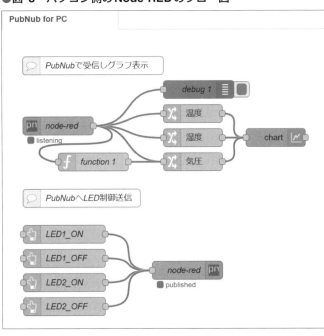

それぞれのノードの設定内容を説明します。まずpubnub outノードの設定は、図-4と全く同じ設定としています。これで同じキーにより接続されることになります。

次にfunction1の設定が図-9となります。ここでは気圧データが温湿度と同じグラフの単位で表示できるように1/10のkPaに変更しているだけです。

●図-9　function1ノードの設定

続く三つのchangeノードはそれぞれのデータを抽出するのとtopicのデータを追加して、chartノードで一つのグラフで表示できるようにしています。温度、湿度、気圧それぞれ同様に設定します。

●図-10　changeノードの設定

　次にchartノードの設定で、図-11となります。折れ線グラフとして設定し、縦軸の値を0から120とします。気圧が100を超えるためです。あとは線の色の設定をします。

●図-11　chartノードの設定

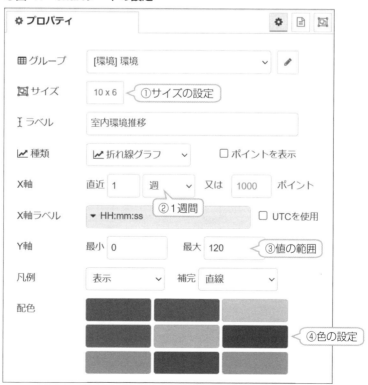

次にbuttonノードの設定で図-12となります。ボタンはLED1とLED2のそれぞれにオンオフで4個のボタンとします。そしてオンとオフで背景色を変えています。ボタンクリック時に出力するメッセージを、{"LED1":1}、{"LED1":0}としています。これがPubNubにパブリッシュされるメッセージとなります。LED2のほうも同様に設定します。

●図-12　buttonノードの設定

これでノードの設定は終わり、Dashboardの設定をします。最終的に表示する画面を図-13のように配置します。配置はDashboardのレイアウトで設定します。しばらく動作させれば図のようなグラフが表示されますし、ボタンをクリックすればラズパイのLEDが点灯、消灯します。

●図-13　Dashboardの表示

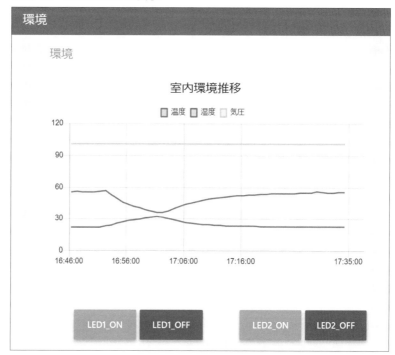

5-4 Emailを使いたい

5-4-1 Arduinoからメール送信したい

Arduinoからメールを送信してみます。スケッチで直接メールを送信するのは結構難しいので、ここではIFTTTを使ってメールを送信します。

1 例題の全体構成

この例題の全体構成は図-1のようにしました。Arduinoデバイスとして、Seeeduino XIAO ESP32-C3を使います。

ハードウェアは2-4-2項で使ったものと同じで、これにスイッチを2個D8ピンとD9ピンに追加しています。センサやOLEDやLEDもありますが、ここでは使っていません。

このスイッチが押されたことをイベントとして、IFTTTに送信し、IFTTTに新規に作成したアプレット「Send_Email」でメールを送信します。メールの送り先は、IFTTTにログインしている当人となります。

●図-1 例題の全体構成

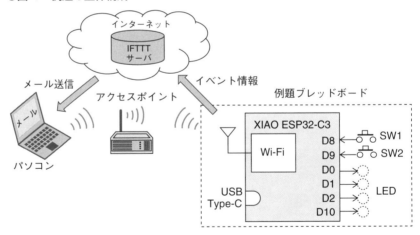

2 アプレットの作成

IFTTTでトリガデータが送られてきたらメールで内容を送信するというアプレットを作成します。IFTTTのアカウント*はすでにあるものとします。

まず図-2のIFTTTのホームページで、①[Create]ボタンをクリックし、②If Thisの[Add]ボタンをクリックして自分用のアプレットの作成を開始します。

アカウント作成方法は
5-2-1項を参照

●図-2　自分専用のアプレットを作成開始

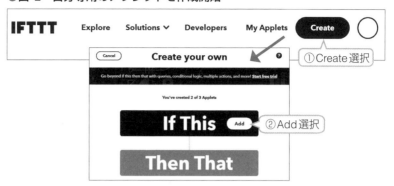

　次にトリガとしてWebhookを使うので、図-3のように、①「webhook」と入力し、[webhook]のアイコンをクリックすると開くダイアログで、③[web request]側を選択、次のダイアログで、アプレット名称に④「Send_Email」と入力して⑤[Create Trigger]ボタンをクリックします。

●図-3　トリガの設定

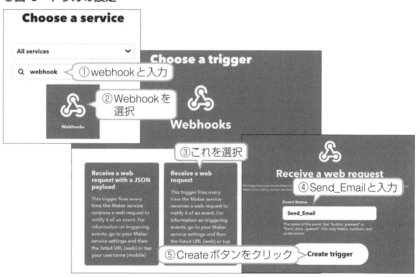

　これで次の図-4のThen Thatの設定になりますから、①[Add]をクリックし、②検索で「Email」と入力、表示された中から③[Email]アイコンを選択します。これで開くダイアログで、④[Send me an email]をクリックし、次に開くダイアログでメール内容を編集します。

　この内容には日本語が使えますから、subjectでは⑤「イベント発生」とし、⑥bodyでは、What欄は「スイッチが押されました」に変更、When欄はWhenだけ削除、Extra Data欄はValue1だけ残しあとは削除します。これで⑦[Create action]をクリックします。

●図-4　Then Thisの設定

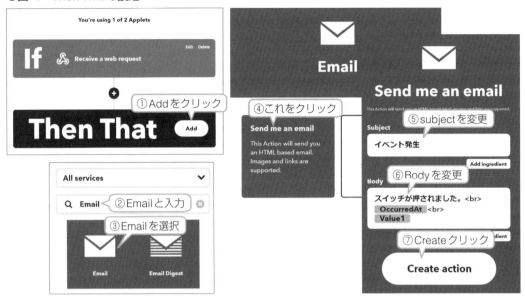

　　これで最後の図-5の確認手順になりますから、①［Continue］をクリックし、
②［Finish］をクリックで終了となります。
　　これで新たにMy Appletsに登録されたことになります。

●図-5　確認

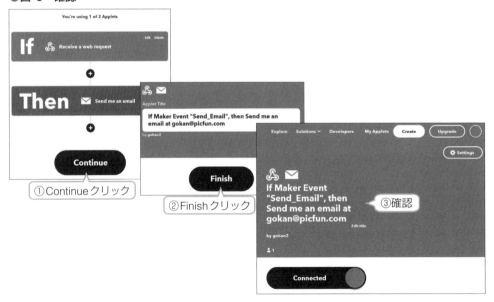

　　ではこのアプレットをテストして動作を確認します。アプレットを選択して表示
される図-6のダイアログから次の手順でテストを実行します。①でwebhook側を選

択し表示されるダイアログで②[Documentation]を選択します。

　これで表示されるテスト用の設定で、③Eventには「Send_Email」と入力し、④Value1には「テストメール」と入力してから⑤[Test it]ボタンをクリックします。これでメールが送信されていますから、自分のメールソフトを開いて受信メールを確認します。メールを受信していて、⑥のように表示されていれば正常に動作しています。

●図-6　テスト

3 Arduinoから使う

　作成したアプレットをArduinoから使ってメール送信を試してみます。Arduino IDE V2.2.1で作成したスケッチがリスト-1、リスト-2となります。

　リスト-1は宣言部と設定部で、必要なライブラリをインポートし、Wi-Fiのインスタンスを生成してから、変数、定数を定義しています。設定部では、スイッチのピンを入力モードにしてから、アクセスポイントとの接続を実行し、成功したらIPアドレスを出力しています。

リスト　1　例題のスケッチ（Arduino_Send_Email.ino）　宣言部と設定部

```
1   /***************************************
2   *  イベントでIFTTT経由Email送信
3   *  スイッチでイベント発生
4   ***************************************/
5   #include <WiFi.h>
6   #include <Wire.h>
7   // インスタンス定義
8   WiFiClient client;
9   // 定数定義
10  const char *ssid = "Buffalo-G-????";
11  const char *password = "7tb7ksh8????";
12  char  body[60];
13  const int SW1 = 8;
14  const int SW2 = 9;
```

```
15  /***** セットアップ *******/
16  void setup(){
17    pinMode(SW1, INPUT_PULLUP);              // プルアップ付入力
18    pinMode(SW2, INPUT_PULLUP);              // プルアップ付入力
19    Wire.begin();                           // I2C有効化
20    Serial.begin(115200);
21    /**** ネットワークとの接続開始  AP と接続 ***/
22    WiFi.begin(ssid, password);             // 接続相手メッセージ
23    // 接続完了まで繰り返す
24    while (WiFi.status() != WL_CONNECTED) {  // 接続確認
25        delay(500);
26        Serial.print(".");
27    }
28    // 接続完了でIPアドレス表示
29    Serial.println("");
30    Serial.println("WiFi connected.");       // 接続完了メッセージ
31    Serial.println("IP address: ");          // IPアドレスメッセージ
32    Serial.println(WiFi.localIP());
33  }
```

　続いてメインループがリスト-2となります。最初にスイッチ1か2のいずれかが押されているかどうかをチェックし、押されたらIFTTTとの接続を開始します。まず、送信内容となるbodyメッセージをスイッチの区別をつけて生成します。そのあとはPOSTメッセージ用の文字列を定義してから、IFTTTに送信します。同時にシリアルモニタにも同じ内容をデバッグ用に出力しています。最後に接続クローズ後5秒の待ちを挿入しています。これは連続でメールが送信されないようにするためです。したがってスイッチの変化のチェックも5秒間隔でしか実行できません。

リスト　2　例題のスケッチ　メインループ部

```
34  /*****  メインループ***********/
35  void loop() {
36    // スイッチ押されたかの判定
37    if((digitalRead(SW1) == LOW) || (digitalRead(SW2) == LOW)){
38      // POSTボディ生成
39      if(digitalRead(SW1) == LOW){   // SW1の場合
40        sprintf(body, "{¥"value1¥":¥"Switch #1 is pressed.¥"}¥r¥n");
41      }
42      if(digitalRead(SW2) == LOW){   //SW2の場合
43        sprintf(body, "{¥"value1¥":¥"Switch #2 is pressed.¥"}¥r¥n");
44      }
45      // IFTTT と接続
46      if(client.connect("maker.ifttt.com", 80))
47      {
48        Serial.println("Connect to IFTTT");
49        // POST メッセージ設定
50        String header1 = String("POST /trigger/Send_Email/with/key/ ↵
               dmmT_????????????? HTTP/1.1¥r¥n") +
51                     String("Host: maker.ifttt.com¥r¥n") +
52                     String("Content-Type: application/json¥r¥n");
53        String header2 = String("Content-Length: ") + "35" + String("¥r¥n¥r¥n");
54        // POST送信
55        Serial.println(header1 + header2 + body);
56        client.print(header1 + header2 + body);     // for debug
57        client.stop();
```

```
58        // 5秒待ち
59        delay(5000);
60    }
61  }
62 }
```

4 動作結果

実際に動作させた結果が図-7となります。確かにメールがSW1とSW2で区別されて送信されていることがわかります。

注意が必要なのは、IFTTTの無料の範囲では、メールは一日あたり30メールしか送れないということです。

●図-7 動作結果

5-4-2 ラズパイPicoからメール送信したい

Raspberry Pi Pico Wを使ってメール送信をしてみます。MicroPythonを使うことになりますが、本家のPythonと異なりEmailのライブラリが提供されていませんので、MicroPythonで直接記述するのは難しくなってしまいます。そこで、ここでもIFTTTを使うことにしました。

1 例題の全体構成

例題として図-1のような構成で試してみました。単純にラズパイPicoのGPIO2とGPIO3をスイッチ入力として、このスイッチが押されたことをイベントとしてメール送信することにしました。

●図-1 例題の全体構成

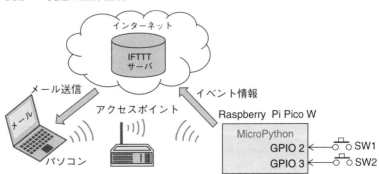

5

クラウドやネットアプリ

2 例題のプログラム製作

　プログラムはMicroPythonで作成しますので、パソコン上のThonnyを使って記述します。ラズパイPicoの開発環境の構築方法は、付録-3を参照して下さい。

　作成したプログラムがリスト-1とリスト-2となります。リスト-1が宣言部と設定部で、最初に必要なライブラリをインポートし、定数と変数を定義しています。ここでIFTTT用のメッセージも定義しています。さらにスイッチのピンを入力ピンでプルアップありとしています。設定部ではWi-Fiのアクセスポイントとの接続から始まりますが、ここは他の例題と同じとなっています。

リスト　1　例題のプログラム（Pico_Send_Mail.py）　宣言部と設定部

```
1   #******************************************
2   #  Raspberry Pi Pico IFTTT経由メール送信
3   #  スイッチONでメール送信
4   #
5   #******************************************
6   from machine import Pin, Timer
7   import time
8   import network
9   import urequests
10  #Wi-FiのSSIDとパスワード設定
11  ssid = 'Buffalo-G-????'
12  password = '7tb7ksh8?????'
13  #POSTメッセージ定義
14  url = 'http://maker.ifttt.com/trigger/Send_Email/with/key/dmmT_???????????????'
15  header = {'Content-Type':'application/json'}
16  body = {'value1':"Message"}
17  #ピン設定
18  SW1 = machine.Pin(2, machine.Pin.IN, machine.Pin.PULL_UP)
19  SW2 = machine.Pin(3, machine.Pin.IN, machine.Pin.PULL_UP)
20  #***** 初期設定 ************************
21  #Wi-Fi接続開始
22  wlan = network.WLAN(network.STA_IF)
23  wlan.active(True)
24  wlan.connect(ssid, password)
25  # WiFi接続完了待ち　3秒間隔　10回繰り返す
26  max_wait = 10
27  while max_wait > 0:
28      if wlan.status() < 0 or wlan.status() >= 3:
29          break
30      max_wait -= 1
31      print('waiting for connection...')
32      time.sleep(3)
33  # 接続失敗の場合　エラーメッセージ出力
34  if wlan.status() != 3:
35      raise RuntimeError('network connection failed')
36  else:
37      # 正常　IPアドレス出力
38      print('Connected')
39      status = wlan.ifconfig()
40      print( 'ip = ' + status[0] )
```

　次がリスト-2でメインループとなります。最初にスイッチが押されたことをチェックし、押されたことをトリガとしてIFTTTとの接続を開始します。スイッチごとにメッ

セージを用意し、それをIFTTTのSend_Emailアプレットに送信しています。

　送信にはurequestというライブラリを使うことで、簡単にPOSTメッセージを送信することができます。

　最後に5秒間の待ちを挿入しているので、スイッチのチェックは5秒間隔となります。これは頻繁にメール送信することを避けるためです。

リスト　2　例題のプログラム　メインループ部

```
42   #******* メインループ ************************
43   while True:
44       if SW1.value() == 0 or SW2.value() == 0:
45           # Body にデータ追加
46           if SW1.value() == 0:
47               body['value1'] = "SW1 is pressed."
48           else:
49               body['value1'] = "SW2 is pressed."
50            # IFTTT に送信
51           try:
52               res = urequests.post(url, json=body, headers=header)
53               # Message 200 is OK
54               print('HTTP State=', res.status_code)
55           except Exception as e:
56               print(e)
57           res.close()
58           # Wait 5sec
59           time.sleep(5)
```

　動作結果は図-2のようにメールとして確認できます。IFTTTの無料枠では一日あたり30通のメールしか受け付けませんので注意して下さい。

●図-2　動作結果の受信メール

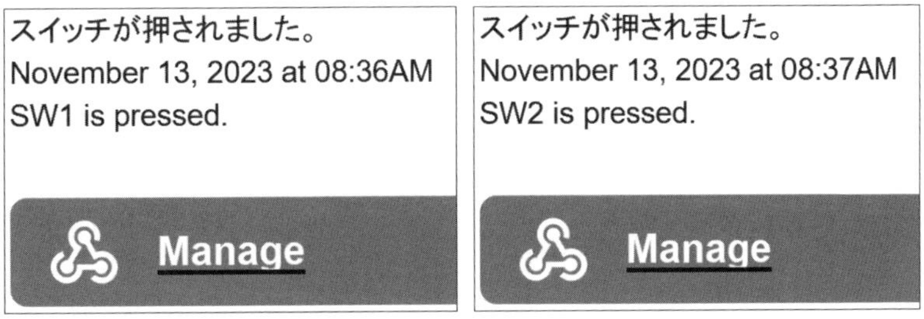

スイッチが押されました。
November 13, 2023 at 08:36AM
SW1 is pressed.

スイッチが押されました。
November 13, 2023 at 08:37AM
SW2 is pressed.

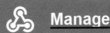

5-4-3 マイコンからメールを送信したい

Curiosity HPCボードにWi-Fi Clickボードを追加して、PICマイコンからメールを送信してみます。C言語で直接メール送信プログラムを記述するのは、かなり難しい課題*になりますので、ここではIFTTTを使ってメール送信を実行します。

SMTPプロトコルとネットワークプログラミングの知識が必要になる

1 例題の全体構成

本項の例題の全体構成は図-1のようにしました。Curiosity HPCボードだけで構成しています。HPCボードの標準で実装されている2個のスイッチをトリガ要因として使い、mikroBUS1にWi-Fi Clickボードを実装して通信を実行します。

この構成で、スイッチを押したら自分宛てのメールでメッセージを送信することにします。

●図-1　例題の全体構成

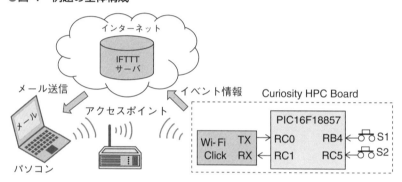

ハードウェアの外観が図-2となります。HPCボードにWi-Fi Clickボードを実装しただけです。

●図-2　ハードウェアの外観

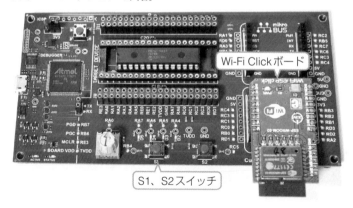

Wi-Fi Clickボード

S1、S2スイッチ

2 例題のプログラムの製作

PICマイコンのC言語のプログラムですから、MPLAB X IDE V6.15とMCCを使って作成します。

　MCCの設定では、System Module、EUSART、入出力ピンの設定だけとなります。System Moduleでは内蔵クロックで32MHzとします。EUSARTの設定が図-3となります。ここでは通信速度を115200bpsに設定しているだけで、他はそのままとします。

●**図-3　EUSARTの設定**

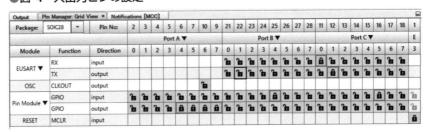

　あとは入出力ピンの設定だけで、図-4となります。EUSARTのピンはmikroBUSに合わせてRC0とRC1とします。またLEDやスイッチもハードウェアに合わせて設定します。LEDは本項では使いませんが、デバッグ用に用意しておきます。

●**図-4　入出力ピンの設定**

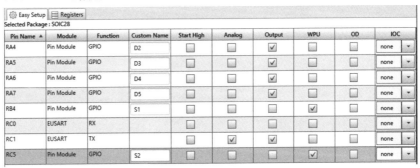

Pin Moduleの設定

Pin Name ▲	Module	Function	Custom Name	Start High	Analog	Output	WPU	OD	IOC
RA4	Pin Module	GPIO	D2	☐	☐	☑	☐	☐	none ▼
RA5	Pin Module	GPIO	D3	☐	☐	☑	☐	☐	none ▼
RA6	Pin Module	GPIO	D4	☐	☐	☑	☐	☐	none ▼
RA7	Pin Module	GPIO	D5	☐	☐	☑	☐	☐	none ▼
RB4	Pin Module	GPIO	S1	☐	☐	☐	☑	☐	none ▼
RC0	EUSART	RX		☐	☐	☐	☐	☐	none ▼
RC1	EUSART	TX		☐	☑	☑	☐	☐	none ▼
RC5	Pin Module	GPIO	S2	☐	☐	☐	☑	☐	none ▼

　以上でMCCの設定は完了ですから[generate]してコードを生成します。

　生成された関数を使って作成した例題のプログラムがリスト-1、リスト-2となります。リスト-1は宣言部で、IFTTTに送信するメッセージを用意しています。そのあとは、EUSARTで文字列を送信する関数です。SendCmd関数では送信後1秒間の遅延を挿入して、ここでWi-Fiモジュールからの応答を無視する時間としています。

リスト　1　例題のプログラム（Email.X）　宣言部

```
1   /******************************************
2    *  IFTTT経由でEmail送信
3    *   S1,S2 オンで送信
4    ******************************************/
5   #include "mcc_generated_files/mcc.h"
6   /* GET送信用メッセージ */
7   char get[] = "GET /trigger/Send_Email/with/key/dmmT_????????????";
8   char Data1[] = "?value1=xxxx&value2=yyyy&value3=zzzzzz";
9   char post1[] = " HTTP/1.1¥r¥nHost: maker.ifttt.com¥r¥n¥r¥n";
10
11  /******************************
12   *  WiFi文字列送信関数
13   ******************************/
14  void SendStr(char *str){
15      while(*str != 0)
16          EUSART_Write(*str++);
17  }
18  void SendCmd(char *cmd){
19      while(*cmd != 0)
20          EUSART_Write(*cmd++);
21      __delay_ms(1000);
22  }
```

　リスト-2がメイン関数部です。メインループでは、最初にスイッチが押されたことを判定しています。押されたときに実行を開始します。スイッチに合わせてメールで送信するメッセージを区別し、value1のメッセージ*としています。その後アクセスポイントとの接続を実行しています。アクセスポイントとの接続は待つだけにしています。接続後今度はIFTTTサーバと接続してから、Getメッセージを送信しています。送信完了で接続切り離して終了となります。

ここでは value2、
value3のメッセージ
は無しとしている

リスト　2　例題のプログラム　メイン関数部

```
27      /**** メインループ **********/
28      while (1)
29      {
30          if((S1_GetValue() == 0) || (S2_GetValue() == 0)) {
31              // 送信文字列セット
32              if(S1_GetValue() == 0)
33                  sprintf(Data1, "?value1=S1_is_pressed.");
34              else if(S2_GetValue() == 0)
35                  sprintf(Data1, "?value1=S2_is_pressed.");
36              /******* IFTTTへ送信 ****/
37              D2_SetHigh();                       // 目印オン
38              /* AP、サーバと接続 */
39              SendCmd("AT+CWMODE=1¥r¥n");          // Station mode
40              SendStr("AT+CWJAP=¥"Buffalo-???????¥",¥"???????¥"¥r¥n");
41              __delay_ms(6000);
42              D2_SetLow();
```

```
43          D3_SetHigh();
44          SendCmd("AT+CIPSTART=¥"TCP¥",¥"maker.ifttt.com¥",80¥r¥n");
45          /** GET データ送信 **/
46          SendCmd("AT+CIPMODE=1¥r¥n");       // パススルーモード
47          SendCmd("AT+CIPSEND¥r¥n");         // 送信開始コマンド
48          SendStr(get);                       // "GET "
49          SendStr(Data1);                     // データ
50          SendStr(post1);                     // HTTP/1.1、Host
51          /** 終了処理 **/
52          SendCmd("+++");                     // パススルーモード解除
53          SendCmd("AT+CIPCLOSE¥r¥n");        // サーバ接続解除
54          SendCmd("AT+CWQAP¥r¥n");           // AP接続解除
55          D3_SetLow();                        // 目印オフ
56      }
57    }
58 }
```

以上でプログラム製作は完了です。これをPICマイコンに書き込んで実行します。

実行結果のメールの例が図-5となります。IFTTTは無料の範囲では一日あたり30通のメールに制限されているので注意して下さい。

●図-5　実行結果のメール

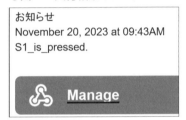

お知らせ
November 20, 2023 at 09:43AM
S1_is_pressed.

Manage

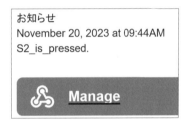

お知らせ
November 20, 2023 at 09:44AM
S2_is_pressed.

Manage

5-4-4　ラズパイのNode-REDからメール送信したい

ラズパイNode-REDを使ってメールを送信してみます。もともとNode-REDにはEmailというノードがあるのですが、Gmailサーバを使っていて、セキュリティチェックが厳しいため、なかなか使い方が難しくなっています。

そこで、本書では、最も簡単にメール送信ができる、IFTTTを使ってメール送信機能を実現することにしました。

使うIFTTTのアプレットは他の例題と同じ「Send-Email」アプレットです。

1 例題の全体構成

例題として、図-1のような構成で試してみました。単純にラズパイのGPIOにスイッチを追加しただけとなっています。スイッチにはプルアップ抵抗を追加しています。

●図-1 例題の全体構成

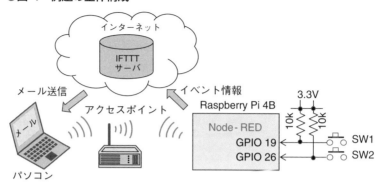

2 Node-REDのフロー作成

ifttt outノードを追加して作成した全体フローが図-2となります。2個のスイッチをGPIO Inノードとし、functionノードでスイッチをオンしたときだけメール送信するように設定しています。ifttt outノードはアプレットを呼び出しているだけです。

●図-2 例題の全体フロー

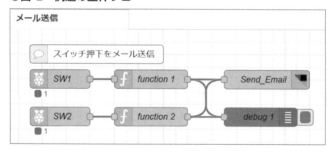

各ノードの設定内容を説明します。まずifttt outノードの設定は図-3のように、Keyコードとアプレットのイベント名を設定するだけです。①Key欄の鉛筆マークをクリックするとキーコード入力となりますから、ここにIFTTTのKeyを入力します。次に②でイベント名称を入力します。これだけで設定は完了です。

●図-3 ifttt outノードの設定

次はfunctionノードの設定で、図-4のようなコードを入力します。スイッチが押されたとき、つまりpayloadに0が入力されたときだけ、メールのメッセージを出力し、0以外のときはnullとして何も出力しないようにしています。これで、スイッ

チがオフに戻ったときには何もメール出力しないようになります。スイッチ2のほうも同じ内容のコードとなります。

● 図-4　functionノードの設定

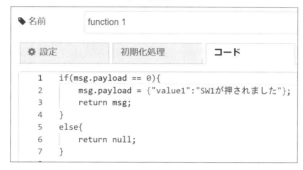

残りはGPIOの設定で図-5のように、単純な入力で名前だけ設定します。スイッチ2のほうも全く同じように設定します。

● 図-5　GPIOの設定

以上の設定でデプロイすれば動作を開始します。

5

クラウドやネットアプリ

401

　スイッチを押せばメールが送信され、メールソフトで受信すれば図-6のように表示されます。

●図-6　受信したメール

　IFTTTの無料の範囲では、一日あたり30通のメールしかできませんので注意して下さい。

付録

開発環境の構築

付録 1　Arduino IDE の使い方

1 Arduino IDE のインストール

Arduinoのプログラムは Arduino 専用の開発環境である Arduino IDE を使います。このソフトウェアは下記サイトから自由にダウンロードできます。

https://www.arduino.cc/en/software

このページのWindowsの64ビット版を選び、「Just Download」でダウンロードします。本書執筆時点での最新版はVer2.2.1*となっています。

筆者の環境がWndows
64ビット版なので
64bitsを選択している

●図-1　**Arduino IDE のダウンロードサイト**

インストールは、ダウンロードしたファイル「arduino-ide_2.2.1_Windows_64bit. exe」をダブルクリックして開くダイアログに従って順次進めます。ライセンスのダイアログでは、［同意する］をクリックして進めます。

2 Arduino IDEの起動

インストールが完了したらIDEを起動*します。

Arduino IDEの画面構成は図-2のようになっています。起動するといきなりsetup()とloop()という関数が表示されていますが、これがスケッチで作成するプログラムの基本の構成となります。

setup()関数：起動時に1回だけ実行する関数で初期設定などをここに記述する

loop()関数　：繰り返し実行する部分で、ここに常時実行する内容を記述する

最初に起動したときはいくつかインストール確認がある。すべてOKとして追加する

●図-2　Arduino IDEの画面構成

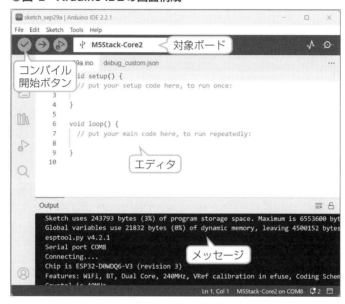

3 スケッチの作成手順

実際のスケッチ作成手順は次のようになります。

IDEを起動後、Arduino UNO R3またはR4などをパソコンにUSBで接続します。そしてIDEのメインメニューから次の二つを設定します。この設定でボードにプログラムを転送し書き込むことができるようになります。

❶ ボードの種類の指定

[Tools] → [Board "????"] * → [Arduino UNO] または [Arduino UNO R4 WiFi] を選択します。

????は、最後に接続したデバイス名が入っている

❷ COMポートの指定

[Tools] → [Port] → [COM8 (Arduino UNO)] を選択します。

ここでCOMポートの番号は読者のパソコンにより異なりますから、括弧内にArduino UNO R3または、Arduino UNO R4 WiFiとなっているポート番号を選択します。

これでIDEの一番上側にあるBoardの枠内の表示がArduino UNO、またはArduino UNO R4 WiFiと太字で表示されれば正常に開始できます。

❸スケッチの入力

すでに生成されているsetupとloopに、スケッチを作成します。

いくつかのサンプルも用意されています。[File] → [Examples] → [01.Basics] → [Blink] で、いわゆるLチカのプログラムが読み込めます。

❹コンパイル　書き込み　実行

[Verify] ボタンをクリックすればコンパイルが始まります。コンパイルには意外と時間がかかりますが、進捗状況はメッセージ窓に表示されます。

正常にコンパイルが完了したら、[upload]*ボタンをクリックすれば書き込みを開始し、正常に完了すれば即実行開始となります。Lチカのプログラムでは、本体のLEDが1秒ごとに点滅します。

Arduino IDEでは、
書き込みのことを
uploadと呼ぶ

4 ライブラリのインストール方法

センサや液晶表示器などを使う場合、適切なライブラリを追加する必要があります。

その手順は次のようにします。例として複合センサのBME280を使う場合のライブラリの追加方法で説明します。

Arduino IDEのメインメニューから① [Tools] → [Manage Libraries] で開く図-3のダイアログで、②検索窓にBME280と入力します。

これでいくつかのライブラリが候補として表示されますから、この中から③「Adafruit BME280 Library*」を選択して [INSTALL] ボタンをクリックします。

最も簡単に扱える関数
が用意されている

さらに開くダイアログで④ [INSTALL ALL] ボタンをクリックするとインストールが始まり、Outputの窓に状況が表示されますから、「Installed」となったら完了です。

●図-3　BME280センサ用ライブラリの追加

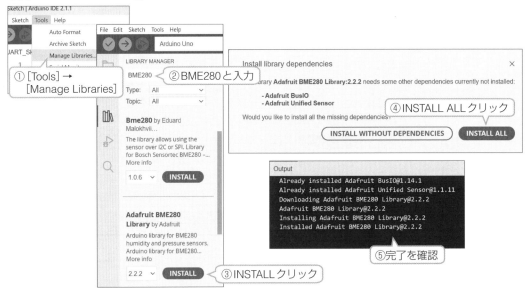

付録2　M5Stack Core2の使い方

M5Stackには多くの種類がありますが、本書ではM5Stack Core2を使うことにします（以降M5Core2と略す）。本節ではM5Core2をArduino IDEで使うための準備方法について説明します。まず、M5Core2をパソコンに接続する手順からの説明となります。

1 USBドライバのインストール

M5Stack Core2内蔵のUSB-UART変換ICは2種類あるので、本体の裏面を確認し、USB-Cポート近くの黒い囲みの文字が「CP210x」と「CH9102」のどちらになっているか確認します。

次のURLのM5Stackの「QUICK START」サイトの、M5Core2のArduinoのページを開きます。

https://docs.m5stack.com/en/quick_start/core2/arduino

これで開く図-1のページの最初にあるDriver Installationで、「CP210x」の場合は「CP210x_VCP_Windows」をダウンロードします。ダウンロードしたZIPファイルをすべて展開し、展開した中の、「CP210xVCPInstaller_x64_v6.7.0.0.exe[*]」を実行します。

> 32ビットWindowsの場合はx86側を選択する

「CH9102」の場合は同じページの「CH9102_VCP_SER_Windows」をダウンロードして実行します。

実行したらライセンスの「同意します」にチェックを入れて次へとするだけです。インストールが完了したらM5Core2をUSBでパソコンに接続して認識されることを確認します。

●図-1　M5Core2用ドライバのダウンロード

このあとはArduino IDEでの作業となり、まずM5Core2ボードを登録する作業からです。

❷ Preferenceの設定

Arduino IDEを起動し、[File]→[Preferences]で開く図-2のダイアログのURL欄に下記URLを入力し、OKとします。

https://m5stack.oss-cn-shenzhen.aliyuncs.com/resource/arduino/package_m5stack_index.json

URL欄が見つからない場合、Preferencesのダイアログにマウスを置くと右側にスクロールバーが現れるので、スクロールすると表示されます。もし他のURLが入力済みの場合は、URL欄の右側のアイコンをクリックすれば、URLを1行ずつ追加できる窓が開きます。改行して追加します。

●図-2　Preferenceの設定

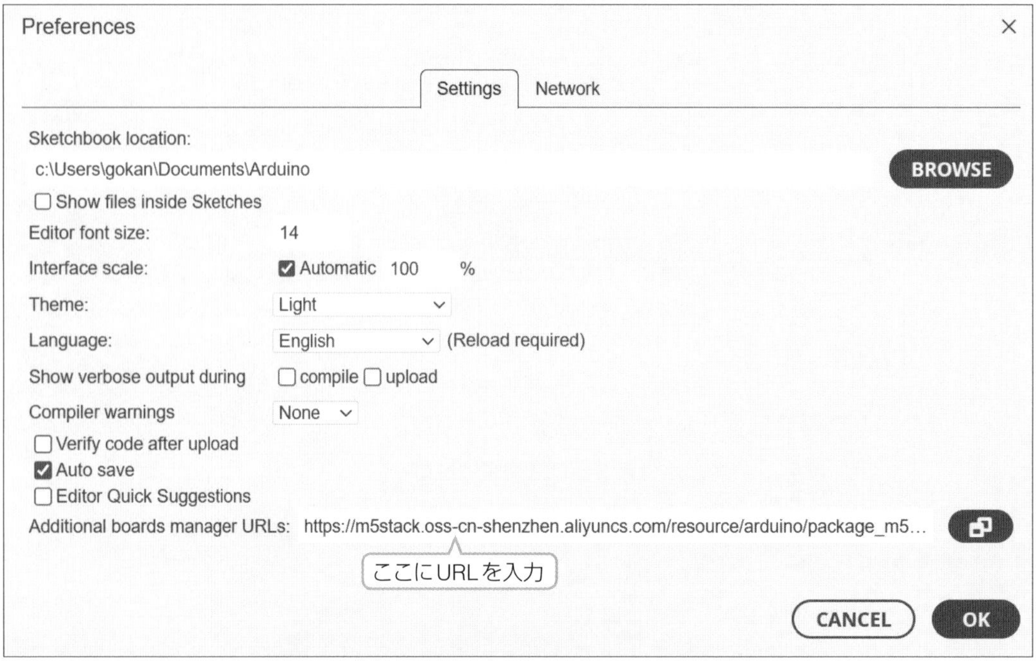

❸ Board ManagerでM5Stackをインストールする

???部は前回選択したボードの名称になっている

Arduino IDEで、図-3のように、[Tools]→[Board "?????"※]→[Board Manager]を選択すると開くドロップダウンリストで、検索窓にM5Stackと入力します。

これで選択肢に表示されるM5Stackを[INSTALL]ボタンクリックでインストールします。ボードの準備はこれで完了です。

●図-3　**Board Manager**

4 M5Core2用ライブラリのインストール

　次にM5Core2用のライブラリをインストールします。Arduino IDEで、[Tools] →
[Manage Libraries]を選択して開く図-4の検索窓で、M5Core2と入力すると表示さ
れる選択肢から、M5Core2を選択して[INSTALL]ボタンをクリックしてインストー
ルします。

　これですべての準備が完了です。

●図-4　**M5Core2用ライブラリのインストール**

5 M5Core2実機の接続と選択

M5Core2がパソコンに接続された状態で、図-5のように、[Tools]→[Board "????"]
→[M5Stack]→[M5Stack-Core2]を選択します。

●図-5　M5Core2の選択

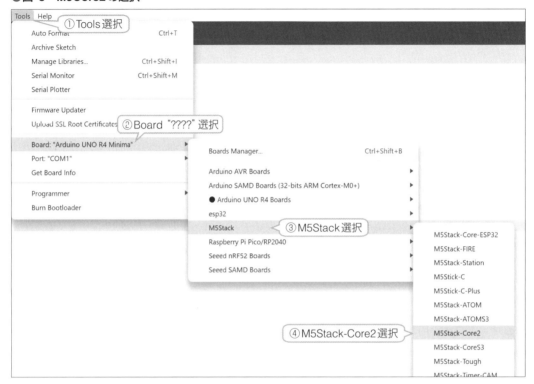

6 テストプログラムの実行

これでM5Core2が正常に認識されれば、図-6のように最上段の接続中のボードと
してM5Core2が太字で表示されます。細字のままの場合はCOMポートが選択され
ていない状態なので、この欄の下矢印をクリックして開くドロップダウンリストか
ら接続中のCOMポートを選択します。

テストとして例題にある図-6のようなM5Core2の液晶表示器に「Hello World」を
表示するスケッチを実行してみます。

スケッチを入力後、書き込み実行ボタンをクリックすれば、しばらくコンパイル
を実行し、成功なら書き込みを開始し即実行します。

●図-6　テストプログラムの実行

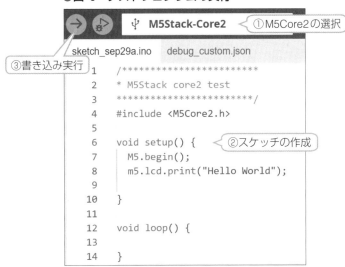

これでM5Core2の液晶表示器に小さな文字で「Hello World」が表示されれば正常に動作しています。

このほか、[Files] → [Examples] で「M5Core2」の項目にサンプルプログラムが用意されています。

電源ボタンを6秒押せばオフにできます。

付録3 Raspberry Pi Pico Wの使い方

　ラズパイPico Wをマイコンとして使う場合のプログラム開発環境の構築方法を説明します。プログラム開発方法として、MicroPythonとArduinoの二つのいずれかの環境を使うものとします。

■ MicroPythonの場合

　MicroPythonを使ってラズパイPico Wのプログラムを開発する場合には、次の手順で行います。本書はこちらを使っています。

❶ MicroPythonのダウンロード

　MicroPythonのサイトから最新版の環境をダウンロードします。

　　https://micropython.org/download/rp2-pico-w/

● 図-1　MicroPythonのダウンロード

Pico W

Vendor: Raspberry Pi
Features: Breadboard friendly, Castellated Pads, Micro USB, WiFi, Bluetooth
Source on GitHub: rp2/PICO_W
More info: Website

Installation instructions

Flashing via UF2 bootloader

To get the board in bootloader mode ready for the firmware update, execute `machine.bootloader()` at the MicroPython REPL. Alternatively, hold down the BOOTSEL button while plugging the board into USB. The uf2 file below should then be copied to the USB mass storage device that appears. Once programming of the new firmware is complete the device will automatically reset and be ready for use.

Firmware

最新バージョンを選択

Releases

v1.20.0 (2023-04-26) .uf2 [Release notes] (latest)

Nightly builds

v1.20.0-327-gd14ddcbdb (2023-07-27) .uf2
v1.20.0-326-gcfcce4b53 (2023-07-25) .uf2
v1.20.0-324-gb2adfc807 (2023-07-25) .uf2
v1.20.0-320-g975a68744 (2023-07-24) .uf2

❷ ラズパイ **Pico W** に転送

ラズパイPico WのBOOTSELボタン*を押しながらUSBケーブルでパソコンと接続します。これでパソコンにPico Wのメモリフォルダが開きます。ここにダウンロードしたMicroPythonのプログラム（rp2-pico-w-20230426-v1.20.0.uf2）のファイルをコピーします。これだけでMicroPythonの環境でPicoのプログラム開発ができるようになります。

ボタンを押しながら接続するとPCからストレージとして認識される。MicroPythonのファイルを書き込むとpicoが再起動しシリアルポートとして認識されるようになる

❸ パソコンに **Python** の開発環境をインストール

Pythonの開発環境としては、Thonnyを使います。パソコンにThonnyをインストールします。

図-2のようにThonny.orgのサイトから最新版をダウンロードしインストールします。

https://thonny.org/

このDownloadの表示部がない場合は、同じページの下のほうにある図-2右側のようなdownloadリストの最下部にあるGitHubのリンクをクリックすれば、これまでの全バージョンのダウンロードサイトに移行するので、そこから最新版をダウンロードします。

●図-2　**Thonny** のダウンロード

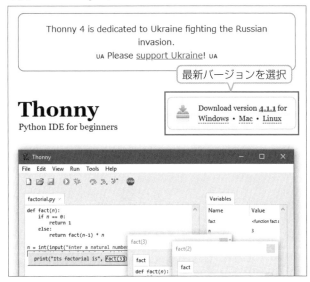

ダウンロードしたファイル（thonny-4.1.1.exe）を実行してインストールします。表示されるダイアログではすべて[Next]だけで進めます。最後に[Finish]ボタンをクリックして完了です。

❹ プログラミングの開始

Thonnyを起動したとき、対象デバイスを指定するため、図-3のように右下にあるメニューをクリックすると表示される選択肢からPicoを選択します。これによりThonnyで作成したプログラムをPicoで実行させることができます。

●図-3　デバイスの指定

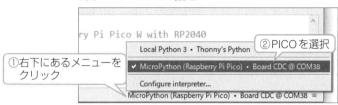

❺テストプログラミングの実行

テストとして図-4のようなPicoの本体LEDを点滅させるプログラムを作成し、実行してみます。②のアイコンですぐに書き込まれ[*]、本体のLEDが点滅します。

> 2回目以降は [Stop] アイコンで現在のプログラムを停止してから②のアイコンで書き込むことができる

●図-4　Thonnyの画面

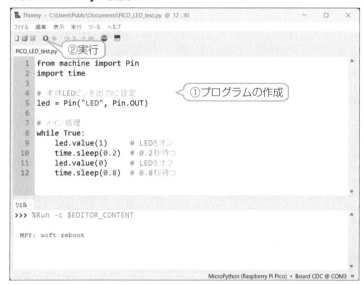

プログラムをThonnyで書き込む際に、ファイル名を「main.py」とすると、Thonnyなしでも電源オンだけで自動実行します。

2 Arduinoの場合

> Arduino IDEのインストール方法は付録-1を参照

ラズパイPico WをArduinoのスケッチで使う場合には、Arduino IDE[*]を使います。

Arduino IDEを起動したら、メインメニューで [File] → [Preference] で開くダイアログで図-5のように下記URLを入力してOKとします。

https://github.com/earlephilhower/arduino-pico/releases/download/global/package_rp2040_index.json

もし他のURLが入力済みの場合は、URL欄の右側のアイコンをクリックすれば、URLを1行ずつ追加できる窓が開きます。改行して追加します。

● 図-5 Preferenceの設定

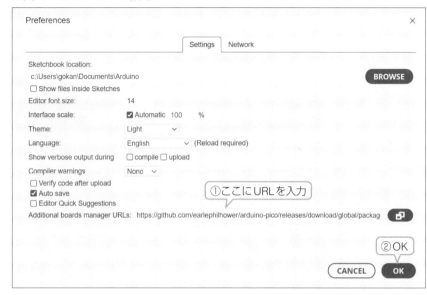

次に、[Tools] → [Board] → [Board Manager] を開き、図-6のように「Raspberry Pi Pico/RP2040」を検索して指定してInstallかUpdate*を実行します。

すでにInstallされている場合はUPDATEかREMOVEとなる

● 図-6 Board ManagerでInstall

これで次に［Tools］→［Board］とするとPico Wのボードが選択できるようになります。選択すると図-7のようにArduino IDEの上端に「Raspberry Pi Pico W」と太字で表示されます。あとはスケッチのプログラムを作成し書き込めば実行します。

●図-7　Board選択後

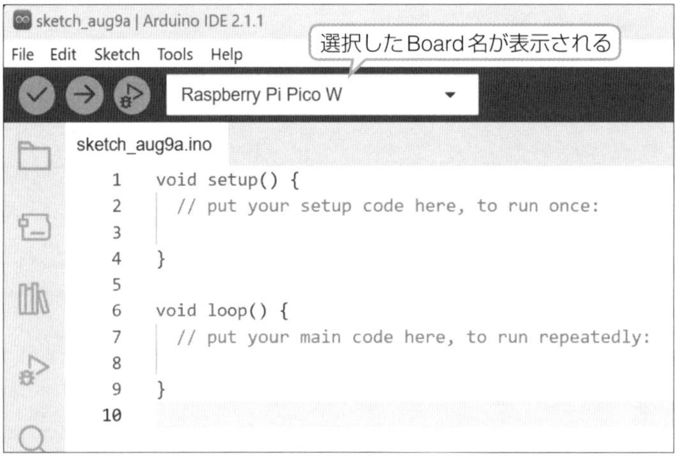

もし上端の「Raspberry Pi Pico W」が細字のままで、うまく認識されていないときは、Pico Wのボードを別のUSBポートに差し直します。Arduino IDEの上端の▼をクリックして「Unknown（COMx）」に切り替え、［Tools］→［Board］→［Board Manager］で「Raspberry Pi Pico/RP2040」を検索して指定し直します。

付録 4　MPLAB X IDE と MCC の使い方

1 MPLAB X IDE のインストール

　MPLAB X IDE の入手には、まずマイクロチップ社のウェブサイト（http://www. microchip. com/MPLAB）から最新の Windows 版をダウンロードします。本書執筆時点では V6.15 が最新となっています。

PIC の 8 ビットシリーズ用コンパイラ

　次に MPLAB XC8[*] のコンパイラもダウンロードします。ウェブサイト（http://www.microchip. com/XC）を開き Windows 版の XC8 Compiler をダウンロードします。MPLAB X IDE と同じフォルダにダウンロードするのが便利です。本書執筆時点では XC8 V2.45 が最新版となっています。

　MPLAB X IDE のインストールから始めます。これにはダウンロードしたファイル「MPLABX-vx.xx-windows-installer.exe」をダブルクリックして実行を開始するだけです。x.xx 部はバージョン番号なので最新版を使います。

　実行を開始してしばらくするとダイアログが表示されます。最初はそのまま [Next] とします。次のライセンス確認ダイアログでは [I accept the agreement] にチェックを入れてから [Next] とします。

　ここで一つ注意することがあります。**Windows のユーザー名に日本語を使っていると、インストールはできても正常に起動できないので、ユーザー名は半角英文字とする必要があります。**

　次のダイアログでディレクトリの指定になります。ここではそのままで [Next] とします。ここで注意が必要なことは、**MPLAB X IDE を使う場合には、常にフォルダ名やファイル名には日本語が使えない**ということです。起動はできますが、あとからプロジェクトを作成したとき #include でファイルが見つからないというエラーが出ることになります。

　Proxy の設定はお使いのネットワーク環境に合わせることになりますが、一般家庭の場合は No Proxy で大丈夫です。

　これで [Next] とし、インストールするソフトウェアの選択とエラー情報収集の可否選択で、通常はすべてにチェックを入れたままで [Next] とします。これでインストール準備完了ダイアログが表示されるので、さらに [Next] とすればインストールが開始されます。

　インストール実行にはしばらくかかりますが、この間ダイアログで進捗状況を表示しています。しばらくするとインストールが完了して完了ダイアログになります。

　ここでは次のステップのためのウェブサイト呼び出しができるようになっていますが、必要ないのですべてチェックを外してから [Finish] をクリックすれば完了です。

付録

2 MPLAB XC8 コンパイラのインストール

　次にMPLAB XC8 Cコンパイラをインストールします。ダウンロードしたファイル「xc8-vx.xx-full-install-windows-installer.exe」をダブルクリックして実行を開始します。vx.xxの部分はバージョン番号なので、最新版をインストールします。

　最初にSetup開始ダイアログが表示されるので、ここはそのまま[Next]とします。次のライセンス確認ダイアログでは、[I accept the agreement]にチェックを入れてから[Next]とします。

　次にライセンス選択ダイアログが表示されます。本書ではフリー版としてインストールするので、チェックは[Free]のままで[Next]とします。次がインストールするディレクトリの指定で、変更せずそのままで[Next]とします。

　次にパスなどの登録選択ダイアログが表示されます。ここではすべてにチェックを入れてから[Next]とします。PIC18*用の設定も含まれていますが、念のためチェックを入れておきます。これで準備完了ダイアログが表示されるので、そのまま[Next]とすればインストールを開始します。

本書で使うPIC16よりも高機能な8ビットマイコンのシリーズ

　以上でインストールが開始され進捗状況表示ダイアログが表示されます。インストールが終了したら[Next]をクリックすると次のライセンス登録ダイアログとなり、お使いのパソコンのMACアドレスが表示されます。このMACアドレスでライセンスが登録されますが、フリー版で特に制約等はないので、そのまま[Next]とします。これで完了ダイアログが表示されるので、[Finish]をクリックすれば完了です。

3 PACKSの更新

　MPLAB X IDEをインストールすると生成されるMPLAB X IDEのアイコンをダブルクリックして起動します。

　起動したら最初にすることは、「PACKS」の更新作業です。このPACKSとは、Device Family Pack（DFP）とTool Pack（TP）で構成されるファイルで、デバイスに関連するヘッダファイルやツールのサポートファイルとなっています。

　メインメニューから[Tools]→[Packs]とすると、図-1のような画面が表示されますから、ここで必要なDFPやTPをインストールして更新します。

　InstalledとなっているDFPはすでにインストール済です。使おうとしているデバイスファミリがInstallとなっている場合は、インストールが必要です。またUpdateとなっているDFPは更新が必要なDFPになりますから、Updateをクリックしてインストールします。本書の範囲では「PIC16F1」で検索して表示される中から「PICF1xxxx_DFP」をInstallまたはUpdateすれば問題ありません。

●図-1　DFP/TPの更新（[Tools]→[Packs]）

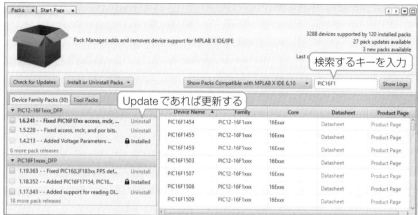

4 プロジェクトの作成

　PICマイコンでプログラム開発を行う場合には、「プロジェクト」という単位で管理されます。したがって、まずプロジェクトを作成する必要があります。このプロジェクトの作成手順を順に説明します。このプロジェクト内に生成するファイル群を格納するので、プロジェクトごとにフォルダ*を分けると管理しやすくなります。

日本語のフォルダは使えないので半角英文字とする

❶ 作成するプロジェクト種別の選択

　MPLAB X IDEのメインメニューから、[File]→[New Project]とすると図-2のダイアログが開きます。ここからプロジェクト作成を開始します。このダイアログでは[Microchip Embedded]で[Standalone Project]を選択して[Next]とします。これでPICマイコン用の標準プロジェクトの作成を指定したことになります。

●図-2　プロジェクトの種類の指定

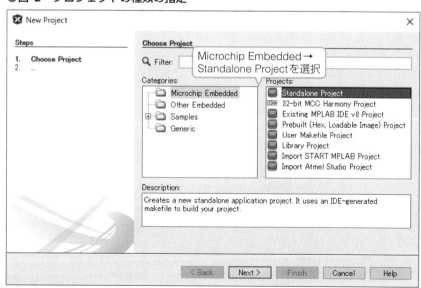

❷デバイスの選択

　これで図-3のダイアログが表示されます。ここではプロジェクトに使用する
PICマイコンのデバイス名を選択します。ここではCuriosity HPCボードに40ピ
ンのPIC16F18877[*]を実装しているものとしますので、まず［Device］の欄で
［PIC16F18877］と直接入力し［Enter］とします。［Tool］の欄ではCuriosity HPCボー
ドを接続していれば［Curiosity・・・］が選択できますから、これを指定します。未接
続の場合は［No tool］のままとします。この後［Next］とします。

28ピンのPIC16F18857
の場合もある

●図-3　デバイスの選択

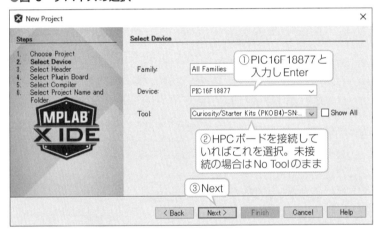

❸コンパイラの選択

　次のダイアログが図-4で、コンパイラつまり言語の選択です。本書ではすべて
XC8コンパイラを使ってC言語で作成するので、図のようにXC8 Compilerを選択し
てから［Next］とします。複数バージョンがインストールされている場合には、最新バー
ジョン[*]のほうを選択します。

本書ではV2.45を使っ
ている

●図-4　コンパイラの選択

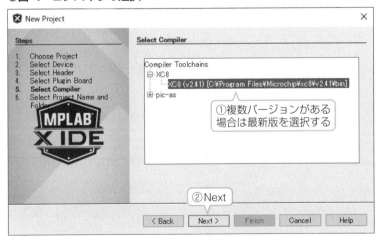

❹ プロジェクト名とフォルダの指定

次のダイアログは図-5で、ここでプロジェクトの名前と格納するフォルダを指定します。まずプロジェクト名を入力します。任意の名前にできますが日本語は使えないため英文字とする必要があります。ここではフォルダ名と同じ「UART」というプロジェクト名としています。

次にフォルダを指定します。すでにあるフォルダの場合は[Browse]ボタンをクリックしてそのフォルダを指定します。フォルダが未作成の場合は、新規フォルダ名[*]を直接入力すれば自動的にフォルダを作成し、その中にプロジェクトを生成します。

最後に文字のエンコードで日本語のコメントが使えるように、[Shift-JIS]を選択してから[Finish]ボタンをクリックして終了です。

> フォルダ名にも日本語は使えないので半角英文字のフォルダ名とする

● 図-5　プロジェクト名とフォルダの指定

これでプロジェクトが生成され、図-6のように画面の左端に[Project Window]が表示されます。ただし、ここで生成されたのは名前とフォルダだけの空のプロジェクトです。この中にソースコードなどを作成していきます。

● 図-6　生成されたプロジェクト

❺ 既存のプロジェクトの読み込み

なお、本書のサポートページからダウンロードできるプログラムは、すでにプロジェクトとして構成されていてコンパイルまで済んでいます。作成済みのプロジェクトを読み込む場合は、メインメニューから[File]→[Open Project…]として開く

ファイルダイアログで、既存プロジェクトのフォルダに移動し、「….x」というプロジェクトファイルを選択してダブルクリックすれば開くことができます。

5 MCCの概要

MCC（MPLAB Code Configurator）は、プラグインの一つで、コード自動生成ツールとなっています。MPLAB X IDEと一緒にインストールされます。

このツールを使えばコンフィギュレーションや周辺モジュールの設定を、グラフィック画面を使ってわかりやすい作業手順で行うだけで、次のような基本的な関数コードを自動で生成してくれます。

- コンフィギュレーションワードの設定
- クロック発振方法の初期設定
- 入出力ピンの入出力モードなどの初期設定
- 周辺モジュールの初期化関数
- 周辺モジュール制御用関数
- 割り込み処理関数
- メイン関数のひな型
- ミドルウェアライブラリの関数群

つまり、プログラムの初期化と周辺モジュールの関数がすべて自動生成されるということです。周辺モジュールについては、周辺モジュールライブラリ関数ともいうべきものが自動生成されます。つまり、初期化関数と実際に使うための関数が自動生成されます。また、多くのミドルウェアもライブラリとして使うことができ、こちらもグラフィカルな画面で設定するだけで使えるようになります。

メイン関数（main.c）も自動生成され、生成された状態でコンパイルが完了するようになっています。しかし、自動生成されるメイン関数の中身は初期化関数を呼び出しているだけのひな形ですので、この中にアプリケーションを記述追加します。

アプリケーション部には実際の機能を実現する部分を追加しますが、この作成には自動生成された周辺モジュールの関数を使います。これで、煩わしい内蔵周辺モジュールのレジスタ設定作業から解放されますから、データシートをいちいち読む必要もなくなり、実際に必要なアプリケーション部の作成に専念することができます。

6 MCCの使い方

プロジェクトを作成すると、MCCの起動アイコンが青いアイコンになって使えるようになりますので、このアイコンをクリックして、しばらく待ちます。MCCの起動には時間がかかります。**起動中に再度MCCのアイコンをクリックするとMPLAB X IDE自身がハングアップしてしまうので注意して下さい。**

MCCが起動すると最初に図-7の画面でMCCの種類の選択になります[*]。最新のPIC16F1xxxxファミリの場合にはClassicとMelodyの両方が選択可能になっていますが、本書執筆時点ではMelodyはまだ開発途上ですので、欄外の［Click Here］をクリックし、次のダイアログで［Next］を選択します。

本項の操作手順はMPLAB X IDE V6.20のもの。V6.15では画面が異なるがClassicを選択する

●図-7　MCCのClassicの選択

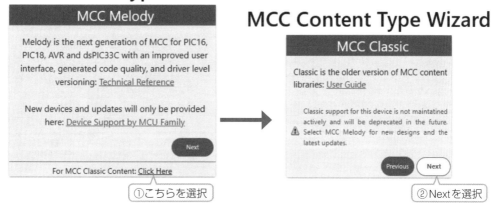

これでしばらくするとMCCの操作画面に切り替わります。ここで図-8のように①の［Content Manager］のボタンをクリックすると開く右側の画面で、［Select Latest Version］ボタンをクリックして［Apply］ボタンが青色になったらクリックします。グレイアウトのままの場合はそのままで問題ありません。これで必要なライブラリなどが最新の状態になります。

●図-8　MCCの更新

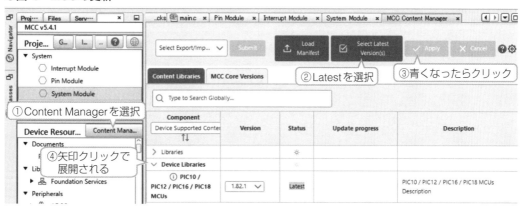

このあとMCCの設定を開始します。

最初に左上の［Project Resources］欄で［System Module］を選択すると、図-9のようにクロックとコンフィギュレーションの設定画面となりますので、ここからMCCの設定作業を開始します。

●図-9　MCC起動後のSystem Moduleの設定画面

　図-9の画面左側に[Device Resources]の窓があり、この中の[Peripherals]から周辺モジュールを選択して追加します。追加すると上の[Project Resource]欄に追加され、中央の設定画面が変わって周辺モジュールの設定ができるようになります。

　入出力ピンの設定は下側の窓で[Pin Manager Grid View]タブを選択すると、1ピンごとに選択設定ができるようになります。周辺モジュールを追加すると、そのモジュール用の入出力ピンの設定欄が追加されていきます。

　さらに左上の[System Resources]欄にある[Pin Module]を選択すると、選択した入出力ピンについて、詳細な設定ができる画面となり、名称やプルアップなどの設定ができるようになります。

　すべての設定が完了したら左上にある[Generate]のボタンをクリックすればコードが自動生成されます。

7 MCCのライブラリの更新

　MCCを起動後は最小限のライブラリが使える状態となっています。例えば「MikroElectronika」関連のライブラリを追加する場合には、図-10のようにします。

　最初に[Device Resources]欄にある①[Content Manager]のボタンをクリックします。これで右側の画面がライブラリのリストになります。

　この窓の左上にある、[Component] 欄のLibraryを展開すると図-10の画面となりますから、ここで必要なライブラリの②最新バージョンを指定してから③[Apply]のボタンをクリックすればライブラリの追加、または更新が実行されます。

●図-10　ライブラリの追加、更新

8 コンパイル

　ソースファイルの入力作業が完了したらコンパイル作業ができます。コンパイルはMPLAB X IDEのメインメニューのアイコンで実行させることができます。コンパイルに関連するアイコンは図-11のようになっています。

　コンパイルだけ実行するアイコンと、前回生成したファイルを削除する全クリア後コンパイルするアイコンがあります。さらに、コンパイル後に書き込みまで行うアイコンもあります。それ以外にアップロードでデバイスから読み込むためのアイコンと、書き込み後すぐ実行しないようにするリセット保持アイコンも用意されています。

　通常は全クリア後コンパイルでコンパイル結果を確認してから、ダウンロードアイコンで書き込みを行います。ただし書き込みのアイコンを実行するには、書き込みツールが接続済みで、かつコンパイルが正常に完了していることが必要です。

●図-11　コンパイル実行制御アイコン

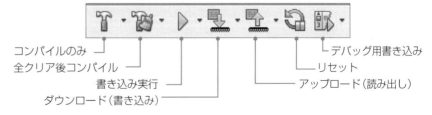

　コンパイルすると、コンパイル状況と結果がMPLAB X IDEのOutput窓に表示されます。図-12のように緑色で「BUILD SUCCESSFUL」というメッセージが表示されれば正常にコンパイルができたことになり、オブジェクトファイルが生成されています。この場合には、メモリの使用量が前のほうのメッセージで表示されます。

このOutput窓自身がない場合は、メインメニューから、［Window］→［Output］とすれば表示されます。

●図-12　コンパイル正常の場合の状況表示

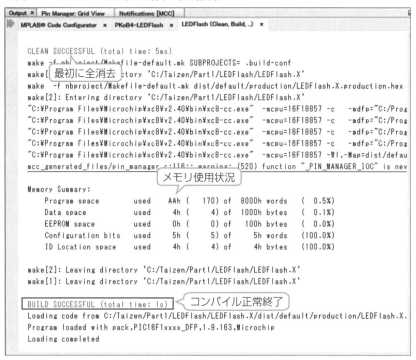

　コンパイルエラーがある場合には、図-13のように、赤字で「BUILD FAILED」と表示され、そのエラー原因が上のほうに青字のerror行で表示されます。この青字のerrorの行をクリックすれば、エラー発見行に自動的にカーソルがジャンプします。また、ソースファイルにはエラーが検出された行番号に赤丸印や黄色三角印が付くので、こちらでもエラー個所がわかるようになっています。コンパイルが正常に完了しない限りオブジェクトファイルは生成されないので、とにかくコンパイルが正常に完了するまで訂正しながら完了させる必要があります。

●図-13　コンパイルエラーの表示

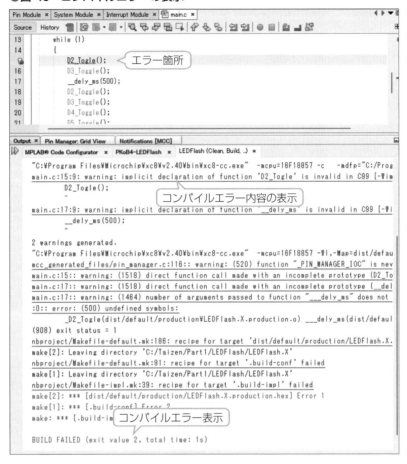

9 書き込み

コンパイルが正常にSuccessとなったら、Curiosity HPCボードのPICマイコンに書き込んで実機で実行します。

❶ ツールを選択する

書き込みツールが未接続の場合は、ここでパソコンに接続しMPLAB X IDEをいったん終了し、再起動する必要があります。コンパイル時点でプロジェクトの内容は保存されているので、再起動でプロジェクトが自動的に表示されます。

本書では主にCuriosity HPCボード内蔵のプログラマを使います。Curiosity HPCボードをパソコンのUSBに接続後、MPLAB X IDEのメインメニューから、[File]→[Project Properties] で開く図-14のダイアログで、図のように[Hardware Tool] 欄で接続しているツール（ここではCuriosity（PKOB4*））を選択して [Apply] ボタンをクリックします。これで図の左側の [Categories] 欄にCuriosityのツールPKOB4が表示されるようになります。

・・・・・・・・・・・・・・・・
PKOB4は、PICKit4
on Boardの意味

427

●**図-14　書き込みツールの指定**

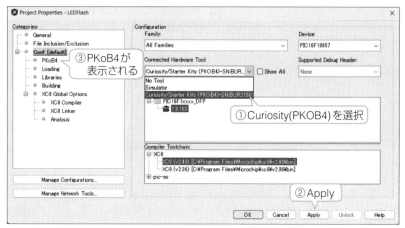

●❷**書き込み実行**

このあと、実際の書き込みは、図-11のダウンロード書き込みアイコンをクリックすれば再コンパイルし、書き込みを実行します。

このときVDDが3.3V系と5V系があるので、図-15の確認ダイアログが表示されることがあります。電源を確認しOKとします。[Do not show‥]にチェックを入れれば次回からは表示されなくなります。

●**図-15　電源の確認ダイアログ**

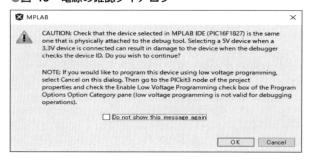

これで書き込みが開始されます。書き込みの状況と結果がやはりOutput窓に表示されます。正常に書き込みが完了した場合には、図-16のように「Verify Complete」と表示され、すぐ実行が開始されます。

ここでツールを最初に使う場合や、前回使用時と異なるPICファミリに書き込む場合、MPLAB X IDEをバージョンアップした場合などには、ツール本体のファームウェアをダウンロードして書き換える必要があります。

この操作はMPLAB X IDEで書き込み操作を行ったとき自動で実行されますが、ダウンロードに少し時間がかかります。この間、Output窓にメッセージが表示され、同時に書き換え中は最下部のステータスに緑色のバーチャートが点滅しています。**これが点滅している間は他の操作をしないようにして下さい。**ダウンロードが中断

されると「Connection Error」となってツールが正常に動作しなくなってしまいます。

書き換えが完了すると、自動的に通常の書き込み動作が開始されます。

●図-16　正常書き込み完了メッセージ

書き込みが失敗した場合、例えば実装されているPICデバイスが指定のものと異なるような場合には図-17のようにエラーメッセージが表示されます。

●図-17　PICデバイスが異なる場合

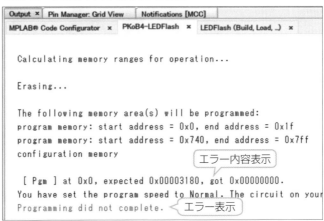

付録5 Raspberry Pi 4Bの使い方

Raspberry Pi 4B（以降ラズパイとする）でNode-REDを使うための準備の仕方を説明します。

まずはハードウェアの準備から始めます。

■1 ハードウェアの準備

ラズパイの本体に図-1の機器を接続します。

- モニタ　　　：マイクロHDMIケーブルでHDMI0に接続
- キーボード　：USBに接続
- マウス　　　：USBに接続
- ACアダプタ：TypeCコネクタに接続
- SDカード　　：マイクロSDカードとアダプタを準備

●図-1　ハードウェアの準備

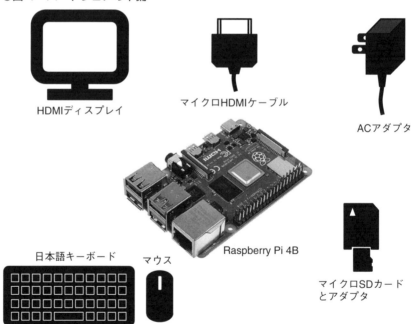

HDMIディスプレイ

マイクロHDMIケーブル

ACアダプタ

日本語キーボード

マウス

Raspberry Pi 4B

マイクロSDカード
とアダプタ

2 SDカードのフォーマット

標準SDカードソケットしかない場合

マイクロSDカードをパソコンにセットします。必要であれば標準アダプタ*を使います。

「SD Card Formatter V5」を次のサイトよりダウンロードしてインストールします。

https://www.sdcard.org/ja/downloads-2/formatter-2/

Formatterを起動して図-2のようにSDカードのフォーマットを実行します。16GB以上のSDカードが必要です。

●**図-2 フォーマットの実行**

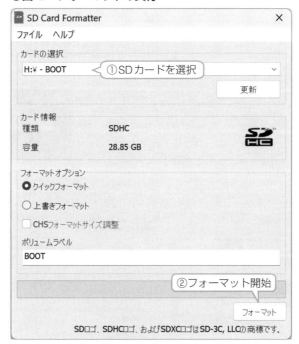

3 Raspberry Pi OSのインストール

本書執筆時点で、Raspberry Pi 5がリリースされたことに関連して、Raspberry Pi OSもバージョンアップされました。今回のバージョンアップはメジャーバージョンアップとなっていて、多くの変更が加えられています。しかし、現状ではまだ開発途上であることと、本書に関係する部分で使えなくなっている項目もあるため、本書では従来のバージョンで進めることにしました。

❶ OS Imagerのダウンロード

「Raspberry Pi OS」で開くサイトからImagerをダウンロードし、SDカードにコピーします。本書執筆時点では「imager_1.8.1.exe」をダウンロードしています。

❷ imagerでRaspberry Pi OSのコピー

最新のOSは多くの設定が異なるのでLegacyを使う

「Raspberry Imager v1.8.1」を起動して、図-3の手順で、Raspberry Pi 4用の「Raspberry Pi OS（Legacy）*」をSDカードにダウンロードします。

●図-3　Raspberry Pi OSをSDカードにダウンロード

❸Raspberry PiでOSのインストール開始

　OSをコピー完了したSDカードをRaspberry Pi 4Bにセットし、モニタ、キーボード、マウスを接続してからRaspberry Pi 4Bの電源をオンにします。

　しばらくするとモニタに表示されるダイアログで進めます。その手順が図-4となります。

　①Welcomeダイアログはそのまま[Next]とします。
　②CountryでJapanを選択、Language他はそのままで　③[Next]
　④Usernameで適当な名称を入力する。「pi」だとよくないと警告がでます。
　⑤Passwordを入力して　⑥[Next]　⑦[Next]
　⑧Wi-Fiのアクセスポイントを選択して　⑨[Next]

⑩ アクセスポイントのパスワードを入力して　⑪［Next］
⑫ Wi-Fiの接続後OSのアップデートをするので　⑬［Next］
⑭ Update完了まで待つ。updateがErrorとなることがあるが無視して　⑮［Next］
⑯ しばらくして表示される完了ダイアログでRestart

これでOSのインストールが完了してデスクトップ画面が表示されます。

●図-4　Raspberry Pi OSのインストール手順

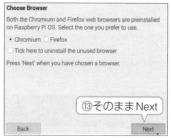

❹Wi-Fiの接続とIPアドレスの確認

　インストール完了後、図-5のようにWi-Fiアイコンにマウスオーバーすると表示されるIPアドレスをメモっておきます。

　また、Wi-Fi接続が完了していない場合は、同じWi-FiアイコンをクリックしてWi-Fi接続を完了させます。手順は図-4のWi-Fi接続手順と同じとなります。

●図-5　Wi-FiのIPアドレスのチェック

❺OSの更新

　念のためOSのアップデートを実行します。図-6のようにデスクトップの左上にあるLXTerminal*アイコンでターミナルを起動し、次のコマンドにより更新作業をします。この更新*は時々実行する必要があります。

> Linuxへの命令（コマンド）をテキストで入力するためのアプリ
>
> WindowsのUpdateと同じ作業

```
sudo apt update
sudo apt upgrade
```

●図-6　LXTerminalでOSのUpdate

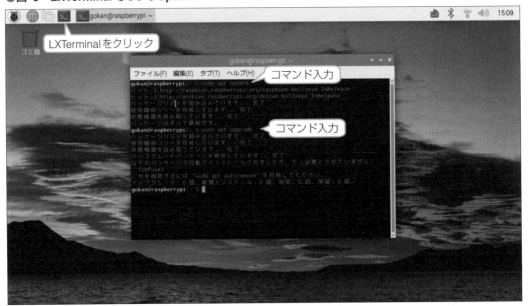

❻インターフェースの追加

Raspberry Piのメインメニューの［設定］から図-7のように［Raspberry Piの設定］を選択します。これで開くダイアログで、図-7のようにインターフェースのタブの欄でVNC、SPI、I²C、シリアルを有効にしてから再起動します。

これによりI²CやSPIのインターフェースが使えるようになります。

またVNCを有効にすると、パソコン側にVNCViewerを使って、パソコンからリモートコントロールができるようになります。

●図-7　インターフェースの追加

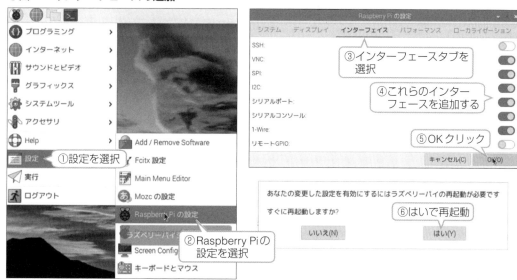

❼VNC Viewerでリモートコントロール

パソコン側で、次のサイトから「Real VNC Viewer」をダウンロードしてインストールします。

https://www.realvnc.com/en/connect/download/viewer/

メモっておいたIPアドレス*

インストール時に設定したもの

VNC Viewerを起動して、図-9のようにラズパイのIPアドレス*を入力し［Enter］でダイアログが開くので、ここにラズパイのユーザー名とパスワード*を入力して［OK］とすれば、図-9のようにラズパイのデスクトップが開きます。

このあとは、ラズパイ本体のモニタやキーボード、マウスなしで、パソコンからだけですべての操作が可能となります。

●図-8　VNC Viewer で起動

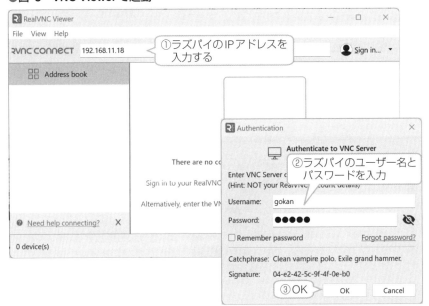

●図-9　VNC Viewer で開いたデスクトップ

　ラズパイのモニタなしで起動したとき、画面サイズを決めたいときは、図-10の
ようにします。［Raspberry Piの設定］で開くダイアログで［ディスプレイ］を選択し、
［ヘッドレス解像度］で適当な解像度を選択し［OK］とします。これで再起動を要求
されますから再起動します。この設定でモニタが無い場合の画面の解像度が決まり
ます。

●図-10　ディスプレイの解像度の指定

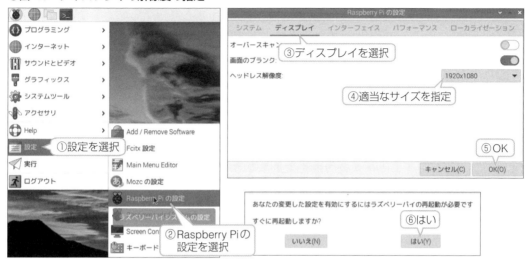

❽ 日本語入力アプリのインストール

テキストとして日本語が入力できるようにします。表示の日本語化は自動的に行われていますが、入力はまだできません。これには、次のコマンドで日本語変換アプリをインストールするだけです。

```
sudo apt-get install scim-anthy
```

途中でY/Nを聞かれますが、Yとして先に進めます。

❾ シャットダウン

以上でRaspberry Pi OSのインストールがすべて終了です。この先はパソコンからリモートですべて実行するので、いったんラズパイを終了して電源が切れるようにします。このためにはLXTerminalの画面で次のようにコマンドを入力して「シャットダウン」します。

```
sudo shutdown now
```

これでラズパイが終了動作を開始しますので、緑色のLEDが何回か点滅し消えた状態になったら電源を切ることができます。

電源を切ったら、ディスプレイ、キーボード、マウスは外してしまいましょう。以降で必要なのは電源だけです。

索 引

プログラムなどのダウンロードについて

以下のWebサイトから、本書で作成した例題のプログラムと回路図がダウンロードできます。zipファイルですので適宜解凍してお使い下さい。

https://gihyo.jp/book/2024/978-4-297-14107-3/support

●回路図（**Hardware**フォルダ）

PDF形式となっています。「○○_SCH」は回路図、「○○_BRD」は配置図です。

●プログラム（**Program**フォルダ）

章-節-項ごとに作成したプログラムが格納されています。デバイスごとに開発環境が異なっています。開発環境の詳細は付録をご覧下さい。

Arduino、M5Stackの場合はスケッチ（○○.ino）です。Arduino IDEで開くことができます。

Raspberry Pi Pico Wの場合はMycroPython（○○.py）のプログラムです。Thonnyで開くことができます。

パソコンのプログラムは、Node-REDで作成したJSONファイルです。Node-REDで開くことができます。

Raspberry Pi 4Bのプログラムは、Node-REDで作成したJSONファイルまたは、Thonnyで作成したPythonファイルです。

PICマイコンの場合は、プロジェクトフォルダ（○○.X）の中に、C言語によるソースファイルや、コンパイル済みのオブジェクトファイル、ライブラリなどが納められています。MPLAB X IDEで開くことができます。

なお、ソースリスト中にWi-FiのSSIDやパスワード、クラウドサービスのIDなどが入っているものは、そのままでは動作しません。読者の方の環境に書き換える必要があります。

参考文献

1. 「Raspberry Pi Pico W Datasheet」Raspberry Pi Ltd
2. 「Connecting to the Internet with Raspberry Pi Pico W」Raspberry Pi Ltd
3. 「Arduino UNO R4 WiFi」ABX00087 datasheet.pdf
4. 「RN4678 Bluetooth Dual Mode Module Command Reference User's Guide」DS50002506C
5. 「EnOceanSerialProtocol3.pdf」2020 EnOcean
6. 「STM_550x_EMSIx_User_Manual_04.pdf」2021 EnOcean
7. 「E220-900T22S（JP）モジュール利用ガイド」CLEARINK TECHNOLOGY, Ltd.
8. 「IM920 s L_manual.pdf」interplan

図版・写真の出典

■第1章

1-2-2項　図1の写真　……… https://www.switch-science.com/products/789、
　　　　　　　　　　　　　　 https://www.switch-science.com/collections/arduino/products/9090

1-2-2項　図2の右図　……… arduino_Uno_Rev3_breadboard.svg　KjellMorgenstern 氏作
　　　　　　　　　　　　　　 https://github.com/fritzing/fritzing-parts/blob/develop/svg/core/breadboard/arduino_
　　　　　　　　　　　　　　 Uno_Rev3_breadboard.svg?short_path=beaf1d0

1-2-2項　図3　……………… https://content.arduino.cc/assets/Pinout-UNOrev3_latest.pdf

1-2-2項　図4　……………… https://docs.arduino.cc/resources/datasheets/ABX00087-datasheet.pdf

1-2-3項　図2　……………… https://docs.m5stack.com/en/core/Core2%20v1.1

1-2-4項　図1　……………… https://datasheets.raspberrypi.com/picow/pico-w-datasheet.pdf

1-2-5項　図2　下部　……… mikrobus-standard-specification-v200.pdf を元に作成

1-2-5項　図3　………………… mikrobus-standard-specification-v200.pdf を元に作成

1-2-6項　図1　写真　……… https://www.iodata.jp/product/pc/raspberrypi/ud-rp4b/640/m.jpg

1-2-6項　図2　写真　……… https://www.switch-science.com/products/6370

1-2-6項　図3　図版　……… https://www.raspberrypi.com/documentation/computers/os.html#gpio-pinout

■第2章

2-1-1項　図2、図3　図版… https://www.sacom.co.jp/lecture/rs422-rs485.html

2-1-1項　図4　写真　図版… https://akizukidenshi.com/catalog/g/g115806/

2-1-2項　図2　図版　……… https://akizukidenshi.com/download/ds/akizuki/AE-BME280_manu_v1.1.pdf
　　　　　　　写真　……… https://store-usa.arduino.cc/collections/boards-modules/products/arduino-uno-rev3

2-1-3項　図1　写真　……… https://akizukidenshi.com/goodsaffix/AE-FT234X_20200608.pdf、
　　　　　　　　　　　　　　 https://akizukidenshi.com/catalog/g/g105840/

2-1-3項　図2　写真右側　… https://store-usa.arduino.cc/collections/boards-modules/products/arduino-uno-rev3

2-1-3項　図3　写真　……… https://akizukidenshi.com/goodsaffix/AE-FT234X_20200608.pdf、
　　　　　　　　　　　　　　 https://akizukidenshi.com/catalog/g/gM-05840/

2-1-4項　図1　写真　……… https://akizukidenshi.com/goodsaffix/AE-FT234X_20200608.pdf、https://akizukidenshi.
　　　　　　　　　　　　　　 com/catalog/g/gM-05840/、https://akizukidenshi.com/catalog/g/gM-11007/

2-1-5項　図1　写真　……… https://akizukidenshi.com/goodsaffix/AE-FT234X_20200608.pdf、
　　　　　　　　　　　　　　 https://akizukidenshi.com/catalog/g/gM-16834/

2-2-1項　図1　写真　……… https://akizukidenshi.com/catalog/g/gM-16834/

2-3-1項　図1　写真　……… https://www.switch-science.com/products/789

2-3-2項　図1　写真　……… https://www.microchip.com/en-us/product/WBZ451PE

2-4-1項　図2　右写真　……… https://store-usa.arduino.cc/collections/boards-modules/products/arduino-uno-rev3

2-4-2項　図1　写真　……… https://akizukidenshi.com/catalog/g/gM-17454/
　　　　　　　図　………… https://wiki.seeedstudio.com/XIAO_ESP32C3_Getting_Started/

2-4-4項　図1　写真　……… https://akizukidenshi.com/goodsaffix/AE-FT234X_20200608.pdf

2-5-1項　図3　……………… https://www.circuitdesign.jp/technical/fresnel-zone/ を参考に作成

2-6-2項　図2　写真　……… https://akizukidenshi.com/catalog/faq/goodsfaq.aspx?goods=M-16379、
　　　　　　　　　　　　　　 https://akizukidenshi.com/catalog/g/gM-10139/

2-6-2項　別売り USB インタフェースボード　写真 … https://akizukidenshi.com/catalog/g/g115824/

2-7-1項　図3　……………… http://tools.enocean-alliance.org/EEPViewer/profiles/D2/14/41/D2-14-41.pdf

2-7-2項　図1　写真　……… https://www.enocean.com/en/product/stm-550-kit/、
　　　　　　　　　　　　　　 https://m.media-amazon.com/images/I/71kzMOJHf6L._SX522_.jpg

2-7-2項　図2　写真　……… https://www.enocean.com/en/product/stm-550-kit/

2-7-2項　図3　写真　……… https://m.media-amazon.com/images/I/71kzMOJHf6L._SX522_.jpg

2-7-3項　図1　写真　………　https://www.microchip.com/en-us/development-tool/ev25f14a、
https://www.enocean.com/wp-content/uploads/downloads-produkte/en/products/enocean_
modules_928mhz/stm-550j-multisensor-module/data-sheet-pdf/STM_550J_Datasheet.pdf
2-7-3項　図2　写真　………　https://www.enocean.com/wp-content/uploads/downloads-produkte/en/products/
enocean_modules_928mhz/stm-550j-multisensor-module/data-sheet-pdf/STM_550J_
Datasheet.pdf
2-7-3項　表1　………………　STM_550B_EMSIB_User_Manual_v1.3_02.pdf

■第3章
3-1-2項　図2　写真　………　https://akizukidenshi.com/catalog/g/gI-09922/
3-1-2項　図5　写真　………　https://akizukidenshi.com/catalog/g/g109750/
3-1-2項　図6　左写真　……　https://akizukidenshi.com/catalog/g/g115155/
　　　　　　　　左下図　……　https://akizukidenshi.com/download/ds/hsinda/952.pdf
　　　　　　　　右写真　……　https://akizukidenshi.com/catalog/g/g114017/
3-1-3項　図1　右上　………　https://akizukidenshi.com/download/ds/akizuki/AE-KXTC9-2050_20200428.pdf
　　　　　　　　右下　………　https://akizukidenshi.com/download/ds/akizuki/ADXL335.pdf
　　　　　　　　左上写真　…　https://akizukidenshi.com/catalog/g/gK-15232/
　　　　　　　　左下写真　…　https://akizukidenshi.com/catalog/g/gK-07234/
3-1-3項　図2　写真　………　https://akizukidenshi.com/catalog/g/g107047/
3-1-3項　図3　グラフ　……　https://akizukidenshi.com/goodsaffix/fsr.pdf
3-1-3項　図5　右下図　……　https://akizukidenshi.com/goodsaffix/AE-SPU0414.pdf
3-1-3項　図6　写真　………　https://akizukidenshi.com/catalog/g/g102325/
　　　　　　　　グラフ　……　https://akizukidenshi.com/goodsaffix/NJL7502L.pdf
3-1-3項　図7　グラフ　……　https://akizukidenshi.com/goodsaffix/NJL7502L.pdf
3-1-4項　図1　写真　………　https://akizukidenshi.com/catalog/g/g109245/
3-1-4項　図2　写真　………　https://www.switch-science.com/products/3170
3-1-4項　図3　写真　………　https://akizukidenshi.com/catalog/g/g108690/
3-1-5項　図1　写真　………　https://akizukidenshi.com/catalog/g/gK-09421/
　　　　　　図　………　https://akizukidenshi.com/download/ds/akizuki/AE-BME280_manu_v1.1.pdf
3-1-5項　図4　写真　………　https://akizukidenshi.com/catalog/g/g113460/、
https://strawberry-linux.com/catalog/items?code=12122
3-1-5項　図5　写真　………　https://m.media-amazon.com/images/I/61DgTPjA4zL._AC_SX679_.jpg
3-1-6項　図2　写真　………　https://akizukidenshi.com/catalog/g/g108896/
3-1-6項　図5　………………　https://strawberry-linux.com/pub/ST7032i.pdf
3-1-6項　図6　………………　https://strawberry-linux.com/pub/i2c_lcd-an001.pdf
3-1-6項　図7　写真　………　https://akizukidenshi.com/catalog/g/g112031/
3-1-6項　図8　写真　………　https://akizukidenshi.com/catalog/g/g114435/
3-1-7項　図4　写真　………　https://www.monotaro.com/p/0526/3956/、https://www.monotaro.com/p/0526/3965/、
https://www.monotaro.com/p/0526/3947/
3-1-7項　図5　写真　………　https://akizukidenshi.com/catalog/g/g108761/
3-1-7項　図6　写真　………　https://akizukidenshi.com/catalog/g/g112534/
3-2-5項　図1　写真　………　https://akizukidenshi.com/catalog/g/g115178/、https://www.seeedstudio.com/
Seeeduino-XIAO-Arduino-Microcontroller-SAMD21-Cortex-M0+-p-4426.html
3-3-2項　図1　写真　………　https://akizukidenshi.com/catalog/g/g116834/
3-4-1項　図1　写真　………　https://akizukidenshi.com/catalog/g/g116834/
3-5-4項　図2　右写真　……　https://akizukidenshi.com/catalog/g/g114435/を加工
3-6-1項　図2　写真　………　https://akizukidenshi.com/catalog/g/g116265/

※Webサイトは2024年2月現在の情報です。

447

■著者紹介
後閑 哲也　Tetsuya Gokan

1947年　愛知県名古屋市で生まれる
1971年　東北大学　工学部　応用物理学科卒業
1996年　ホームページ「電子工作の実験室」を開設
　　　　子供のころからの電子工作の趣味の世界と、仕事として
　　　　いるコンピュータの世界を融合した遊びの世界を紹介
2003年　有限会社マイクロチップ・デザインラボ設立
著書　　「改訂新版 電子工作の素」「PICと楽しむRaspberry Pi活用ガイドブック」「電子工作入門以前」
　　　　「逆引き PIC電子工作 やりたいこと事典」「SAMファミリ活用ガイドブック」
　　　　「Node-RED 活用ガイドブック」「PIC18F Qシリーズ活用ガイドブック」「改訂新版 8ピンPIC
　　　　マイコンの使い方がよくわかる本」「C言語＆MCCによる PICプログラミング大全」ほか

Email　gokan@picfun.com
URL　　http://www.picfun.com/

●カバーデザイン　　平塚兼右（PiDEZA）
●本文デザイン・DTP　（有）フジタ
●編集　　藤澤奈緒美

IoT電子工作 やりたいこと事典
（アイオーティーでんしこうさく　じてん）
[Arduino、M5Stack、Raspberry Pi、
（アルデュイーノ）（エムファイブスタック）（ラズベリー　パイ）
Raspberry Pi Pico、PICマイコン対応]
（ラズベリー　パイ　ピコ）（ピック　たいおう）

2024年5月3日　初版　第1刷発行

著　者　後閑　哲也（ごかん　てつや）
発行者　片岡　巌
発行所　株式会社技術評論社
　　　　東京都新宿区市谷左内町21-13
　　　　電話　03-3513-6150　販売促進部
　　　　　　　03-3513-6166　書籍編集部
印刷／製本　図書印刷株式会社

定価はカバーに表示してあります。

ISBN978-4-297-14107-3　C3055
Printed in Japan

■注意
　本書に関するご質問は、FAXや書面でお願いいた
します。電話での直接のお問い合わせには一切お答
えできませんので、あらかじめご了承下さい。また、
以下に示す弊社のWebサイトでも質問用フォームを
用意しておりますのでご利用下さい。
　ご質問の際には、書籍名と質問される該当ページ、
返信先を明記してください。e-mailをお使いの方は、
メールアドレスの併記をお願いいたします。

■連絡先
〒162-0846
東京都新宿区市谷左内町21-13
(株) 技術評論社　書籍編集部
「IoT電子工作 やりたいこと事典」係
　FAX番号：03-3513-6183
　Webサイト：https://gihyo.jp/book